全国高职高专机电类专业规划教材

电气原理图识读

主　编　陈　芳　李家坤
副主编　闵尊南　宋天武
主　审　李付亮

黄河水利出版社
·郑州·

U0806203

内 容 提 要

本书是全国高职高专机电类专业规划教材，是根据全国水利水电高职教研会制定的电气原理图识读课程教学大纲编写完成的。本书介绍了发电厂、变电所的电气主接线图、自用电接线图、配电装置布置图、电气二次回路图、操作电源系统图、继电保护原理图、自动装置原理图、安装接线图等电气原理图的识读方法，以项目式结构编排，方便教师灵活讲解。其内容源于实际，具体实用，简洁精练，图文并茂，每个工作项目都配有项目工作任务单和识图分析报告，便于教师组织教学和学生自学。

本书为高职高专院校电力类专业教材，也可供发电厂、变电所等从事电气运行及检修工作的技术人员参考，或作为职工培训教材。

图书在版编目(CIP)数据

电气原理图识读/陈芳，李家坤主编. —郑州：黄河水利出版社，2010.8(2013.8 修订重印)

全国高职高专机电类专业规划教材

ISBN 978-7-80734-873-3

Ⅰ.①电… Ⅱ.①陈… ②李… Ⅲ.①电路图-识图法-高等学校：技术学校-教材 Ⅳ.①TM02

中国版本图书馆 CIP 数据核字(2010)第 152996 号

策划组稿：王路平 电话：0371-66022212 E-mail：hhslwlp@163.com
简 群 66026749 w_jq001@163.com

出 版 社：黄河水利出版社

地址：河南省郑州市顺河路黄委会综合楼 14 层 邮政编码：450003

发行单位：黄河水利出版社

发行部电话：0371-66026940、66020550、66028024、66022620(传真)

E-mail：hhslcbs@126.com

承印单位：郑州豫兴印刷有限公司

开本：787 mm×1 092 mm 1/16

印张：13

字数：300 千字 印数：3 101—6 100

版次：2010 年 8 月第 1 版 印次：2010 年 8 月第 1 次印刷

2013 年 8 月修订

定价：23.00 元

前　言

本书是根据教育部《关于加强高职高专教育人才培养工作意见》和《面向21世纪教育振兴行动计划》等文件精神，以及由全国水利水电高职教研会拟定的教材编写规划，报水利部批准，由全国水利水电高职教研会组织编写的机电类专业规划教材。

电气原理图是发电厂和变电所的重要技术资料，是从事电气运行、维护和检修工作的人员在进行工作时必不可少的依据。

本书的编写旨在帮助高职高专学生培养和提高电气原理图的识读能力与分析水平，以便能适应相关的工作岗位、完成相应的工作任务。本书适用于高职高专电力类专业教学，也可作为培训教材。

本书以项目式结构编排，设有8个项目：电气主接线图的识读，自用电接线图的识读，配电装置及电气总布置图的识读，发电厂、变电所电气二次图的识读，水电站操作电源系统图的识读，水电站继电保护原理图的识读，自动装置原理图的识读，安装接线原理图的识读，方便教师灵活讲解。每个工作项目都配有项目工作任务单和识图分析报告，便于教师组织教学和学生自学。

本书所有电气图均按照GB/T 6988、GB/T 4728、GB 7159等国家标准绘制。

本书编写人员及编写分工如下：湖南水利水电职业技术学院陈芳（项目1、项目2），湖南水利水电职业技术学院仇新艳（项目3、附录），长江工程职业技术学院李家坤（项目4），江西电力职业技术学院闵尊南（项目5、项目6），安徽水利水电职业技术学院宋天武（项目7、项目8）。全书由陈芳、李家坤担任主编，陈芳负责全书统稿，由闵尊南、宋天武担任副主编，由湖南水利水电职业技术学院李付亮担任主审。

所用参考文献对本书的编写有着很大的帮助，在此谨向各参考文献的编著者表示深切的谢意。

最后，恳请读者对本书存在的错误和不足予以批评指正，以便今后修正。

编　者

2010年6月

目　录

项目1　电气主接线图的识读

1.1　本项目工作任务单

任务单	电气主接线图的识读
任务一	识记电气主接线图常用的图形符号和文字符号
任务二	认知电气一次设备的型号
任务三	认知对电气主接线的基本要求和电气主接线的基本形式
任务四	识读中小型水电站电气主接线全图
任务五	识读火力发电厂电气主接线全图
任务六	识读变电所电气主接线全图
任务描述	
通过本学习项目的学习,要求学员能够: 1. 识别电气主接线图中的图形符号和文字符号,并说出其用途和作用; 2. 识别电气一次设备的型号,并说出每种设备的规格和主要技术参数的含义; 3. 识别电气主接线基本形式,并说出每种形式的特点、适应范围和运行操作步骤; 4. 识读电气主接线全图,进行技术分析,并说出运行方式切换的运行操作步骤。	
引导文	
【基础知识的认知】 1. 电气主接线图常用的图形符号、文字符号有哪些? 2. 什么是电气一次设备? 电气一次设备有哪些? 各有什么用途? 3. 同步发电机的主要参数有哪些? 其型号由哪几部分组成? 4. 高压断路器的参数有哪些? 如何从型号了解其类型、装置地点、额定电压、额定电流? 5. 高压隔离开关的参数有哪些? 如何从型号了解其类型、装置地点、额定电压、额定电流? 6. 高压熔断器的参数有哪些? 如何从型号了解其类型、装置地点、额定电压、额定电流? 7. 电压互感器的主要参数有哪些? 如何从型号了解其类型、装置地点、额定电压? 8. 如何配置电压互感器? 9. 电流互感器的主要参数有哪些? 如何从型号了解其类型、装置地点、额定电压、额定电流? 10. 如何配置电流互感器? 11. 如何配置避雷器? 12. 对电气主接线的基本要求包括哪几个方面? 13. 如何评价电气主接线的安全性? 14. 如何评价电气主接线的可靠性? 15. 如何评价电气主接线的经济性? 16. 如何评价电气主接线的方便性? 17. 简单单母线接线的特点是什么? 各接线单元投入或切除的操作步骤是怎样的? 18. 什么是电气主接线运行方式? 19. 分段单母线接线的特点是什么? 运行方式有哪几种?	

20. 带旁路母线的单母线接线的特点是什么？如何将接线单元从“常路”切换至“旁路”运行？

21. 不分段双母线接线的特点是什么？运行方式有哪几种？母线和回路检修时如何进行倒闸操作？

22. 分段双母线接线的特点是什么？运行方式有哪几种？

23. 一台半断路器接线的特点是什么？母线和回路检修时如何进行倒闸操作？

24. 什么是单元接线？主要有哪些类型？各有何特点？

25. 什么是桥形接线？内桥接线与外桥接线各有何特点？如何进行主变压器和线路投入或切除的操作？

26. 如何了解发电厂或变电所在系统的地位或作用？

27. 如何检查开关的配置情况？

28. 如何检查互感器的配置情况？

29. 如何检查避雷器的配置情况？

【识图能力训练】

1. 电气主接线基本接线形式的识读。

2. 电气主接线简图的识读。

3. 水电站电气主接线全图的识读。

4. 火力发电厂电气主接线全图的识读。

5. 变电所电气主接线全图的识读。

6. 填写识图分析报告。

1.2 阅读电气主接线图的基本知识

在发电厂、变电所中,直接参与电能生产和输送的电气设备称为电气一次设备。常见的电气一次设备有发电机、主变压器、断路器、隔离开关、母线、电力电缆、架空线路、互感器、避雷器等。将电气一次设备按照一定规律连接构成的电气回路称为电气一次回路,反映电气一次回路连接关系的图纸称为电气一次接线图,又称电气主接线图。

电气主接线图是发电厂、变电所必备的主要图纸之一。它是电气一次设备连接、布置的原理图,是电气装置设计、电气一次设备安装、设备订货、拟定继电保护方案以及电气运行人员进行各种操作和事故处理的重要依据之一。有的电站将电气主接线图放大后贴在厂房显要位置的墙壁上,有的电站则用模拟板制成模拟主接线操作图。操作图中开关的开合状态对应于实际运行的开关的通断位置。若变换运行方式,在进行倒闸操作之后,应及时在模拟图上变更,使其符合实际运行情况。

发电厂、变电所电气运行人员必须熟悉本站的电气主接线,以及根据电气主接线绘制的模拟操作图;弄懂图形符号和文字符号,电气设备的型号、规格和主要技术参数的含义;了解电气主接线图中各电气设备的用途、性能、运行操作步骤以及维护、检查项目,以确保安全发供电。

1.2.1 一次设备

一次设备按功能分为能量转换设备、开关设备、导体设备、过电流和过电压的限制设备等几类。

1.2.1.1　**能量转换设备**

实现电能与机械能之间转换的设备称为能量转换设备,有发电机、变压器、电动机、互感器等。

1. 同步发电机

同步发电机是发电厂的主要设备,是将机械能转换为电能的设备。在火力发电厂和核电站中,是汽轮发电机;在水力发电厂中,是水轮发电机。

1)同步发电机的主要参数

(1)额定容量 S_N 或额定功率 P_N:是发电机输出功率的保证值,即出线端输出的电功率。

(2)额定电压 U_N:是发电机长期安全运行的最高电压。我国生产的汽轮发电机的额定电压等级有 0.4 kV、3.15 kV、6.3 kV、10.5 kV、13.8 kV、15.75 kV、18 kV、20 kV 等。

(3)额定电流 I_N:是发电机正常连续运行的最大工作电流,通常以线电流表示。

(4)额定功率因数 $\cos\varphi_N$:是指发电机的额定功率与额定容量的比值。

(5)额定频率 f_N:我国规定为 50 Hz。

(6)额定效率 η_N:是指在额定运行条件下运行时的输出功率与输入功率的比值。

2)同步发电机的型号

(1)汽轮发电机的型号如下所示:

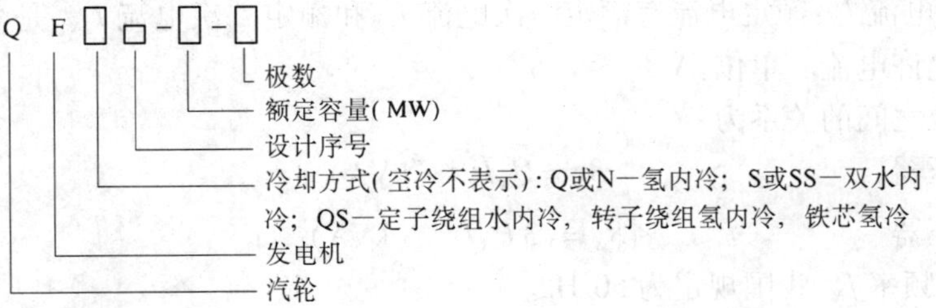

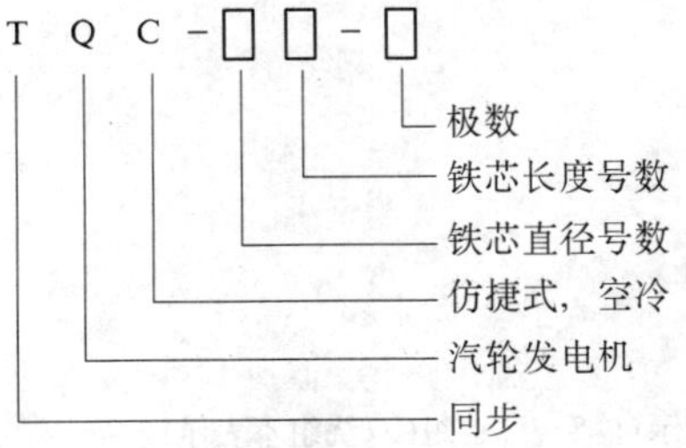

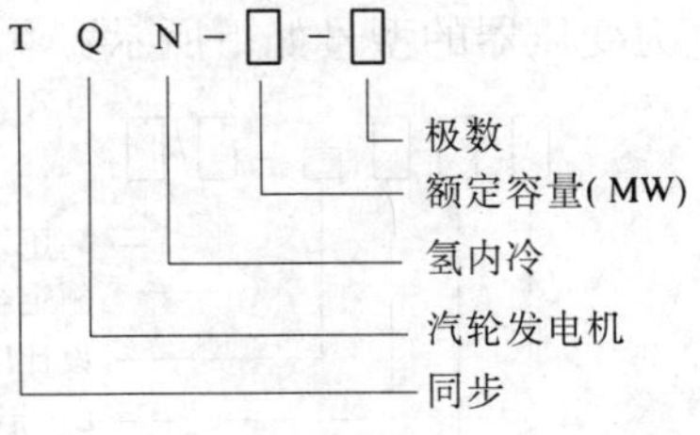

(2)水轮发电机的型号如下所示:

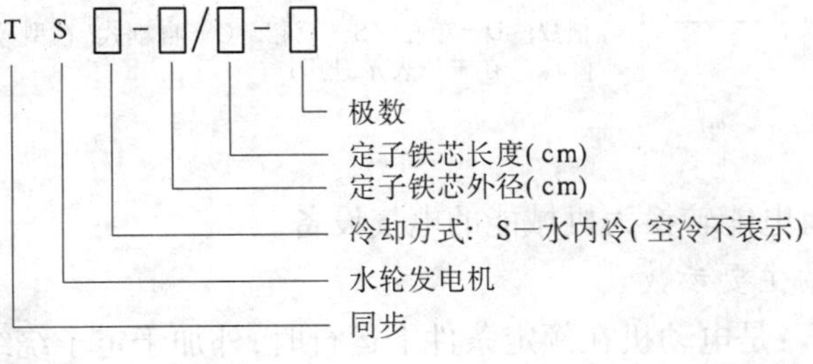

2. 电力变压器

电力变压器是发电厂、变电所中的重要电气设备,承担升高电压或降低电压的任务,对电力的经济输送和合理分配起到有效的作用。

1)电力变压器的类型

根据电力变压器结构方面的不同特点,分类如下:

(1)按相数分,有单相变压器和三相变压器。

(2)按每相绕组数分,有双绕组变压器和三绕组变压器。

(3)按调压装置分,有无载调压变压器和有载调压变压器。

(4)按冷却方式分,有干式变压器和油浸式变压器,油浸式变压器又有自冷、风冷和强迫油循环冷却方式。

(5)按导线材料分,有铜绕组变压器和铝绕组变压器。

2)电力变压器的主要技术参数

(1)额定容量 S_N:指在厂家铭牌规定的额定状态下,变压器输出的视在功率的保证值。对于三相变压器,是指三相总容量。单位:kVA。

(2)额定电压 U_N:额定电压有额定一次电压 U_{1N} 和额定二次电压 U_{2N}。U_{1N} 是指规定加到一次绕组上的电压,U_{2N} 是当一次电压为额定电压值 U_{1N} 时的二次侧开路电压。单位:kV。

(3)额定电流 I_N:额定电流有额定一次电流 I_{1N} 和额定二次电流 I_{2N},是变压器正常工作时的最大允许电流。单位:A。

三类参数之间的关系为:

单相变压器 $S_N = U_N I_N$ (kVA)

三相变压器 $S_N = \sqrt{3}\, U_N I_N$ (kVA)

(4)额定频率 f_N:我国规定为 50 Hz。

3)电力变压器的型号

电力变压器的型号如下所示:

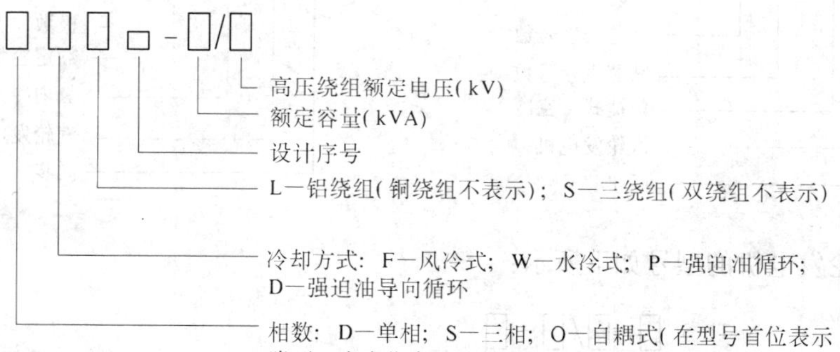

3. 异步电动机

异步电动机是将电能转换为机械能的电气设备。

1)异步电动机的主要参数

(1)额定电压 U_N:是电动机在额定条件下运行时,外加于定子绕组上的线电压。

(2)额定电流 I_N:是电动机在额定电压下,转轴上输出额定力矩时定子绕组的线电流。

(3)额定频率 f_N:指电动机应接的电源频率,规定为 50 Hz。

(4)额定功率 P_N:是电动机在额定条件下运行时,转轴上输出的机械功率。

$$P_N=\sqrt{3}U_N I_N \cos\varphi_N \eta_N$$

(5)额定效率 η_N:指在额定运行条件下运行时的效率。

(6)额定功率因数 $\cos\varphi_N$:指电动机在额定条件下运行的功率因数。

(7)额定转速 n_N:是电动机在额定电压、额定频率下,转轴上有额定输出功率时的转子转速。

2)异步电动机的型号

异步电动机的型号如下所示:

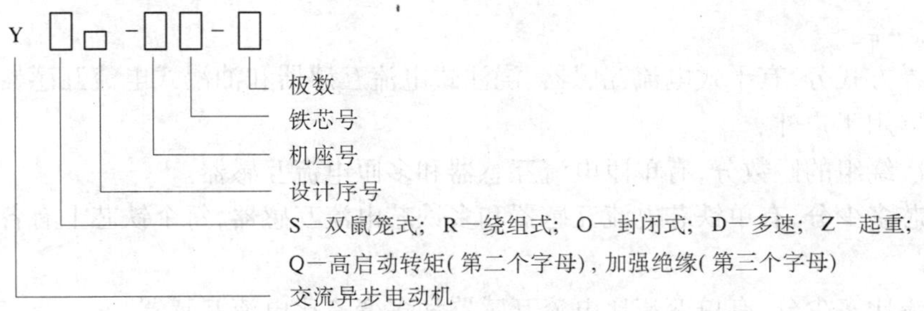

4. 互感器

互感器是将一次电路中的大电流变为小电流、高电压变为低电压的电气设备,是特殊的变压器,分为电流互感器和电压互感器。互感器的用途如下:

(1)使测量仪器和继电器等二次设备实现小型化和标准化。

(2)使二次部分与一次侧的高压在电气上隔离,以保证工作人员的安全。

(3)能够采用低压的小截面控制电缆,有利于实现远距离的测量和控制。

(4)当一次侧电路发生短路时,能够保护二次设备的电流线圈,使之免受大电流的损害。

1)电流互感器

A. 电流互感器的接线方式

电流互感器的二次绕组与测量仪表、继电器等的连接,最常用的有如下四种接线方式:

(1)单相接线。如图 1-1(a)所示,用于三相对称系统,提供电流测量、过负荷保护等需要的电流信号。

(2)三相星形接线。如图 1-1(b)所示,用于三相系统,提供测量三相电流、电能、过电流保护等所需要的电流信号。

(3)两相不完全星形接线。如图 1-1(c)所示,用于三相系统,提供电流测量和电能、过电流保护等所需要的电流信号。

(4)两相电流差接线。如图 1-1(d)所示,用于三相系统,提供过电流保护所需要的电流信号。

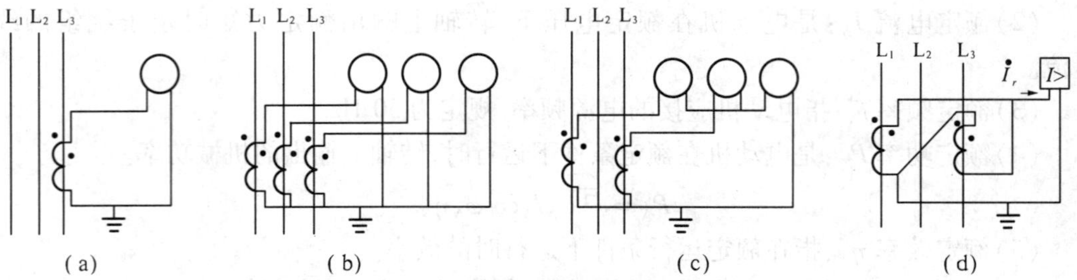

图 1-1　电流互感器与测量仪表、继电器的接线方式

B. 电流互感器的类型

按安装地点分,有户内式电流互感器和户外式电流互感器。20 kV 及其以下一般为户内式,35 kV 及其以上一般为户外式。

按安装方式分,有支持式电流互感器、穿墙式电流互感器、装入式电流互感器和母线式电流互感器。

按绝缘方式分,有干式电流互感器、浇注式电流互感器和油浸式电流互感器。油浸式电流互感器用于户外。

按一次绕组的匝数分,有单匝电流互感器和多匝电流互感器。

按铁芯多少分,有单铁芯电流互感器和多铁芯电流互感器,每个铁芯上有各自的二次线圈。

按变流比多少分,有单变流比电流互感器和多变流比电流互感器。

C. 电流互感器的型号

电流互感器的型号如下所示:

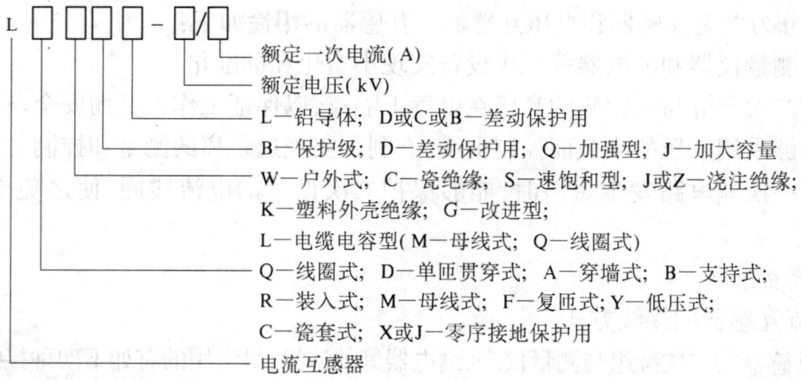

2)电压互感器

A. 电压互感器的类型

按安装地点分,有户内式电压互感器和户外式电压互感器。

按相数分,有单相式电压互感器和三相式电压互感器。35 kV 及其以上不制造三相式的。

按绕组数目分,有三绕组电压互感器和双绕组电压互感器。三绕组电压互感器的第三绕组用于监视对地绝缘或用做接地保护。

按绝缘分,有干式电压互感器、浇注式电压互感器、油浸式电压互感器和充气式电压互感器。干式电压互感器用于 6 kV 及其以下,浇注式电压互感器适用于 3 ~ 35 kV 户内装置，油浸式电压互感器用于户外，充气式电压互感器用于 SF_6 全封闭装置中。

B. 电压互感器的型号

电压互感器的型号如下所示：

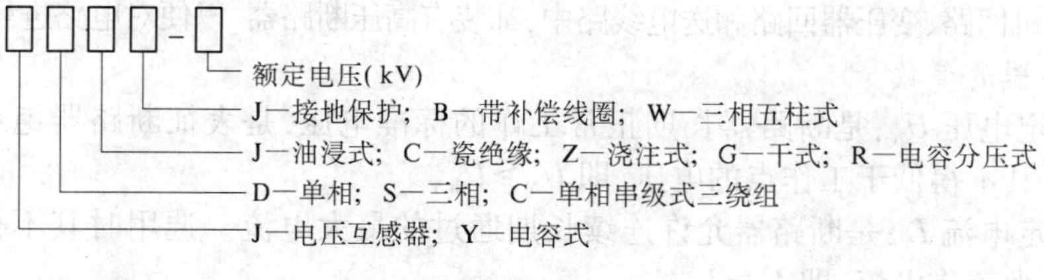

C. 电压互感器的接线方式

(1)单相接线。如图 1-2(a)所示，广泛应用于 35 kV 及其以下小接地电流系统只需要测某一线电压的情况，或为对侧有源线路提供同期检查(或无压检查)信号。

(2)V—V 接线。如图 1-2(b)所示，供仪表、继电器接于三相三线制系统的各个线电压，广泛应用于小接地电流系统。

(3)Y—Y0 接线。如图 1-2(c)所示，供电给要求线电压的仪表、继电器和接相电压的绝缘监视用电压表。

(4)YN，yn，d 接线。如图 1-2(d)所示，又称为万能式接线。其接成 Y0 的二次绕组，供电给需要线电压的仪表、继电器及绝缘监视用电压表；接成开口三角形的辅助二次绕组，接电压继电器。该接线广泛应用于各级电压的电力系统。

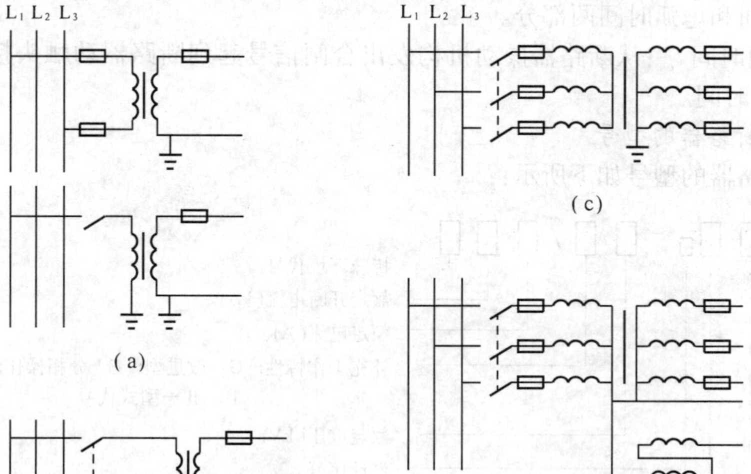

图 1-2　电压互感器的接线方式

1.2.1.2　高压开关设备

高压开关设备指用来改变电路通断状态的设备。按功能分为高压断路器、隔离开关、高压熔断器。

1. 高压断路器

在正常运行时，用高压断路器来接通或开断正常的负载电流；在过载时，用它来切断过载电流；在故障时，用它来迅速切断短路电流。

在发电机回路、变压器回路和送电线路中，都装有高压断路器，以便对电路进行有效控制。

1）断路器的参数

（1）额定电压 U_N：是断路器长期正常工作的标准电压，是表征断路器绝缘能力的参数。选用时其不得低于工作点的电压，即 $U_N \geqslant U_{WN}$。

（2）额定电流 I_N：是断路器允许连续长期通过的最大电流。选用时其不得小于工作回路中的最大工作电流，即 $I_N \geqslant I_{g\max}$。

（3）额定开断电流 I_{brN}：是断路器在额定电压下能可靠开断的最大短路电流，是表征断路器开断能力的参数。选用时其不得小于回路中可能出现的最大短路电流，即 $I_{brN} \geqslant I''$。

也有用额定开断容量 S_{brN} 表示断路器开断能力的，选用时 S_{brN} 不得低于回路中可能出现的最大短路容量，即 $S_{brN} \geqslant S''_d$。

（4）额定关合电流 I_{cN}：是断路器在额定电压下，能关合的最大短路电流。

（5）动稳定电流 $i_{\max}$：是断路器能承受的最大电流峰值，选用时其不得小于回路中可能出现的最大冲击短路电流，即 $i_{\max} \geqslant i_{sh}^{(3)}$。

（6）热稳定电流 I_t：是断路器出厂时通电 t 秒热稳定试验的电流大小，选用时应满足 $I_t^2 \cdot t \geqslant Q_k$（$Q_k$ 为断路器所在回路中可能出现的最大短路电流热效应值）。

（7）分闸时间 t_{off}：从断路器动、静触头分离始到电弧完全熄灭止所经历的时间，包括固有分闸时间和熄弧时间两部分。

（8）合闸时间 t_{on}：从断路器操动机构发出合闸信号起到断路器动触头接到静触头时止，所经历的时间。

2）高压断路器的型号

高压断路器的型号如下所示：

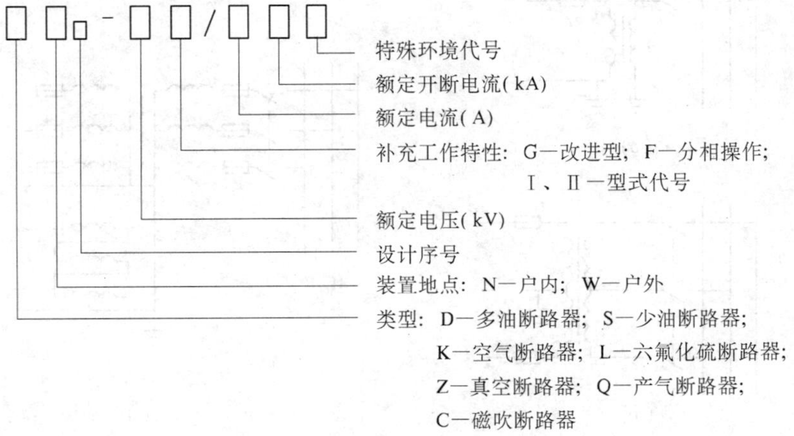

2. 隔离开关

隔离开关有以下用途：

（1）将需要检修的电气设备或线路与电源隔离开来，以保证检修人员的安全。

(2)等电位情况下可用隔离开关切换电路。

(3)接通或切断所允许的小电流电路,如小容量的空载变压器、短距离的空载线路、电压互感器回路,等等。

1)隔离开关的主要技术参数

(1)额定电压 U_N:是隔离开关长期正常工作的标准电压。选用时其不得低于工作点的电压,即 $U_N \geqslant U_{WN}$。

(2)额定电流 I_N:是隔离开关允许连续长期通过的最大工作电流。选用时其不得小于回路中可能出现的最大工作电流,即 $I_N \geqslant I_{g\max}$。

(3)热稳定电流 I_t:是断路器出厂时通电 t 秒热稳定试验的电流大小,选用时应满足 $I_t^2 \cdot t \geqslant Q_k$。

(4)动稳定电流 $i_{\max}$:是断路器能承受的最大电流峰值,选用时其不得小于回路中可能出现的最大冲击短路电流,即 $i_{\max} \geqslant i_{sh}^{(3)}$。

2)隔离开关的型号

隔离开关的型号如下所示:

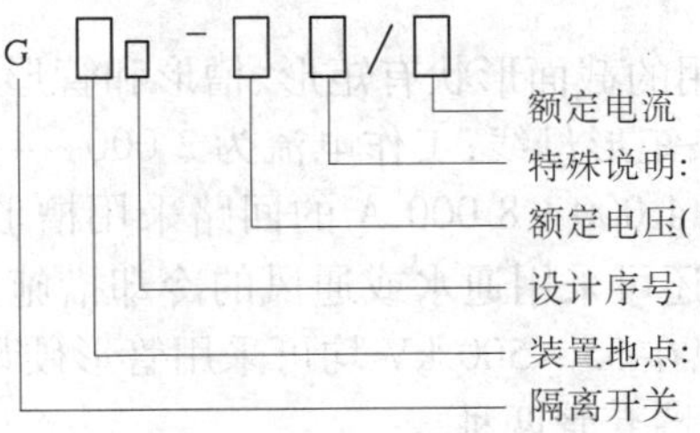

3. 高压熔断器

高压熔断器是一种最简单的保护电器,串联在电路中使用,作短路保护和过负荷保护。

1)高压熔断器的类型

用于发电厂和变电所的熔断器有户内式和户外式两种类型。

户内式熔断器具有限流作用,RN_2 和 RN_6 系列额定电流为 0.5 A,专门用于电压互感器回路。

户外式熔断器有支柱式和跌落式两种类型。支柱式为限流型的,跌落式为非限流型的,熔体熔断的同时熔管跌落,形成明显的断开点。

2)高压熔断器的主要技术参数

(1)额定电压 U_N:是熔断器能长期承受的正常工作电压。选用时其不得低于工作点的电压,即 $U_N \geqslant U_{WN}$。

(2)额定电流 I_N:是熔断器壳体部分和载流部分允许通过的长期最大工作电流。选用时其不得小于回路中的最大工作电流,即 $I_N \geqslant I_{g\max}$。

(3)熔体的额定电流 I_{bN}:是熔体允许长期通过而不熔化的最大电流,熔体的额定电流不得超过熔断器的额定电流。

(4)额定开断电流 I_{brN}:是断路器在额定电压下能可靠开断的最大短路电流,是表征断路器开断能力的参数。选用时其不得小于回路中可能出现的最大短路电流,即 $I_{brN} \geqslant I''$(限流型)或 $I_{brN} \geqslant I_{ch}$(非限流型)。

也可用额定开断容量 S_{brN} 表示断路器开断能力。

3)高压熔断器的型号

高压熔断器的型号如下所示：

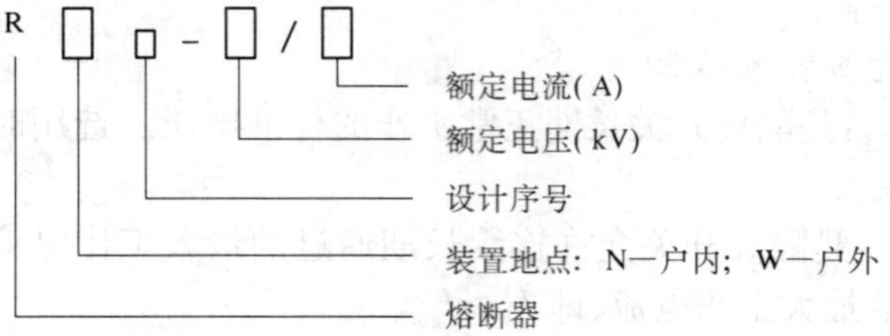

1.2.1.3 导体设备

导体设备主要用于传导电能,包括母线和绝缘子。母线用于汇集和重新分配电能,绝缘子用于保证导体对地或其他设备的绝缘。

母线的材料有铜、铝和铝合金。一般用铝或铝合金作为母线材料,铜材料一般限于在母线持续电流大,布置尺寸特别受限制或母线周围污秽物对铝腐蚀较重而对铜腐蚀较轻的场所使用。

发电机电压母线通常采用硬裸母线,常用的截面形状有矩形、槽形和管形。母线回路工作电流不超过2 000 A时,可采用每相单条矩形母线;工作电流为2 000~4 000 A的回路,采用每相2或3条矩形母线;工作电流为4 000~8 000 A的回路采用槽形母线;工作电流超过8 000 A时,常采用管形母线,管内还可采用通水或通风的冷却措施。升高电压(汇流)母线以前大都采用软导线做母线。现在35~500 kV均可采用管形硬母线。

夹持硬母线的绝缘子分支柱绝缘子和穿墙套管两种。

1.2.1.4 过电流和过电压的限制设备

过电流和过电压的限制设备主要包括限制短路电流大小的电抗器、限制过电压的防雷装置,以及接地装置。

用来限制短路电流的限流电抗器一般选用NKL系列铝线水泥电抗器或FFL系列铝线分裂电抗器。

防雷装置有避雷针(线)和避雷器。避雷针(线)保护发电厂和变电所的电气设备不受直接雷击;避雷器限制作用于设备上的过电压,包括感应雷和侵入雷电波的过电压。

避雷器分管型避雷器、阀型避雷器和氧化锌避雷器。管型避雷器在发电厂和变电所只用于进线保护。阀型避雷器又分为普通阀型避雷器和磁吹阀型避雷器,普通阀型避雷器FS系列主要用于保护小容量6~10 kV配电装置中的设备,FZ系列主要用于保护发电厂和变电所的变压器级电气设备;磁吹阀型避雷器FCZ型用于电站,FCD型用于保护旋转电机。氧化锌避雷器是当前最先进的过电压保护设备,分无间隙的和有间隙的两种。

接地装置是由埋设在土壤中的金属接地体和接地线组成的。将电气设备的某个部分用金属导体与接地体相连,称为接地。接地的目的主要有:工作接地,如中性点直接接地系统中的变压器中性点接地;保护接地,如设备金属外壳接地;防雷接地,如避雷针、避雷器的接地。

1.2.2 一次接线图常用的图形符号

一次接线图常用的图形符号见表1-1。

表 1-1　一次接线图常用的图形符号

名称	图形符号	名称	图形符号
接地一般符号		断路器	
故障		隔离开关	
闪络、击穿		负荷开关	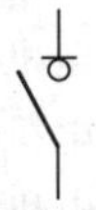
导线间绝缘击穿	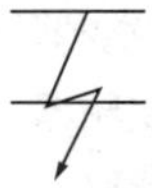	熔断器	
导线对地绝缘击穿	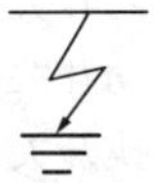	熔断器式开关	
导线、导线组、电线、电缆、电路、传输通路、线路、母线（总线）	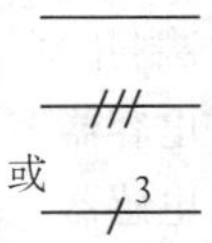	火花间隙	
多相系统的中性点	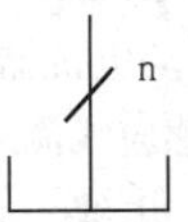	避雷器	
交流发电机		双绕组变压器	
交流电动机		三绕组变压器	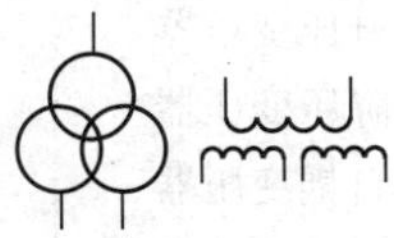
电流互感器	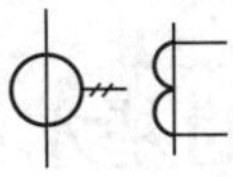	自耦变压器	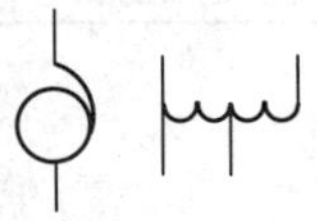
电压互感器	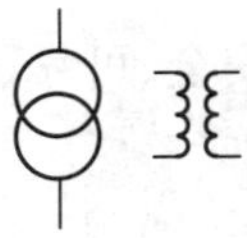	电抗器 扼流线圈	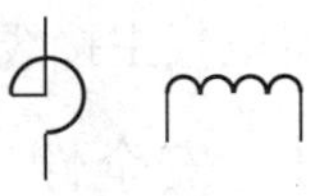

1.2.3 电气主接线图常用的文字符号

电气主接线图常用的文字符号见表 1-2。

表 1-2 电气主接线图常用的文字符号

名称	单字母	双字母	名称	单字母	双字母
发电机	G		电炉变压器	T	TF
直流发电机	G	GD	稳压器	T	TS
交流发电机	G	GA	互感器	T	
同步发电机	G	GS	电流互感器	T	TA
异步发电机	G	GA	电压互感器	T	TV
永磁发电机	G	GM	整流器	U	
水轮发电机	G	GH	变流器	U	
汽轮发电机	G	GT	逆变器	U	
励磁机	G	GE	变频器	U	
电动机	M		断路器	Q	QF
直流电动机	M	MD	隔离开关	Q	QS
交流电动机	M	MA	自动开关	Q	QA
同步电动机	M	MS	转换开关	Q	QC
异步电动机	M	MA	刀开关	Q	QK
笼型电动机	M	MC	控制开关	S	SA
绕组	W		电容器	C	
电枢绕组	W	WA	电感器	L	
定子绕组	W	WS	电抗器	L	
转子绕组	W	WR	启动电抗器	L	
励磁绕组	W	WE	感应线圈	L	
控制绕组	W	WC	电线	W	
变压器	T		电缆	W	
电力变压器	T	TM	母线	W	
控制变压器	T	TC	避雷器	F	FV
升压变压器	T	TU	熔断器	F	FU
降压变压器	T	TD	照明灯	E	EL
自耦变压器	T	TA	指示灯	H	HL
整流变压器	T	TR	蓄电池	G	GB

1.3 对电气主接线的基本要求

对电气主接线的基本要求可以概况为八个字:安全、可靠、经济、方便。分述如下。

1.3.1 安全性

电气主接线的安全性,主要体现在隔离开关的正确配置和隔离开关接线的正确绘制。

一是凡是应该安装隔离开关的地方都必须配置隔离开关，不能有遗漏之处；二是在操作隔离开关时应使动刀带电时间尽量短，即电源应连接在静刀侧，如图 1-3(a)所示。

1.3.2 可靠性

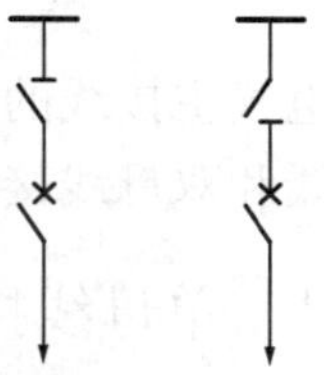

图 1-3 隔离开关接线的绘制方法

分析电气主接线的可靠性时，要考虑发电厂和变电所在系统中的地位与作用，要考虑用户的负荷性质和类别，一般从以下几方面进行分析：

(1)各断路器检修时，停电的范围和时间；

(2)母线故障或检修时，停电的范围和时间；

(3)有没有使发电厂或变电所全部停电的可能。

电气主接线可靠性的高低与经济性有关。一般来讲，一方面，主接线可靠性越高，所需的总投资和年运行费用越高；另一方面，可靠性越高，因停电造成的损失越小。所以，对电气主接线可靠性进行分析时，要根据资金是否充足，停电的经济损失多少等，从各方面加以综合考虑。

对可靠性的分析不仅可以定性分析，还可以进行定量计算。识读电气主接线图一般要求能定性分析可靠性即可。

1.3.3 经济性

电气主接线的经济性是相比较而论的。它通常与可靠性和方便性之间有矛盾。在资金充足时，对经济性的要求可以放低。而如果两种主接线的可靠性和方便性差不多，则应通过具体经济比较计算，选择经济性较好的一种。

1.3.4 方便性

电气主接线的方便性包括以下三个方面。

1.3.4.1 操作的方便性

电气主接线应该接线简单，操作方便，尽可能使操作步骤少，不致在操作过程中出差错。但一般来讲，主接线的可靠性越高，操作步骤就越复杂，所以不能简单地以操作是否方便来确定主接线是否较优，而应服从可靠性的基本要求。

1.3.4.2 调度的方便性

调度的方便性是指在正常运行时，要能根据调度要求，方便地改变运行方式，并在发生故障时能迅速切除故障。

1.3.4.3 扩建的方便性

发电厂和变电所能否扩建，除资金、土地等条件外，还与电气主接线的接线方式有关。对将来要扩建的发电厂和变电所，其主接线必须具有扩建的可能性。

上述对电气主接线的四个方面基本要求，除安全性是绝对的外，其余三个方面相互之间是关联的，在分析电气主接线时，必须加以仔细的综合考虑。

1.4 电气主接线的基本形式

电气主接线的基本形式分两大类:有母线接线和无母线接线。有母线接线包括单母线接线和双母线接线,无母线接线包括单元接线、桥形接线和多边形接线。

1.4.1 单母线接线形式

母线,又称汇流排,用以汇集电能和分配电能,是发电厂和变电所的重要装置。

1.4.1.1 不分段单母线接线

不分段单母线接线如图 1-4 所示,所有电源都接到一组母线上,向母线输送电能。所有引出线也都接到同一组母线上,由母线送出电能。每一进出线回路都装有断路器,能方便地在正常情况下通断电路、故障情况下自动切断故障电流。断路器两侧均装有隔离开关,保证检修断路器时的人身安全。线路对侧无电源时,线路隔离开关 QS_2 可以不装。线路隔离开关的接地闸刀 QE,可以在线路检修时替代临时接地线。

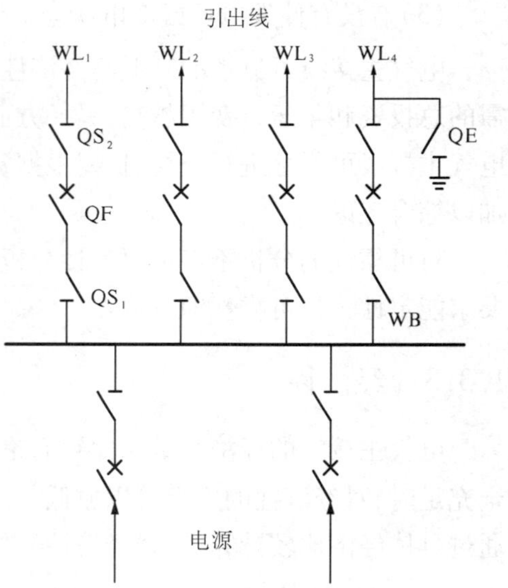

图 1-4 不分段单母线接线

1. 不分段单母线接线的优缺点

优点:接线简单清晰,设备少,经济性好,操作方便,便于扩建,也便于采用成套配电装置。隔离开关仅用于检修,不作为操作电器,不易发生误操作。

缺点:可靠性低,调度不方便。

任一回路故障或回路断路器检修时,该回路要停电;母线范围内检修或故障时,全站要停电。电源只能并列运行,不能分列运行,并且线路侧发生短路时,短路电流较大。

2. 使用范围

单母线接线不能作为Ⅰ类负荷的唯一电源,一般应用于以下情形:

(1)6 ~10 kV 配电装置的出线不超过 5 回时;

(2)35 ~60 kV 配电装置的出线不超过 3 回时;

(3)110 ~220 kV 配电装置的出线不超过 2 回时。

3. 倒闸操作票示例

说明:若线路未装设自动装置,标 * 号步骤可省略。

1) 线路 WL_1 由运行改检修的操作步骤

*(1)停用 WL_1 线路的自动重合闸;

(2)拉开 WL_1 线路的断路器 QF;

(3)取下 WL_1 线路的断路器操作保险;

(4)检查 WL_1 线路的断路器确在开位;

(5)拉开 WL_1 线路线路侧的隔离开关 QS_2；
(6)拉开 WL_1 线路母线侧的隔离开关 QS_1；
(7)取下 WL_1 线路断路器的合闸保险；
(8)在 WL_1 线路上验明无电后挂一组接地线；
(9)在 WL_1 线路的操作把手上挂“禁止合闸,线路有人工作”的标示牌。

2)线路 WL_1 检修后恢复送电的操作步骤

(1)收回 WL_1 线路检修工作票,拆除临时安全措施；
(2)检查 WL_1 线路的断路器 QF 确在开位；
(3)装上 WL_1 线路断路器的合闸保险；
(4)合上 WL_1 线路母线侧隔离开关 QS_1；
(5)合上 WL_1 线路线路侧隔离开关 QS_2；
(6)装上 WL_1 线路断路器的操作保险；
(7)合上 WL_1 线路的断路器 QF；
*(8)投入 WL_1 线路的自动重合闸。

3) WL_1 线路断路器 QF 由运行改检修的操作步骤

(1)停用 WL_1 线路的自动重合闸；
(2)拉开 WL_1 线路断路器 QF；
(3)取下 WL_1 线路断路器的操作保险；
(4)检查 WL_1 线路断路器 QF 确在开位；
(5)拉开 WL_1 线路线路侧隔离开关 QS_2；
(6)拉开 WL_1 线路母线侧隔离开关 QS_1；
(7)取下 WL_1 线路断路器的合闸保险；
(8)在断路器 QF 与隔离开关 QS_2 之间验明无电后挂一组接地线；
(9)在断路器 QF 与隔离开关 QS_1 之间验明无电后挂一组接地线。

1.4.1.2 分段单母线接线

为了防止出现全站停电,可以用断路器将母线分段,如图 1-5 所示。母线可以分为 2～3 段,视电源数目和功率大小而定。分段断路器 QF_d 两侧装有隔离开关,供检修分段断路器时使用。

1. 分段单母线接线的运行方式

1)正常运行时,分段断路器投入运行

此即两段母线并列运行的方式。当任一段母线故障时,继电保护动作,将分段断路器和故障段上的电源断路器跳开,非故障段母线不停电。但使继电保护整定非常复杂。

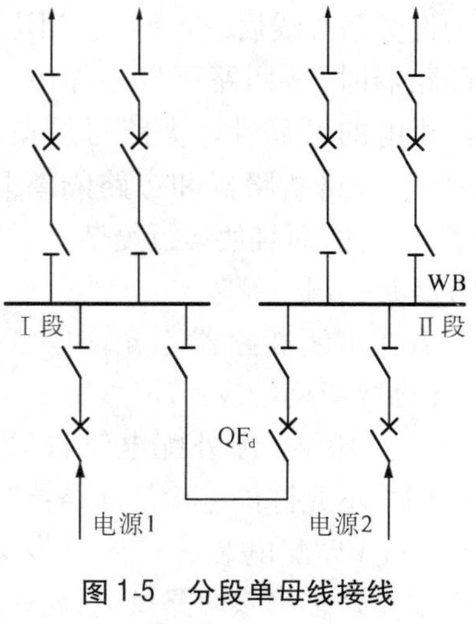

图 1-5 分段单母线接线

某一段母线的电源断开时,出线回路可以通过分段断路器从另一段母线上得到供电。

2)正常运行时,分段断路器退出运行

此即两段母线分列运行的方式。当任一段母线故障时,继电保护动作,将故障段上的电源断路器断开,非故障段仍能正常工作。

某一段母线的电源断开时,该母线段上所有回路要停电。

为了限制短路电流,一般采取分列运行的方式,分段断路器配备用电源自动投入装置。

2. 分段单母线接线的优缺点

优点:接线比较简单,操作方便,可靠性有所提高,扩建方便,调度较单母线灵活。

缺点:供电可靠性较低。

任一回路检修或故障,该回路要停电;任一段母线范围内检修或故障时,该母线段上的所有回路都要停电。

3. 适用范围

分段单母线接线广泛应用于中小容量发电厂的 6 ~ 10 kV 接线和 6 ~ 220 kV 变电所中,具体应用范围如下:

(1)6 ~ 10 kV 配电装置总出线回路数为 6 回及其以上,每一分段上所接容量不宜超过 25 MW;

(2)35 ~ 60 kV 配电装置总出线回路数为 4 ~ 8 回时;

(3)110 ~ 220 kV 配电装置总出线回路数为 3 ~ 4 回时。

1.4.1.3 单母线带旁路母线接线

为了在检修出线回路断路器时不至于造成该回路中断供电,可以设置旁路母线,如图 1-6所示。分段单母线也可带旁路母线,需用两台旁路断路器分别接在两段母线上,这样做虽然极大地提高了可靠性,但是投资较大。为了减少设备,节约投资,可以用分段断路器兼作旁路断路器,或旁路断路器兼作分段断路器。接线分别如图 1-7(a)、(b)、(c)所示。

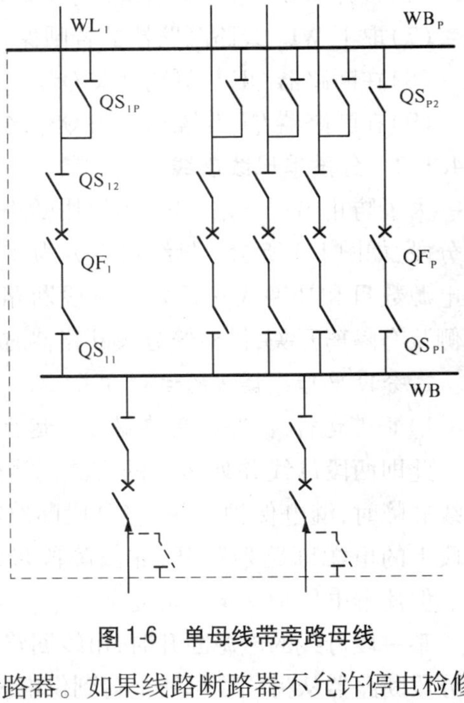

图 1-6 单母线带旁路母线

1. 特点

增设旁路母线后,检修与它相连的任一回路的断路器时,该回路可以不停电,从而提高了回路供电的可靠性。旁路母线占地面积较大,增加了旁路断路器和旁路隔离开关,因而降低了经济性,而且使运行复杂。

2. 适用范围

只有在出线断路器不允许停电检修的情况下,才设置旁路母线:

(1)6 ~ 10 kV 屋外配电装置只有架空线很多且用户不允许停电检修断路器时。

(2)35 kV 配电装置一般不设旁路母线,因为重要用户多为双回路供电,允许停电检修断路器。如果线路断路器不允许停电检修,在采用分段单母线接线时可增设旁路母线，但多用分段断路器兼作旁路断路器。

(3)110～220 kV 配电装置如果采用分段单母线接线，一般应设置旁路母线且以专用旁路断路器为宜。

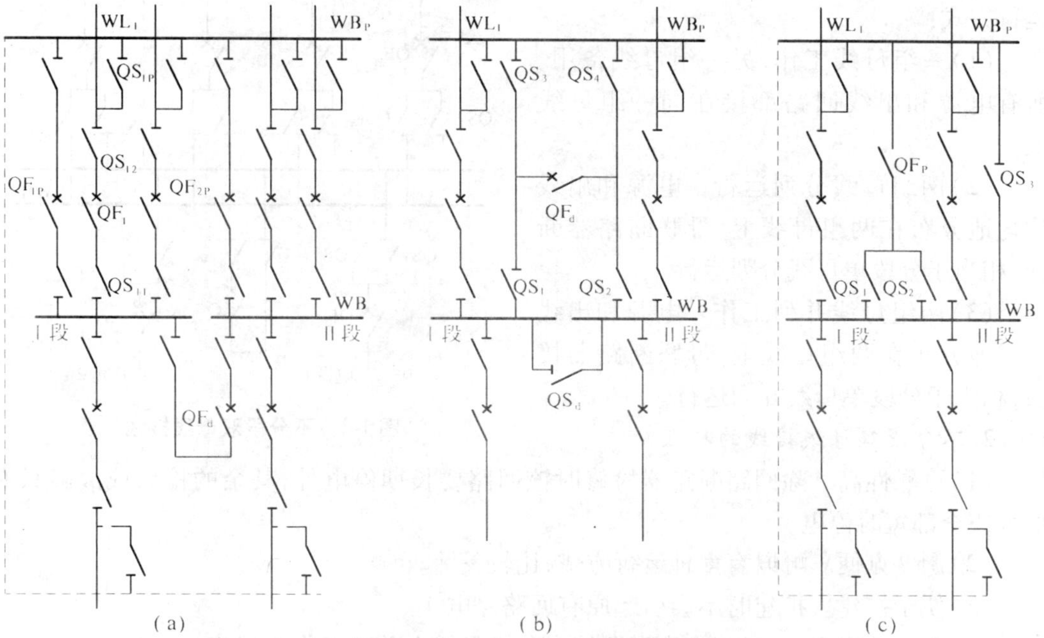

图 1-7　分段单母线带旁路母线的接线

3. 倒闸操作票示例

由旁路断路器代替常路断路器的操作步骤如下（已将旁路断路器 QF_P 的继电保护整定值改为线路 WL_1 的整定值）：

(1)检查线路 WL_1 的断路器 QF_1 确在合位；

(2)装上线路 WL_1 的断路器 QF_1 的操作保险；

(3)检查旁路断路器 QF_P 确在开位；

(4)装上旁路断路器 QF_P 的合闸保险；

(5)合上旁路断路器 QF_P 的旁路母线侧隔离开关 QS_{P2}；

(6)合上旁路断路器 QF_P 的工作母线侧隔离开关 QS_{P1}；

(7)装上旁路断路器 QF_P 的操作保险；

(8)合上旁路断路器 QF_P，对旁路母线进行充电；

(9)合上线路 WL_1 旁路母线侧的隔离开关 QS_{1P}；

(10)拉开线路 WL_1 的断路器 QF_1；

(11)检查线路 WL_1 的断路器 QF_1 确在开位。

1.4.2　双母线接线形式

1.4.2.1　不分段双母线接线

不分段双母线接线如图 1-8 所示，有两组可以互为备用的母线，两组母线用母联断路器连接，以保证母线范围内检修时不会全部装置停电。

1. 不分段双母线接线的运行方式

不分段双母线接线可以有三种不同的运行方式：

（1）一组母线工作，另一组母线备用。所有电源和出线回路都接在同一组母线上。

（2）两组母线分列运行。电源和出线均匀地分布在两组母线上，母联断路器断开，相当于分段单母线分列运行。

（3）两组母线并列工作。电源和出线均匀地分布在两组母线上，母联断路器接通，相当于分段单母线并列运行。

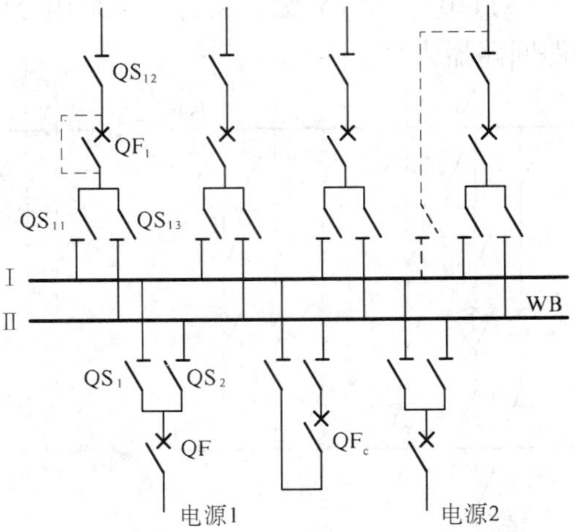

图 1-8　不分段双母线接线

2. 不分段双母线接线的特点

（1）可靠性高。除回路断路器检修时该回路要长期停电外，其余的检修或故障只有部分或全部短时停电。

（2）调度方便。可以有多种运行方式，比较灵活。

（3）便于扩建。扩建时不会引起原有回路停电。

（4）在特殊需要时，可将个别回路接在备用母线上单独工作或试验。

（5）经济性较差。增加了一组母线，用了两倍的母线隔离开关，设备较多，总投资和年运行费用也较多。

（6）操作较复杂。切换母线的操作步骤多，而且复杂，误操作可能出现带负荷拉合闸。

3. 适用范围

不分段双母线广泛应用于：

（1）6～10 kV 配电装置，当短路电流较大，出线需要带电抗器时；

（2）35～60 kV 配电装置，当出线回路超过 8 回时，或连接的电源较多、负荷较大时；

（3）110～220 kV 配电装置，当出线回路为 5 回及其以上，或出线回路为 4 回但在系统中地位重要时。

4. 倒闸操作票示例

1）工作母线由运行转换到检修的倒闸操作步骤

假设母线Ⅰ运行，母线Ⅱ热备用，即母联断路器两侧的隔离开关已在合位，断路器的操作保险已装上。

（1）调整母联断路器继电保护整定值后，合上母联断路器向热备用母线充电 5 min；

（2）检查母联断路器确在合位；

（3）对热备用母线进行外部检查，恢复母联断路器继电保护整定值；

（4）取下母联断路器的直流操作保险；

（5）依次合上热备用母线侧的全部隔离开关；

(6)依次拉开工作母线侧的全部隔离开关；
(7)装上母联断路器直流操作保险；
(8)拉开母联断路器；
(9)检查母联断路器确在开位；
(10)取下母联断路器的合闸保险；
(11)取下母联断路器的直流操作保险；
(12)拉开母联断路器两侧的隔离开关；
(13)检查母联断路器两侧的隔离开关确在开位；
(14)取下停用母线电压互感器副边熔断器；
(15)拉开停用母线电压互感器隔离开关；
(16)在被停用母线上验明无电后挂接地线；
(17)挂上有关标示牌。

2)双母线并列运行时一组母线由运行变为检修的倒闸操作步骤

(1)检查母联断路器确在合位；
(2)取下母联断路器的直流操作保险；
(3)依次合上待检修母线上所有进出线的另一母线侧隔离开关；
(4)依次拉开待检修母线上所有进出线的待检修母线侧隔离开关；
(5)装上母联断路器直流操作保险；
(6)拉开母联断路器；
(7)检查母联断路器确在开位；
(8)取下母联断路器的直流操作保险和合闸保险；
(9)拉开母联断路器两侧隔离开关,并检查母联断路器两侧隔离开关确在开位；
(10)取下停用母线电压互感器副边熔断器；
(11)拉开停用母线电压互感器隔离开关。

3)母线由检修转为运行的倒闸操作步骤

(1)收回有关检修工作票,拆除接地线,取下标示牌；
(2)对检修母线作充分的检查；
(3)检查母联断路器及其两侧隔离开关确在开位；
(4)装上母联断路器的直流操作保险和合闸保险；
(5)合上母联断路器两侧隔离开关,并检查其确在合位；
(6)合上母联断路器,对检修母线充电；
(7)检查母联断路器确在合位；
(8)取下母联断路器的直流操作保险；
(9)依次合上需要转换到检修母线上回路的检修母线侧隔离开关；
(10)依次拉开需要转换到检修母线上回路的工作母线侧隔离开关；
(11)装上母联断路器的直流操作保险。

1.4.2.2 分段双母线接线

为了缩小母线故障时的停电范围,将工作母线分为Ⅰ段和Ⅱ段,即分段双母线,如

图 1-9所示，电源和出线均匀地分布在两段工作母线上。

1. 优缺点

优点：任何时候都有备用母线，因此可靠性和灵活性都高。

缺点：增加了断路器，经济性较差，倒母线操作复杂。

2. 适用范围

（1）广泛应用于中小型发电厂的 6～10 kV 发电机电压母线。

（2）220 kV 配电装置进出线回路总数在 10～14 回时，可在一组母线上分段（双母线 3 分段），进出线回路总数为 15 回及其以上时，两组母线均应分段（双母线 4 分段）；对可靠性要求很高的 330～500 kV 超高压配电装置，当进出线回路总数为 6 回及其以上时，也可采用双母线 3 分段或双母线 4 分段。

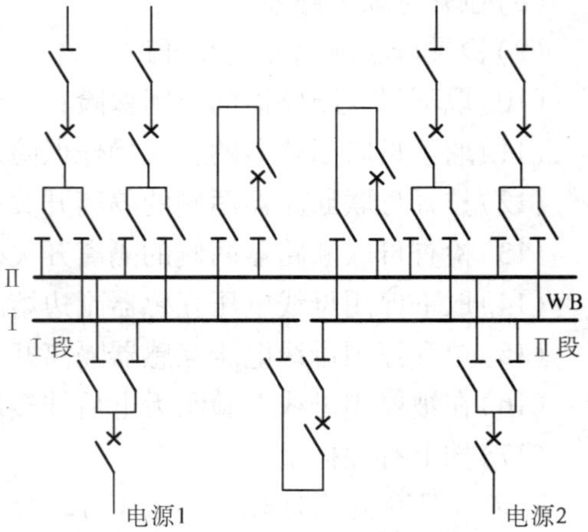

图 1-9　分段双母线接线

1.4.2.3　双母线带旁路母线的接线

双母线可以带旁路母线，用旁路断路器替代检修中的回路断路器工作，使该回路不致停电。图 1-10 所示为不分段双母线带旁路母线的接线，可以设专门的旁路断路器，也可用旁路断路器兼作母联断路器，或用母联断路器兼作旁路断路器，分别如图 1-10（a）、（b）、（c）所示。分段双母线也可带旁路母线，但需设两台旁路断路器，分别接到两段母线上。

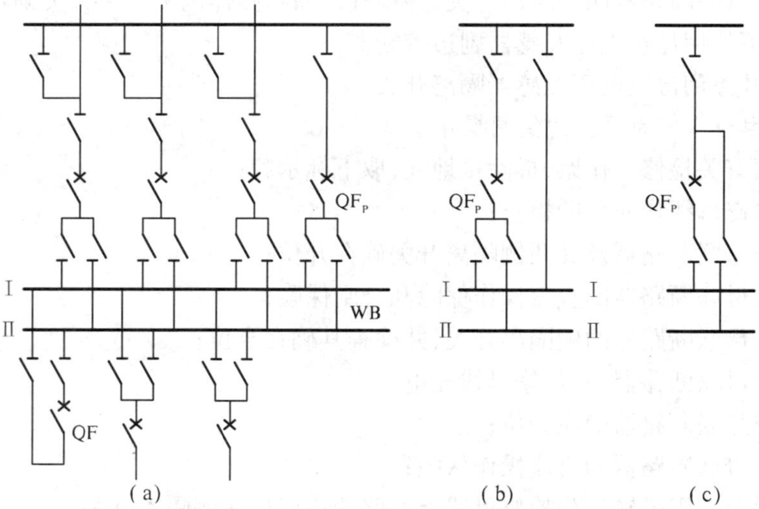

图 1-10　不分段双母线带旁路母线的接线

1. 优缺点

优点：运行方便灵活，可靠性高。

缺点：接线复杂，经济性较差，倒闸操作复杂。

2. 适用范围

330～500 kV 采用分段双母线时，一般都带旁路母线。

1.4.2.4　一台半断路器接线

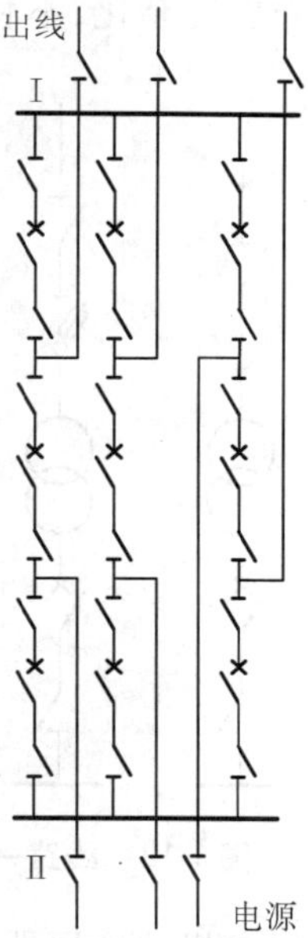

图 1-11　一台半断路器接线

如图 1-11 所示接线，每一回路经一台断路器接至一组母线，分别接在两组母线上的两个回路之间装有一台联络断路器，在两组母线之间形成一个由三台断路器构成的“断路器串”。因两个回路合用三台断路器，故称二分之三接线，平均每个回路一台半断路器，又称一台半断路器接线。

在一台半断路器接线中，回路一般交叉配置，即在同一“断路器串”上配置一个进线回路和一个出线回路，以避免联络断路器故障时两个电源回路同时被切除。

一台半断路器接线的特点是：可靠性和灵活性很高，操作、调度和扩建均较方便，但经济性较差，联络断路器故障时会造成两个回路短时停电，继电保护配置较复杂。

在 500 kV 的升压变电站和降压变电所中，一般都采用这种接线。

1.4.3　无母线接线形式

1.4.3.1　单元接线

将不同性质的主要电力元件（发电机、变压器、线路）先相互串联组成组式单元，再与其他单元并列，这种组式单元的内部组合方式就是组式单元接线，简称组式接线或单元接线。

组式单元的运行可靠性和灵活性不如每个电力元件自成接线单元高，但能简化接线和设备布置，减少继电保护装置，便于工程分期运行和分期过渡。当系统有足够备用容量时，组式单元接线颇受欢迎。

1. 线路—变压器单元接线

线路—变压器单元接线适用于只有一条线路和一台变压器的变电所，高压侧没有母线，接线非常简单。如图 1-12 所示，高压侧分别设隔离开关、隔离开关加跌落式熔断器、断路器加隔离开关。

线路—变压器单元接线一般用于农村变电所和用户变电所。

有时，在装有三绕组变压器的 110～220 kV 终端变电所也采用线路—三绕组变压器单元接线，如图 1-13 所示。

2. 发电机—变压器单元接线及扩大单元接线

在发电机—变压器单元接线中，发电机和变压器直接连成一个单元，经断路器接至高压母线，发电机出口只接有厂用电分支，不再装设母线，如图 1-14 所示。

发电机—变压器单元接线的优点是接线简单、经济，发电机和变压器低压侧短路电流较小；缺点是当发电机或变压器故障或检修时，整个单元将被迫停止工作。当发电机台数较多时，若采用此单元接线，会使变压器台数增多，这样既增加了布置场地和设备的投资，又使布置复杂化，不利于简化接线。

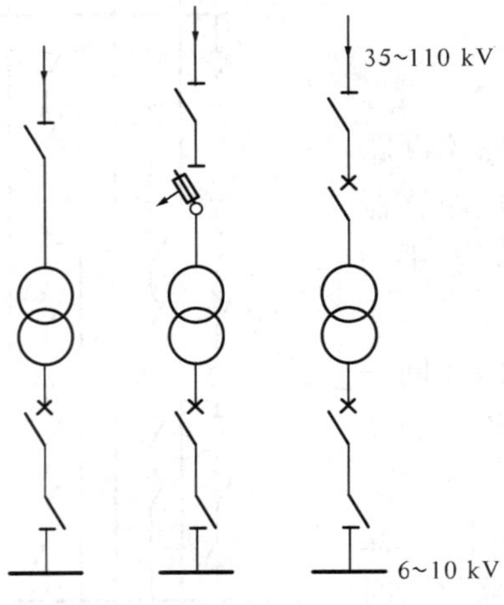

图 1-12　线路—变压器单元接线

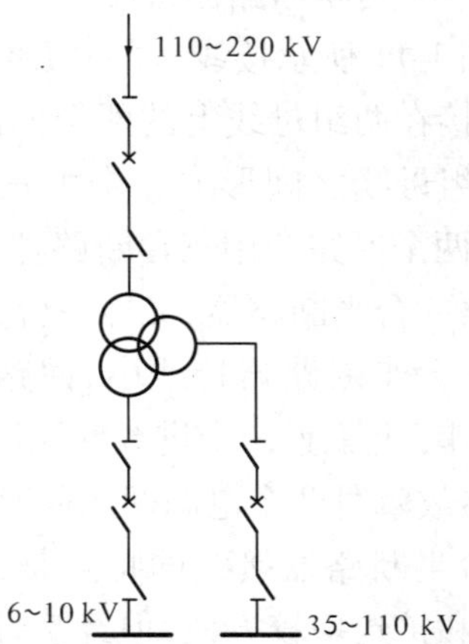

图 1-13　线路—三绕组变压器单元接线

发电机—变压器单元接线一般用于负荷利用小时数较高、发电机电压无馈线、容量较大的发电机组。

发电机台数较多时，为减少变压器台数和高压断路器的数目，可以采用两台发电机与一台变压器组成发电机—变压器扩大单元接线，如图 1-15 所示，变压器可采用双绕组变压器、低压分裂绕组变压器、分裂电抗器加双绕组变压器。每一台发电机都装有一台断路器和隔离开关，当任一台发电机检修或故障时，另一台发电机仍可继续运行。

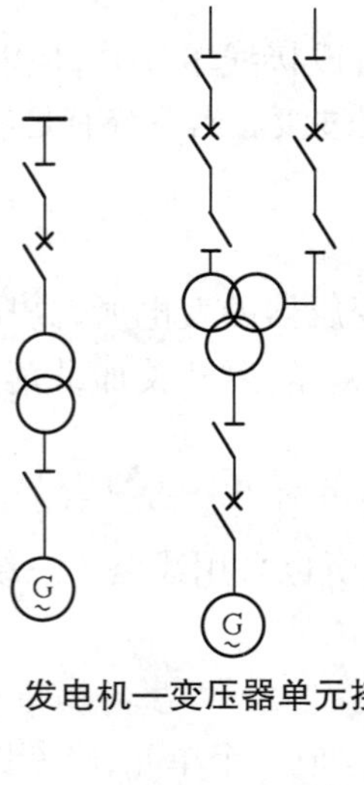

图 1-14　发电机—变压器单元接线

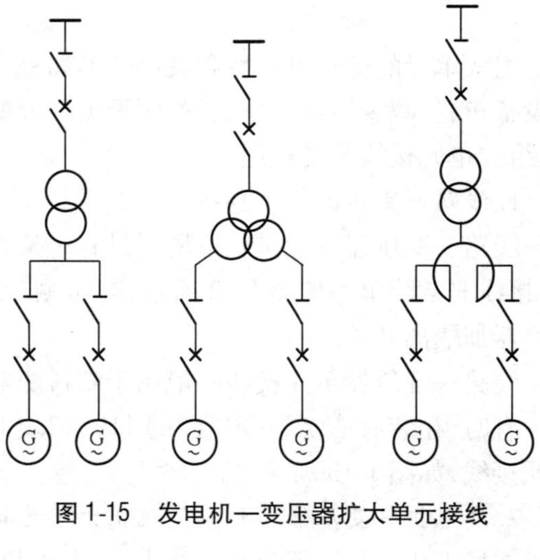

图 1-15　发电机—变压器扩大单元接线

扩大单元接线的缺点是当主变压器故障或检修时，扩大单元所有发电机都无法送出电能。

扩大单元接线一般在发电机台数为 4 台及其以下、没有发电机电压侧负荷或负荷不重要、单元容量占系统总容量比重不大时采用。

1.4.3.2　**桥形接线**

只有两台变压器和两条输电线路,且电压等级相同时,可采用桥形接线。此种接线形式使用断路器最少,可靠性和灵活性较单元接线高,且易发展为单母线接线。按桥断路器的位置,分为内桥接线和外桥接线,分别如图 1-16(a)、(b)所示。

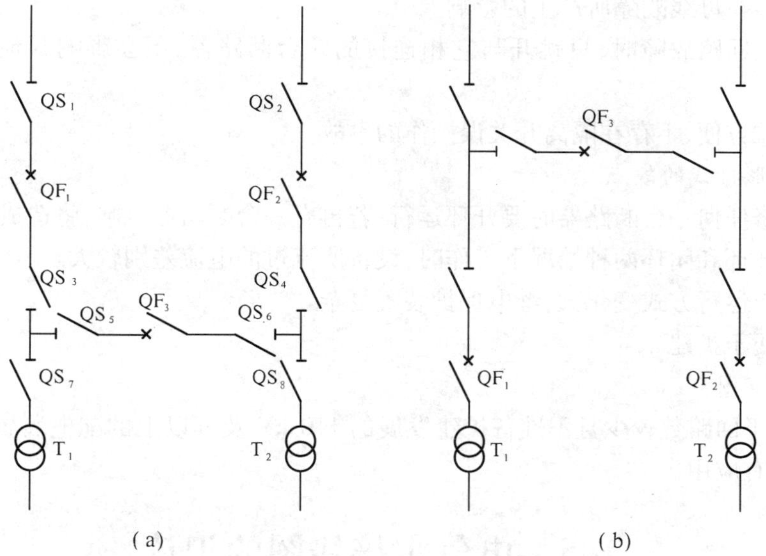

图 1-16　桥形接线

桥形接线的优点是:所用断路器最少,配电装置简单,造价低,具有一定的可靠性、灵活性。

内桥接线的缺点是:桥内侧的主变压器故障投切操作时,会影响同侧线路单元的正常工作,造成同侧线路短时停电,即所谓内桥内不便。检修断路器时也影响线路供电。

内桥接线一般适用于利用小时数较高、在系统中担任基荷、变压器不需要经常切换或线路较长、故障概率较高的水电站。

外桥接线的缺点是:桥外侧的线路单元投切或故障会影响同侧变压器单元的正常工作,造成短时停电,即所谓外桥外不便。线路故障时造成电站一半容量暂时无法输出。

一般利用小时数较低、开停机操作频繁、主变压器经常投切、有较大的穿越功率通过,或两回线路都接入环网时,应采用外桥接线。

1.4.3.3　**多角形接线**

多角形接线的断路器数等于电源回路和出线回路的总数,断路器形成环形电路,电源回路和出线回路都接在两台断路器之间。多角形的"角"数等于回路数,也等于断路器数。图 1-17(a)、(b)分别为四角形接

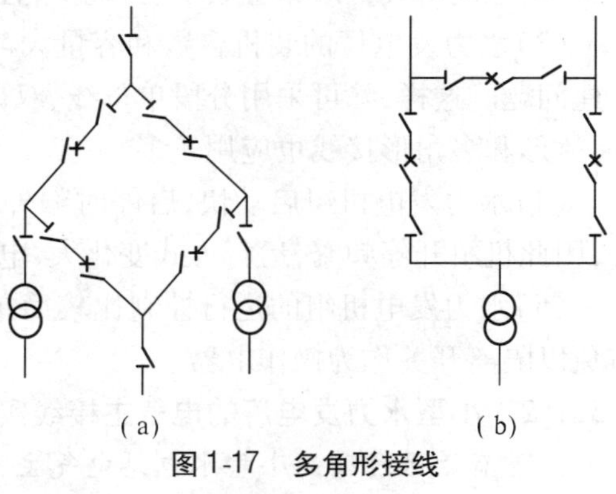

图 1-17　多角形接线

线和三角形接线。

1. 多角形接线的优点

(1)断路器数目比分段单母线和不分段双母线接线少一台,却具有双母线接线的可靠性。

(2)不存在母线故障所产生的影响。

(3)任一回路故障时,只跳开与它相连接的两台断路器,不会影响其他回路的正常工作。

(4)操作方便,不存在隔离开关误操作的事故。

2. 多角形接线的缺点

(1)检修任何一台断路器时要开环运行,若再有一台断路器跳闸,将造成供电紊乱。

(2)在开环和闭环两种情况下工作时,设备所流过的电流差别较大。

(3)由于运行方式变化大,继电保护装置复杂。

(4)不便于扩建。

3. 适应范围

一般用于回路数较少且不准备扩建发展的110 kV及其以上的配电装置中。中小型水电站中也有应用。

1.5 电气主接线图的识读

1.5.1 水力发电厂电气主接线图的识读

1.5.1.1 水力发电厂电气主接线的特点

(1)水力发电厂建在有水能资源处,一般离负荷中心很远,当地负荷很小甚至没有,电能绝大部分要以较高电压输送到远方。因此,电气主接线中可不设发电机电压母线,多采用发电机—变压器单元接线或扩大单元接线。单元接线能减少配电装置占地面积,也便于水电厂自动化调节。

(2)水力发电厂的电气主接线应力求简单,高压配电装置和高压断路器数量应尽量减少,高压配电装置应布置紧凑、占地少,宜减少在狭窄山谷中的土石方开挖量和回填量。

(3)水力发电厂的装机台数和容量大都一次确定,高压配电装置也一次建成,不考虑扩建问题。这样,除可采用分段单母线、双母线、双母线带旁路母线及一台半断路器接线外,桥形和多角形接线也应用较多。

(4)水力发电机组启动快,启停时额外耗能少,常在系统中担任调频、调峰及调相任务,因此机组开停频繁,运行方式变化大,电气主接线应具有较好的灵活性。

(5)水力发电机组的运行控制比较简单,较易实现自动化,为此,电气主接线应尽量避免以隔离开关作为操作电器。

1.5.1.2 小型水力发电厂的电气主接线实例分析

1. 具有近区负荷的小型水电站电气主接线

图1-18所示为具有近区负荷的小型水电站电气主接线图。该站装机容量为4 ×

1 600 kW，水轮发电机组为卧轴机组。该站在系统中不占重要地位，主要为地方乡镇工农业生产服务。

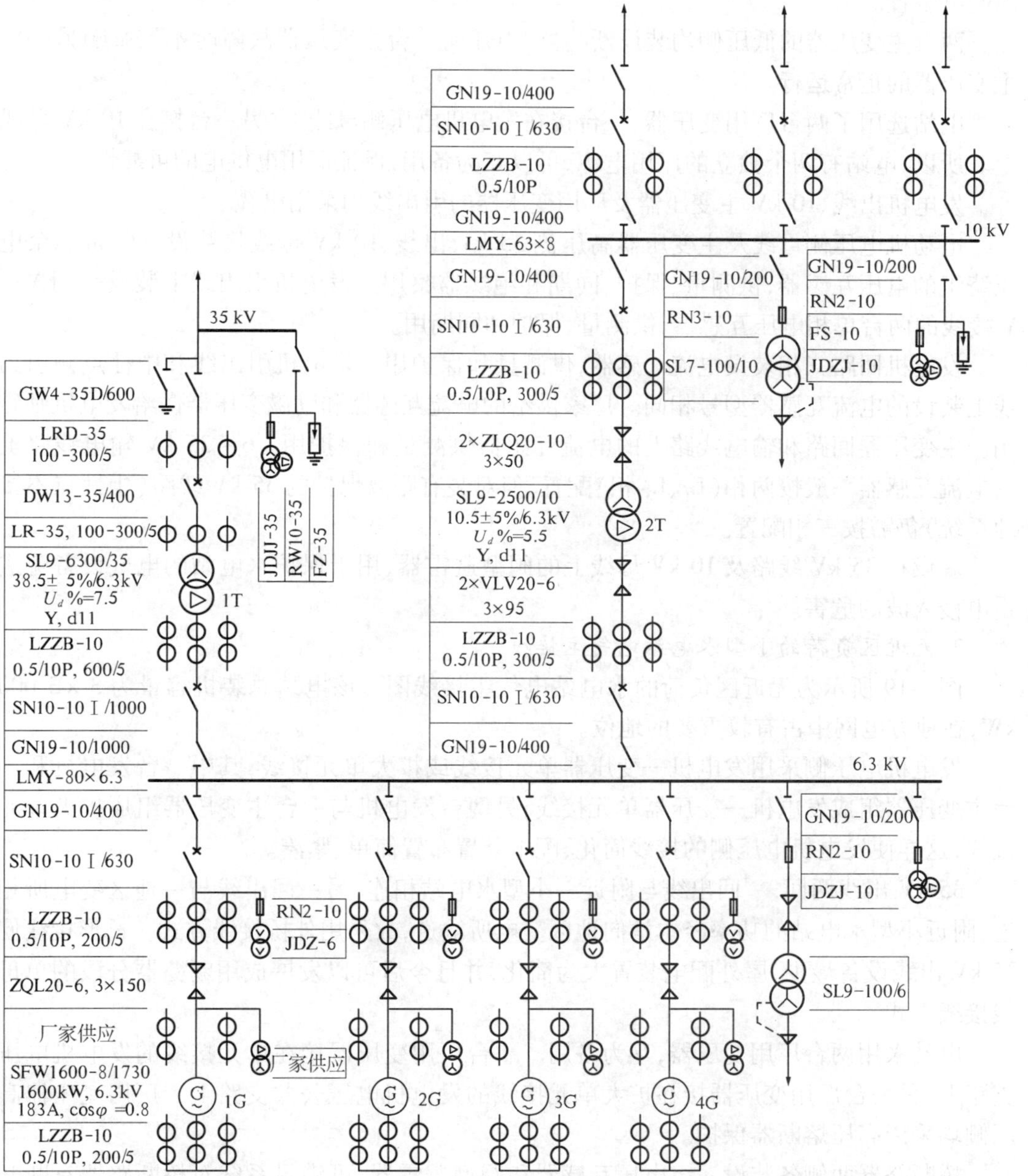

图 1-18　具有近区负荷的小型水电站电气主接线图

由于机组台数较多，发电机电压侧采用单母线接线方式，既能满足供电要求，又简单清晰。

电站与系统有 35 kV 和 10 kV 两种电压等级的线路相连，采用 35 kV 和 10 kV 两台主变压器。35 kV 主变压器高压侧只有 1 回出线，采用线路—变压器单元接线，这不但简化接线，而且使35 kV屋外配电装置的布置简单紧凑、占地面积小。10 kV主变压器高压侧有3回出线，供电给近区负荷并与系统相连，采用不分段的单母线接线。10 kV侧采用屋内配电装置。

两台主变压器的低压侧均装设断路器，当任何一台主变压器故障时不致影响另一台主变压器的正常运行。

电站选用了两台厂用变压器，一台接在发电机电压侧母线上，另一台接在10 kV母线上。所以，电站有两个独立的厂用电源，可以互为备用，保证厂用电供电的可靠性。

发电机出线、10 kV主变压器及厂用变压器的引出线均采用电缆。

电动机电压侧母线及主变压器高压侧35 kV出线、10 kV母线均装设一组带剩余电压绕组的电压互感器，供测量、保护、同期和绝缘监察用。发电机引出线上装设采用V—V接线的两台单相电压互感器，供测量、保护和同期用。

发电机回路三相装设电流互感器，供测量和保护用。发电机引出线和中性点侧引出线上装设的电流互感器型号相同。厂家供给的电流互感器和励磁变压器供给发电机励磁用。主变压器回路和输电线路上的电流互感器供测量和保护用。6～35 kV输电线路上的电流互感器一般按两相（L_1、L_3相）配置，但对装有距离保护的35 kV线路（中性点不接地系统）仍需按三相配置。

装设在35 kV线路及10 kV母线上的阀型避雷器，用于保护水电站的电气设备免遭雷电侵入波的危害。

2. 无近区负荷的小型水电站电气主接线

图1-19所示为无近区负荷的水电站电气主接线图。该电站总装机容量为3×3 000 kW，在地方电网中占有较重要的地位。

发电机电压侧采用发电机—变压器单元接线或扩大单元接线，其中一台发电机和一台主变压器组成发电机—变压器单元接线，另两台发电机与一台主变压器组成扩大单元接线，这样使发电机电压侧的接线简化，配电装置布置简单、紧凑。

35 kV出线两回，一回出线与附近一小型水电站相连，另一回出线与一地区变电所相连，附近小型水电站的功率经本站向地区变电所输送，故采用外桥接线方式。桥形接线使35 kV出线设备最少，屋外配电装置大为简化，并且今后可以发展成用断路器分段的单母线接线方式。

电站采用两台厂用变压器，互为备用。一台厂用变压器接在单元接线的发电机电压支路上，另一台厂用变压器接在扩大单元接线的发电机电压公共支路上。厂用变压器高压侧均采用高压熔断器保护。

桥断路器两侧各装设一组电压互感器和阀型避雷器，可满足系统对桥断路器有断开运行的要求。两回35 kV出线上各装设一台单相电压互感器，主要供同期用。

1.5.1.3 大中型水力发电厂的电气主接线

1. 某中型水力发电厂电气主接线

图1-20所示为某中型水电厂的简明电气主接线图。该电厂有4台发电机，和2台双绕组变压器组成两个发电机—变压器扩大单元接线，2台主变压器和2回升高电压出线接成四角形接线方式，这两条出线与系统相连接。

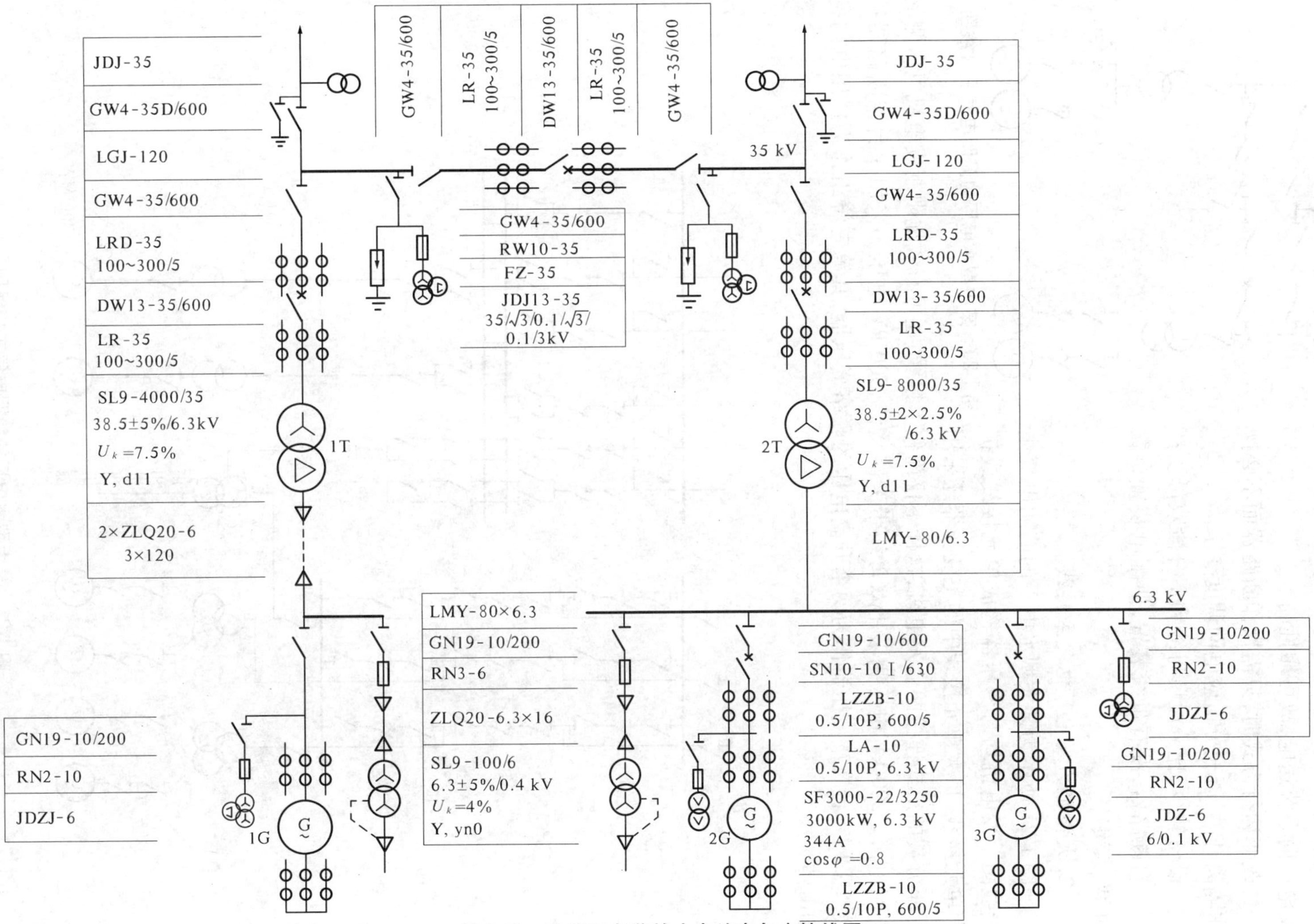

图1-19　无近区负荷的水电站电气主接线图

该电气主接线没有母线，不存在母线故障所带来的影响；任一断路器检修时，不影响该水力发电厂向系统送电，故可靠性高。

改变运行方式时，只需操作断路器而不必操作隔离开关，能充分适应电网调度要求。

设备较少，比分段单母线和不分段双母线都少一台断路器，没有母线装置，使配电装置布置简单、紧凑。

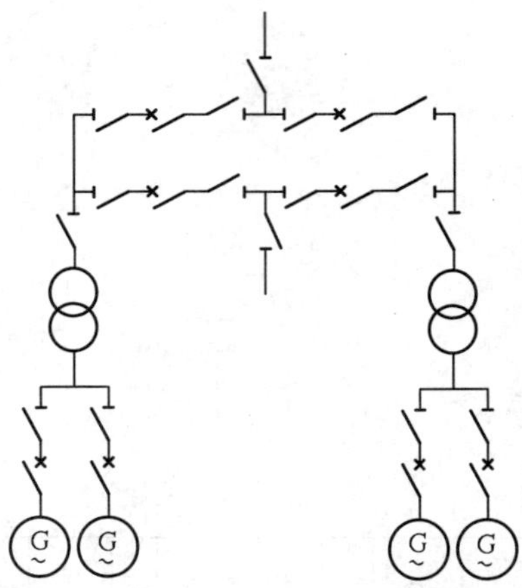

图 1-20　某中型水电厂的简明电气主接线图

2. 大型水力发电厂电气主接线

图 1-21 所示为某大型水电厂的简明电气主接线图。发电机均与变压器构成单元接线或扩大单元接线，扩大单元接线中的主变压器还采用低压分裂的形式连接两台发电机，这样不仅简化了接线，还可有效地限制发电机电压侧的电路电流。220 kV 电压侧采用双母线带旁路接线，500 kV 电压侧采用一台半断路器接线。采用一台自耦变压器作为两个升高电压的联络变压器，其第三绕组作为厂用电的备用电源。

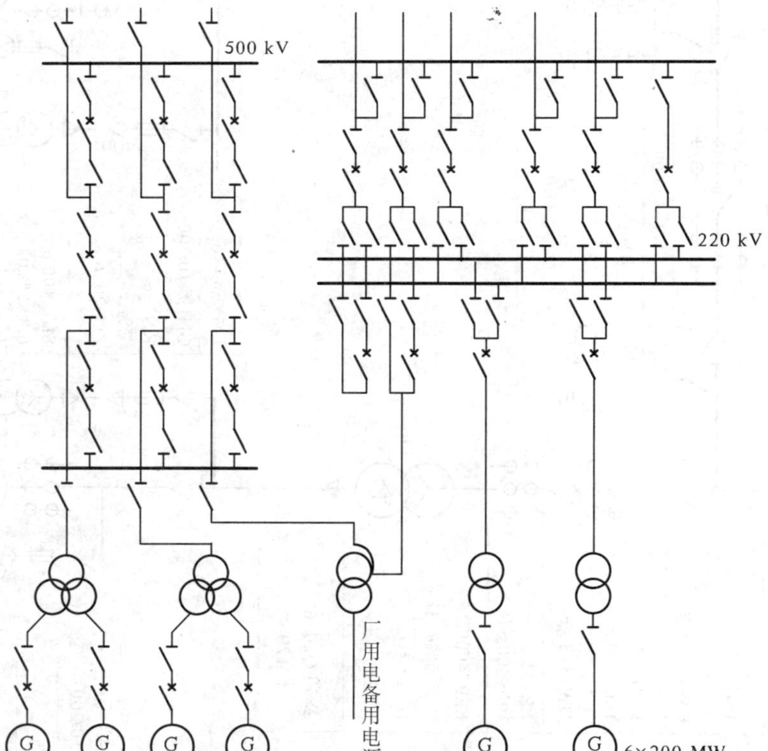

图 1-21　某大型水电厂的简明电气主接线图

1.5.2 火力发电厂电气主接线图的识读

1.5.2.1 火力发电厂电气主接线的特点

根据火力发电厂的容量及其在电力系统中的地位，一般可将火力发电厂分为区域性火力发电厂和地方性火力发电厂。这两类火力发电厂的电气主接线各有特点。

1. 区域性火力发电厂的电气主接线

区域性火力发电厂的单机容量及总装机容量都较大，我国目前这类电厂的单机容量多为200 MW、300 MW，少量为600 MW，电厂总装机容量可达1 000 MW甚至2 000 MW以上。区域性火力发电厂多建在大型煤炭基地（有时俗称“坑口电厂”）或运煤方便的地点（如沿海或内河港口），而与负荷中心（城市）距离较远。它们生产的电能主要经过升压变压器升高至较高电压后送入系统，一般不设发电机电压母线给当地负荷供电。电气主接线多采用发电机—变压器单元接线，升高一个最多两个电压等级。220 ~ 500 kV电压等级的配电装置采用可靠性较高的接线形式，如双母线、双母线带旁路、双母线4分段带旁路以及更为灵活可靠的一台半断路器接线等。

2. 地方性火力发电厂的电气主接线

地方性火力发电厂的单机容量和总装机容量都较小，一般都建在负荷中心附近（城市边缘），所发出的电能有较大部分以发电机电压（10 kV）经线路直接送到附近的用户，或升至35 kV送到稍远些的用户，其余的电能则升至110 kV或220 kV送入系统。在电厂发电故障或检修时，可由系统返送电给地方负荷。发电机电压母线在地方性火力发电厂主接线中显得非常重要，一般采用分段单母线、双母线、分段双母线等形式。为限制过大的短路电流，分段断路器回路中常串入限流电抗器，10 kV出线一般也需要串入限流电抗器，以便选用轻型断路器。升高电压等级则根据具体情况，一般可选用单母线、分段单母线、双母线等接线形式。

1.5.2.2 火力发电厂电气主接线图

1. 某中型热电厂的电气主接线图

中型热电厂总装机容量一般为200 ~ 1 000 MW，单机容量为50 ~ 200 MW，除向用户供电外，还兼供蒸汽和热水，一般建在工业中心或城市中心，用发电机电压向附近用户供电，剩余电能用升高电压送给远方用户和系统。

图1-22所示为某中型热电厂的简明电气主接线图。该电厂装有2台发电机，接到10 kV母线上。主变压器是2台三绕组变压器，每台变压器的三个绕组都分别接到三个电压等级的母线上。

发电机电压10 kV母线采用分段双母线接线，可靠性高，发电机几乎不会因为母线故障而停机。母线分段断路器上串接有母线电抗器，直配出线上串接有线路电抗器，分别用于限制发电厂内部故障和直配出线故障时的短路电流，以便选用轻型的断路器。10 kV用户都在附近，故直配线采用电缆馈电，可以避免因雷击线路而直接影响到发电机。

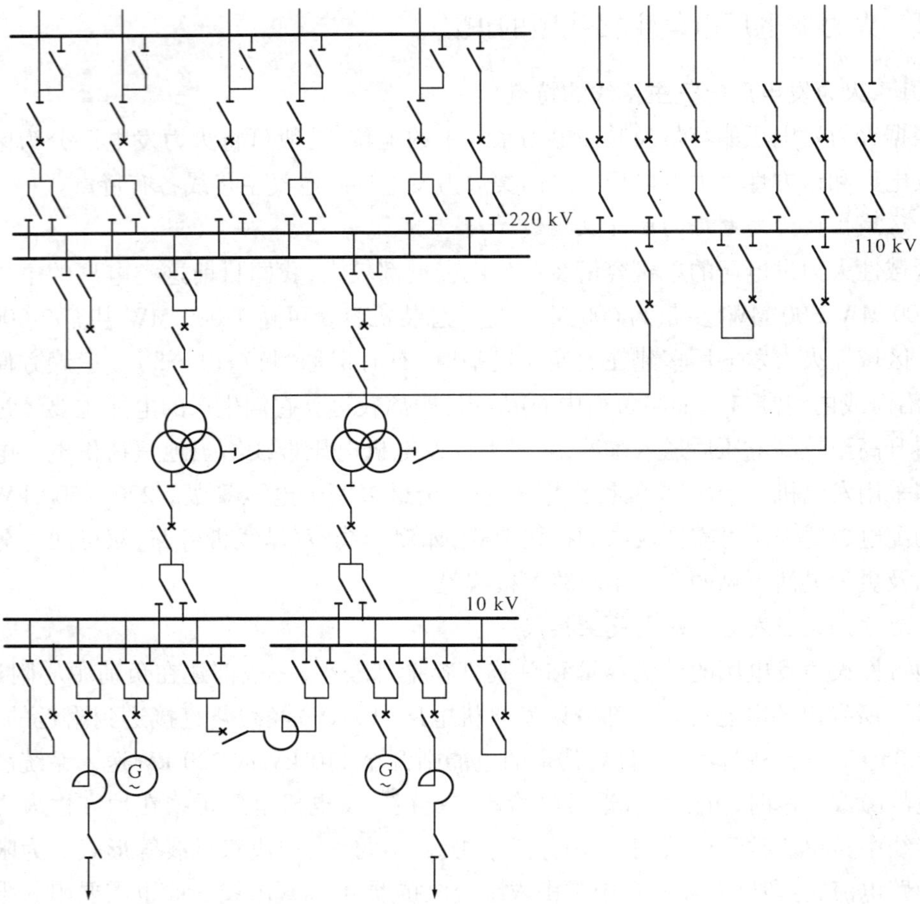

图 1-22　某中型热电厂的简明电气主接线图

220 kV 侧母线采用不分段双母线接线，出线侧带有旁路母线，并设有两台专用旁路断路器。不论母线故障或出线断路器检修，都不会使出线长期停电。另外，变压器高压侧断路器一般与变压器同时进行检修，故变压器侧不设置旁路母线。

110 kV 侧母线采用分段单母线接线，平时分列运行，如有重要用户可采用接在不同分段上的双回路进行供电。

2. 某区域性火力发电厂的电气主接线图

区域性发电厂属大型发电厂，装机容量在 1 000 MW 以上，单机容量为 200 MW 以上。大型发电厂都建在动力资源丰富的地方，大型水力发电厂建在水力资源丰富的江河上或湖泊附近，大型火力发电厂建在煤炭生产基地附近。大型发电厂一般距负荷中心较远，电能几乎全部用 110 kV 及其以上的高压或超高压输电线路送至远方，担负着系统的基本负荷，其工作情况对系统的影响较大。

图 1-23 所示为某区域性火力发电厂的简明电气主接线图。该电厂有 4 台发电机，分别和 4 台变压器组成 4 组单元接线，不存在因母线故障而引起停电的情况，并使发电机电压侧接线简化，配电装置布置简单。其中 2 组单元接到 220 kV 母线，另 2 组单元接到 500

kV 母线。

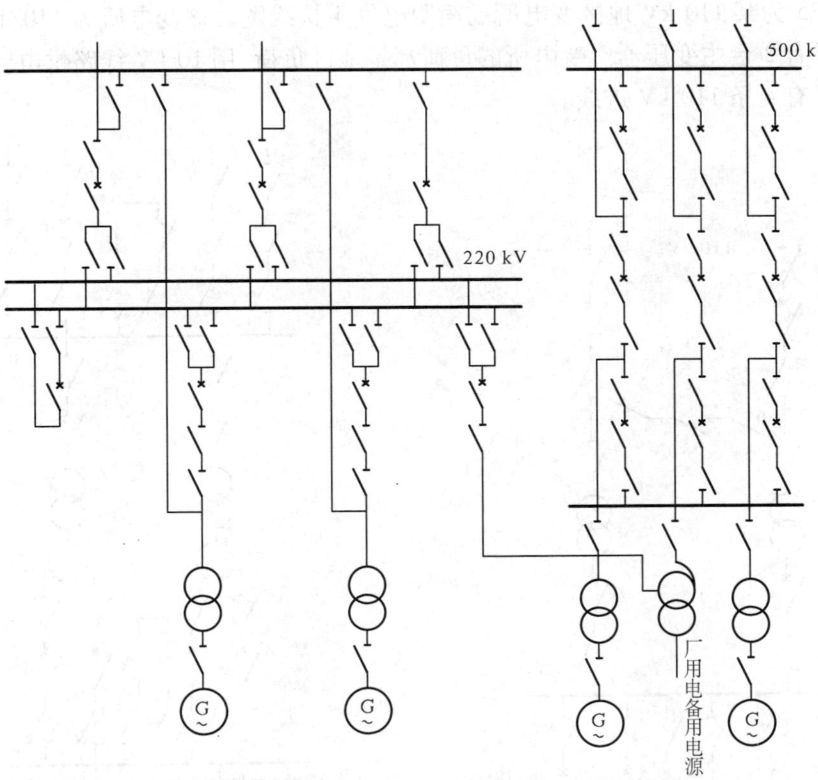

图 1-23　某区域性火力发电厂的简明电气主接线图

220 kV 侧母线采用带旁路母线的不分段双母线接线方式,装有专用旁路断路器,可靠性高,在断路器检修时不会停电,在母线或母线隔离开关检修时不必全部停电。

500 kV 侧母线采用一台半断路器接线方式。虽然采用开关设备较多,但极大地减少了停电机会。

采用一台三绕组自耦变压器作为两个升高电压之间的联络变压器,其低压绕组兼作厂用电的备用电源和启动电源。

总的来说,该电气主接线具有很高的可靠性,并能灵活地改变运行方式。

1.5.3　变电所电气主接线图的识读

1.5.3.1　某 110 kV 终端变电所的电气主接线

图 1-24 为某 110 kV 终端变电所的简明电气主接线图。该变电所有 2 台主变压器和 2 条进线,为 110/10 kV 降压变电所。

从图 1-24 中可以看出,110 kV 侧采用内桥接线,10 kV 侧采用分段单母线接线,这是具有 2 台主变压器和 2 条进线的降压变电所常用的接线方式,具有接线简单、操作方便、投资较少等优点,但 10 kV 母线一段故障时,将引起部分出线停电,重要用户必须用双回路接不同母线分段。

1.5.3.2　**某 110 kV 地区变电所的电气主接线**

图 1-25 为某 110 kV 地区变电所的简明电气主接线图。该变电所为 110/10 kV 降压变电所,装有 2 台主变压器。变电所的负荷都是地区负荷,用 10 kV 线路供电。由于负荷很重,所以有 4 条 110 kV 进线。

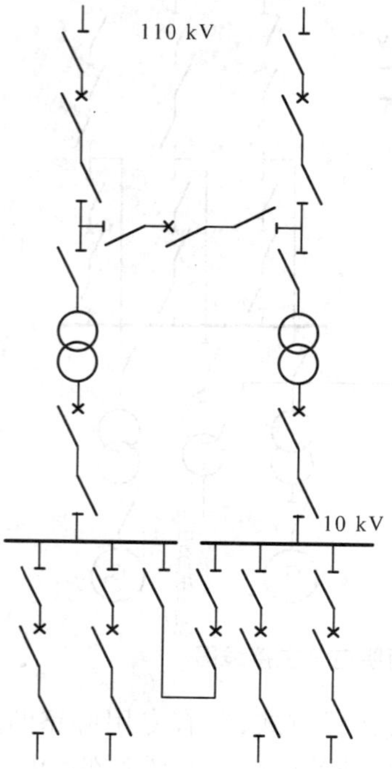

图 1-24　某 110 kV 终端变电所的简明电气主接线图

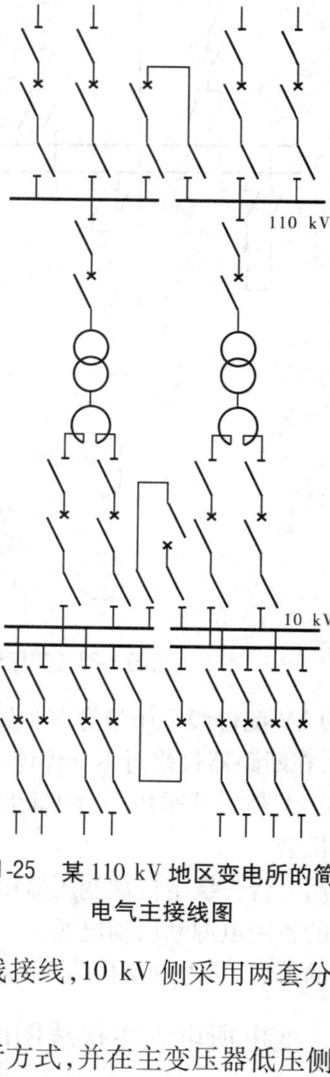

图 1-25　某 110 kV 地区变电所的简明电气主接线图

从图 1-25 中可以看出,110 kV 侧采用分段单母线接线,10 kV 侧采用两套分段单母线接线,看似四分段母线或分段双母线。

为限制短路电流,10 kV 分段单母线采用分列运行方式,并在主变压器低压侧加装分裂电抗器,每个分裂电抗器的两臂分别接至 10 kV 单母线各分段上。运行时要求 10 kV 各母线段上的负荷尽可能相等,以免分裂电抗器中电能损耗过大,又使各段母线的电压不等。如果短路电流仍太大,可以在出线上加装电抗器。这种 10 kV 的接线方式,只是在必须限制电路电流时才采用,一般应用很少。如果重要用户很多也不适合。

1.6　读图分析报告格式(附评价标准)

电气主接线图的读图分析报告格式见表 1-3。

表 1-3　电气主接线图的读图分析报告(附评价标准)

图名			
识图内容		评价标准	评价得分
基本项目识读(30%)	电气图形符号的识别(10%)	能识别所读电气主接线图中所有图形符号所表示的设备名称,并能说出该设备在电力生产过程中所起到的作用	
	设备型号的识别(10%)	根据所读电气主接线图中所标示的设备型号,能说出每种设备的特点和技术参数,并简明判断设备选用是否合理	
	电厂(站)基本情况(10%)	能说出电厂(站)装机总容量和单机容量,主变压器台数和容量,发电机电压等级和升高电压等级,各电压等级(进)出线回路总数,在系统中的地位和作用	
电气主接线的识读(20%)	基本电气主接线形式(20%)	能说出每个电压等级的电气主接线形式,并能简述每种接线形式的优缺点	
检查设备配置情况(20%)	断路器配置的检查(5%)	发电机、主变压器、线路和母线等,与电源有联系的各侧都应配置有断路器	
	隔离开关配置的检查(5%)	(1)该装隔离开关处是否都已配置(检修工作需要)。 (2)绘制是否正确	
	互感器配置的检查(5%)	(1)该装互感器的地方是否都已配置。 (2)电流互感器配置的相数和组数是否正确	
	避雷器配置的检查(5%)	避雷器配置是否齐全	
电气主接线的分析(30%)	安全性分析(5%)	能判明隔离开关是否正确配置和绘制	
	可靠性分析(10%)	(1)是否存在全部装置停电的可能。 (2)断路器检修停电范围有多大和停电时间有多长。 (3)母线及母线隔离开关故障或检修停电范围和停电时间分析。 (4)可靠性是否满足用户对供电的要求	
	经济性分析(5%)	在满足可靠性的前提下,设备数量是否最少;配电装置布置是否简单、紧凑	
	方便性分析(10%)	(1)操作的方便性:隔离开关是否为操作电器,操作步骤数多少。 (2)调度的灵活性:正常运行时能否方便地改变运行方式,电源能否分列运行;事故时能否尽快切除故障。 (3)扩建的方便性:是否能方便地增加发电机、线路接线单元	

1.7　读图练习

识读图 1-26 ~ 图 1-28 所示水电站电气主接线图。

华中地区

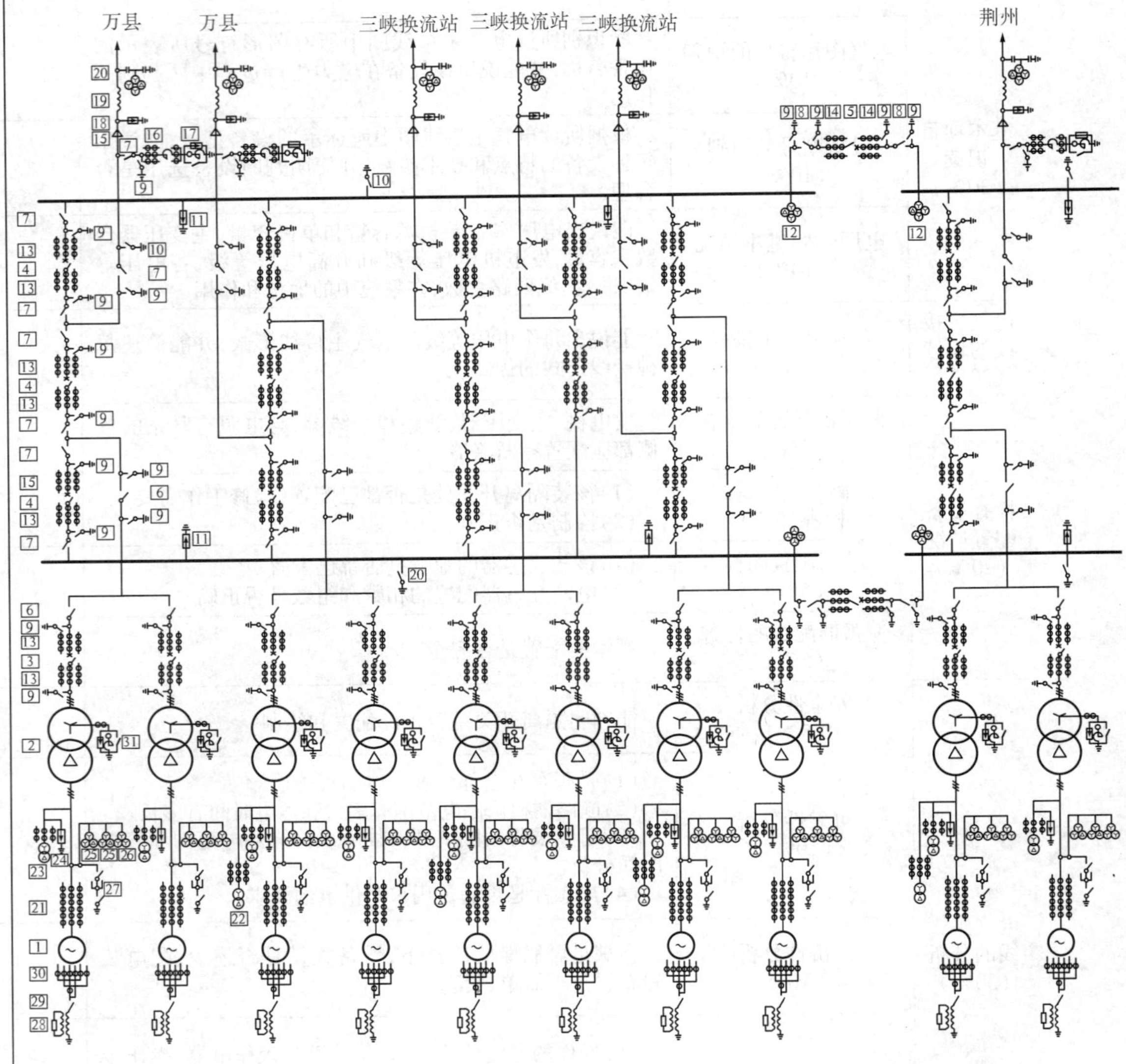

电站概况:

长江三峡水利枢纽工程是具有防洪、发电、航运等综合效益多目标开发的大型水利工程，其大坝位于湖北省宜昌市三斗坪镇，距下游已建成的葛洲坝水利枢纽约40 km。三峡水电站为坝后式厂房，分设左、右岸两座电站，共安装26台单机额定容量为777.8 MVA，最大容量为840 MVA的水轮发电机组，其中左岸电站14台，右岸电站12台。

三峡水电站汛期在电力系统中担任基荷和腰荷，非汛期在电力系统中担任峰荷和腰荷，枯水期机组启停频繁。

电站以550 kV一级电压接入电力系统。电气主接线为：发电机电压侧采用发电机—变压器单元接线，在变压器高压侧装设500 kV断路器，两组单元接线组成联合单元，然后接入500 kV一台半接线，母线设分段断路器，将左岸电站分成左一电厂和左二电厂，左一电厂为8台机组，500 kV出线5回，高压一台半接线中有一串为双开关接线；左二电厂为6台机组，500 kV出线3回，左一电厂送到重庆市万县和直流换流站，左二电厂送至华中的荆州。

图1-26　练习图1

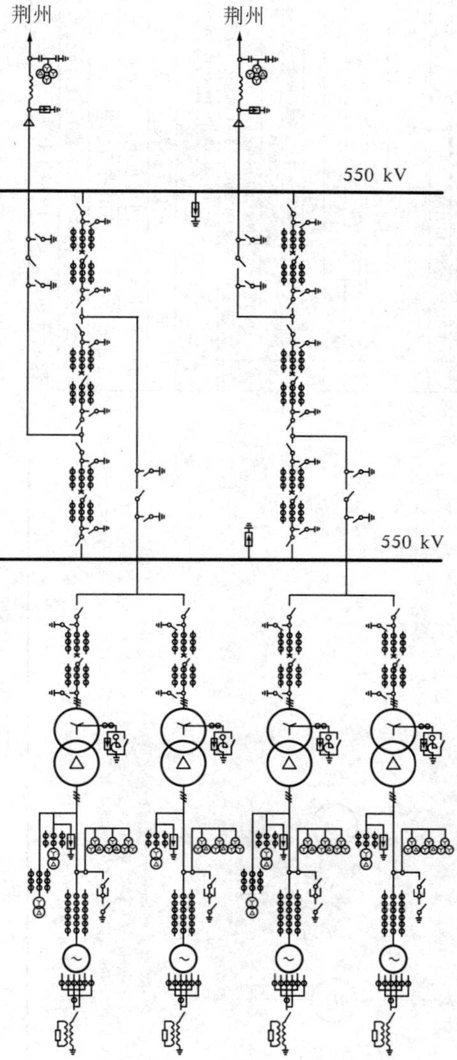

序号	设备名称	型号及规格	单位	数量
31	主变压器中性点小电抗装置	66kV 20Ω 392kvar	套	14
	主变压器中性点设备			
30	中性点电流互感器			
29	隔离开关		台	14
28	接地变压器装置		套	14
	发电机中性点设备			
27	电气制动装置	24kV 12kA	套	14
26	电压互感器	$\frac{20}{\sqrt{3}}/\frac{0.1}{\sqrt{3}}/\frac{0.1}{\sqrt{3}}$kV 0.2/35VA/单相 3P/100VA/单相	台	42
25	电压互感器	$\frac{20}{\sqrt{3}}/\frac{0.1}{\sqrt{3}}/\frac{0.1}{\sqrt{3}}$kV 3P/100VA/单相 3P/100VA/开口三角形	台	42
	电压互感器	$\frac{20}{\sqrt{3}}/\frac{0.1}{\sqrt{3}}/\frac{0.1}{\sqrt{3}}$kV 0.2/45VA/单相 3P/100VA/开口三角形	台	42
24	避雷器	Y2.5W1−25/48	台	42
23	励磁变压器(单相)	单相干式2200kVA(VGS)/2925kVA(ALSTHOM)	台	18/24
22	厂用变压器	单相干式 5000kVA	台	18
21	电流互感器	30000/1 0.2/0.2/0.2/5P/TPY/TPY	台	168
	20kV发电机电压级设备			
20	电容式电压互感器	TYD500/$\sqrt{3}$−0.005H $\frac{550}{\sqrt{3}}/\frac{0.1}{\sqrt{3}}/\frac{0.1}{\sqrt{3}}$/0.1kV	台	24
19	线路阻波器	XZZF−3150−1.0/63	台	3
18	瓷套式避雷器	20W1−444/1065	台	24
17	高压并联电抗器中性点小电抗装置	66kV 500Ω (162kvar)/600Ω (194.4kvar)	套	2/2
16	并联电抗器(单相)	50Mvar	台	12
15	SF_6/空气套管		支	24
14	电流互感器	4000/1A 0.2/TPY/TPY 5P20/TPY/TPY	铁芯	36
13	电流互感器	3000/1A 0.2/TPY/TPY 5P20/TPY/TPY	铁芯	666
12	罐式电压互感器	$\frac{550}{\sqrt{3}}/\frac{0.1}{\sqrt{3}}/\frac{0.1}{\sqrt{3}}$/0.1kV 0.2/3P/3P 150VA/150VA/100VA	台	12
11	罐式避雷器	444kV 电站型	台	24
10	快速接地开关	63kA	组	12
9	接地开关	63kA	组	108
8	隔离开关	4000A 63kA	组	4
7	隔离开关	3150A 63kA	组	58
6	隔离开关	2000A 63kA	组	21
5	断路器	4000A 63kA	台	2
4	断路器	3150A 63kA	台	23
3	断路器	2000A 63kA	台	14
	550kV GIS设备			
2	主变压器	840MVA 550−2× 2.5%/20kV	台	14
1	水轮发电机	7780MVA 20kV cosφ=0.9	台	14

主 要 设 备 表

电站名称	三峡水利枢纽 三峡左岸水电站
电站地点	湖北省宜昌市
设计单位	水利部长江水利委员会
投运日期	2003年

华中地区

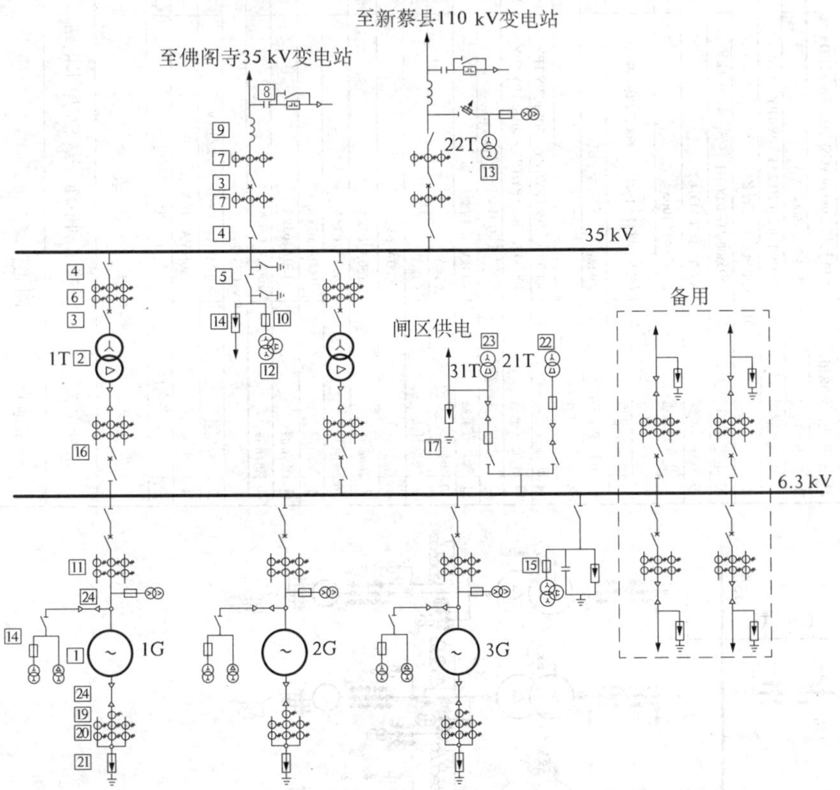

电站概况：

河坞水电站位于河南省新蔡县南8 km，汝河下游牛湾取直段，属河坞枢纽配套工程，电站为径流式，装机容量为3×1 000 kW，年利用小时数为4 030 h，年发电量为12 100 000 kW·h，电站与电力系统连接系将原有新蔡110 kV变电站至佛阁寺35 kV线路，在适当位置断开，并进河坞水电站。河坞水电站至新蔡110 kV变电站的35 kV线路作为并网线路，并入驻马店地区电力系统新蔡供电区，河坞水电站至佛阁寺35 kV变电站的35 kV线路，供给佛阁寺附近用电。

本电站采用3台发电机、2台变压器的单母线接线，发电机出口设断路器，35 kV侧采用单母线接线。

序号	设备名称	型号及规格	单位	数量
24	电力电线	VJV-6-3×50 mm	m	280
23	坝区变压器317	SL7-50/6.3，6.3±5%/0.4kV，U_d=4%	台	1
22	厂用变压器217	SL7-125/6.3，6.3±5%/0.4kV，U_d=4%	台	1
21	避雷针	FCD3-4	只	9
20	电流互感器	LAJ-10	只	9
19	电流互感器	LA-10	只	9
18	高压开关柜	GG-1A(F)-Ⅱ-57(改)	面	3
17	高压开关柜	GG-1A(F)-Ⅱ-46	面	1
16	高压开关柜	GG-1A(F)-Ⅱ-04	面	2
15	高压开关柜	GG-1A(F)-Ⅱ -54(改)	面	1
14	高压开关柜	GG-1A(F)-04(改)	面	3
13	备用厂用变压器221	SL7-125/6.3，6.3±5%/0.4kV，U_d=6.5%	台	1
12	电磁式电压互感器	JDJJ1-35	只	3
11	避雷器	FZ-35	只	3
10	限流熔断器	RW10-35	只	3
9	高频阻波器	XZK-400	只	2
8	耦合电容器	OW35-0.0035	台	2
7	电流互感器	LR-35	组	1
6	电流互感器	LRD-35	组	4
5	高压隔离开关	GW5-35-Ⅱ，600A双侧带接地开关	组	1
4	高压隔离开关	GW5-35-Ⅱ，600A	组	3
3	高压断路器	DW2-35G，630A	组	4
2	升压变压器	SL7-1250/35，38.5±5%/6.3kV，U_d=6.5%	台	2
1	水轮发电机	STM-1000-20/2150.1.0MW，6.3kV，$\cos\varphi$=0.8	台	3

主要设备表

电站名称	河坞水电站
电站地点	河南省新蔡县
设计单位	河南省水利勘测设计院
投运日期	1994年12月

图1-27　练习图2

华中地区

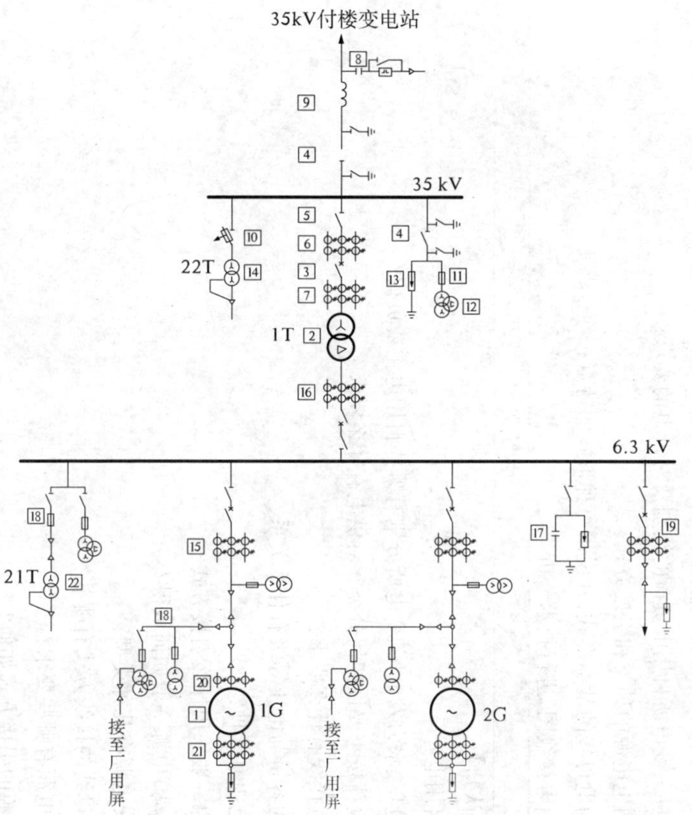

序号	设备名称	型号及规格	单位	数量
22	厂用变压器 21T	SC-400/10, 10±2×2.5%/0.4kV, U_d=4%, Y, n0	台	1
21	电流互感器	LAJ1-10	组	3
20	电流互感器	LAJ1-10	组	3
19	6kV馈线柜	GG-1A(F) Ⅱ-03D	面	1
18	电压互感器柜	GG-1A(F) Ⅱ58(改)	面	1
17	避雷器电容器柜	GG-1A(F) Ⅱ-53	面	1
16	主变压器开关柜	GG-1A(F) Ⅱ-04D	面	1
15	发电机开关柜	GG-1A(F) Ⅱ-124D	面	2
14	备用厂用变压器22T	SL7-125/35	台	1
13	阀型避雷器	FZ-35	只	3
12	电磁式电压互感器	JDJJ-35	只	3
11	高压限流熔断器	RW10-35	只	3
10	跌落式熔断器	RW5-35/100	只	3
9	高频阻波器	XZK-400-0.2/10-B3	只	2
8	耦合电容器	CW35-0.0035	台	2
7	电流互感器	LRD-35, 100/5A	组	1
6	电流互感器	LRD-35, 100/5A	组	1
5	高压隔离开关	GW5-35G, 600A	组	1
4	高压隔离开关	GW5-35G, 600A双侧带接地开关	组	2
3	高压断路器	DW2-35, 630A	组	1
2	升压变压器 1T	SL7-3150/35kV, 38.5±5%/6.3kV, YN, d11, U_d=7%	台	1
1	水轮发电机	SF1250-24/2600, 1.25MW, 6.3kV $\cos\varphi$=0.8	台	2

主要设备表

电站名称	宿鸭湖水库夏屯水电站
电站地点	河南省汝南县
设计单位	河南省水利勘测设计院
投运日期	1993年12月

电站概况:

宿鸭湖水库夏屯水电站，位于河南省汝南县西1 km汝河干流上的宿鸭湖水库夏屯七孔闸左岸，电站为引水式，装机容量为2×1 250 kW，年利用小时数为2 370 h，年发电量为5 925 kW·h。电站经一回7 km35 kV线路与汝南县付楼35 kV变电站连接，并入驻马店地区电力系统汝南供电区。

发电机电压侧接线采用单母线接线，35 kV侧采用单母线接线。

图1-28 练习图3

项目2　自用电接线图的识读

2.1　本项目工作任务单

任务单	自用电接线图的识读
任务一	熟悉自用电负荷的分类及要求
任务二	认知自用电电源及其引接方式
任务三	认知厂用电母线的基本形式
任务四	识读中小型水电站站用电接线图
任务五	识读变电所所用电接线图
任务六	识读火电厂厂用电接线图
任务描述	
通过本学习项目的学习,要求学员能够: 1. 说出发电厂、变电所自用电负荷的级别及对供电的要求; 2. 说出自用电电源的种类和引接方式; 3. 识别厂用电母线的基本形式,并说出每种形式的特点; 4. 识读厂用电接线图,进行技术分析。	
引导文	
【基础知识的认知】 1. 什么是自用电? 2. 火力发电厂、水力发电厂、变电所分别有哪些自用电主要负荷? 3. 厂用电负荷按重要性如何分类?对供电有什么要求? 4. 对厂用电接线有什么要求? 5. 电动机的容量与电压等级有什么关系? 6. 自用电电源有几种? 7. 工作电源一般采用什么引接方式? 8. 备用(启动)电源一般如何取得? 9. 事故保安电源有几种类型? 10. 厂用电母线的接线方式有哪些? 11. 对所用电源有哪些要求? 12. 所用电源的引接方式如何? 【识图能力训练】 1. 简明火力发电厂厂用电接线图的识读。 2. 水电站站用电接线全图的识读。 3. 变电所所用电接线全图的识读。 4. 填写识图分析报告。	

2.2 自用电负荷的分类及要求

自用电是指发电厂、变电所和水电站在生产、运行过程中本身的用电。对发电厂称厂用电,对应的电路图称厂用电接线图;对变电所称所用电,对应的电路图称所用电接线图;对水电站称站用电,对应的电路图称站用电接线图。

2.2.1 厂用电负荷及要求

发电厂在生产过程中要消耗大量的电能,如拖动各种机械设备的电动机,以保证发电厂的主要设备(发电机、汽轮机、水轮机、锅炉等)和辅助设备的正常工作。这些电动机和发电厂运行、操作、试验、修配、照明等用电设备的总的耗电量,称为发电厂的厂用电。

2.2.1.1 厂用电主要负荷

1. 火力发电厂的厂用电主要负荷

1)输煤部分

输煤部分主要包括煤场抓煤机、斗链运煤机、输煤皮带、磁铁分离器、叶轮给煤机、碎煤机、筛煤机等。

2)锅炉部分

锅炉部分主要包括磨煤机、给粉机、吸风机、送风机、给煤机、排粉机、烟气再循环风机、回转式空气预热器等。

3)汽机部分

汽机部分主要包括凝结水泵、循环水泵、给水泵、给水泵油泵、除氧器中继水水泵、氢冷水泵、热网水泵、疏水泵、工业水泵。

4)除灰部分

除灰部分主要包括冲灰水泵、灰浆泵、碎渣机、除尘水泵、电气除尘器等。

5)电气部分

电气部分主要包括水内冷水系统水泵、变压器冷却风机、变压器强迫油循环、水冷却电源、蓄电池组充电和浮充电装置、备用励磁电源等。

6)化学处理部分

化学处理部分主要包括清水泵、除盐水泵、除二氯化碳风机、盐溶液泵、水池搅拌器等。

7)公用部分

公用部分主要包括中央修配厂机床、起重机械、照明等。

2. 水力发电厂的厂用电主要负荷

1)机组自用电部分

机组自用电部分主要包括压油装置、机组调速系统和轴承润滑系统用油泵、水内冷水系统水泵、水轮机顶盖排水泵、变压器冷却设备、漏油泵等。

2)全厂公用电部分

全厂公用电部分主要包括厂房吊车、闸门快速启闭机、尾水闸门吊车、蓄电池组充电和浮充电装置、滤油机、空气压缩机、中央修配厂机床、全厂照明等。

2.2.1.2 厂用电负荷的类别

根据用电设备在电力生产过程中的作用以及突然中断供电时对生产造成的影响程度,即按重要性厂用电负荷可分为以下五类。

1. Ⅰ类负荷

Ⅰ类负荷指短时停电(包括手动切换恢复供电所需的时间)将影响人身或设备安全,使发电机组运转停顿或发电量大幅下降的负荷。如火力发电厂中的给水泵、凝结水泵、给粉机等用的电动机,水力发电厂中的机组轴承润滑油泵或润滑水泵、主阀压油装置油泵或主阀电动机、水轮机顶盖排水泵、可控硅冷却风扇等。它们一般都有两套设备互为备用,分别接至两个独立电源上,当一个电源失电后,另一个电源应能立即自动投入。

2. Ⅱ类负荷

Ⅱ类负荷指允许短时停电,但较长时间停电则可能损坏设备或影响发电机组正常运转的负荷。例如,火电厂的输煤设备、工业水泵、疏水泵、灰浆泵等所用的电动机以及化学处理设备,水电站的主机主变压器自用电的大部分负荷、厂房渗漏排水泵、径流式水电站的溢洪启闭机等。它们一般由两段母线供电,并采用手动切换。

3. Ⅲ类负荷

Ⅲ类负荷指长时间停电不会直接影响发电厂电力生产的负荷。例如,中央修配厂、实验室、油处理室等负荷。它们一般由一个电源供电。

4. 事故保安负荷

事故保安负荷指在发电机停机过程中及停机后一段时间内仍应保证供电的负荷。否则,将引起设备损坏、重要的自动控制失灵或危及人身安全。根据对电源的不同要求,事故保安负荷可以分为以下两种:

(1)直流保安负荷。由蓄电池供电的负荷,如发电机的直流润滑油泵等负荷。

(2)交流保安负荷。平时由交流厂用电系统供电,失去正常电源后,一般采用快速启动的柴油发动机供电,如200 MW及其以上机组的盘车电动机等。

5. 不间断供电负荷

不间断供电负荷指在发电机启动、运行到停机过程中,甚至停机以后的一段时间内,需要连续供电并具有恒频恒压特性的负荷。例如,用计算机进行实时控制等。一般采用由蓄电池组供电的电动发电机组或配备静态开关的静态逆变装置,向不间断负荷供电。

2.2.1.3 厂用电负荷的特性

发电厂的厂用电负荷具有多种不同的特性,主要包括重要性质、控制地点、联锁要求和运行方式等。

按重要性质可分为上述五类;按控制地点分就地和控制屏两种;根据需要确定有、无联锁要求;按运行方式分经常连续、不经常连续、经常短时、不经常短时、经常断续、不经常断续等几种。

2.2.1.4 对厂用电接线总的要求

1. 对厂用电接线的要求

厂用电接线应考虑到运行、检修和施工等方面的要求,要积极慎重地采用新技术和新设备，要能达到经济合理、技术先进，以保证发电机组安全、经济地运行。

厂用电接线应满足以下要求：

(1)各发电机组的厂用电系统应是独立的。特别是200 MW及其以上的机组，必须做到这一点。一台机组故障停运或其辅机的电气故障，不应该影响到另一台机组的正常运行，并且应能在短时间内恢复本机组的运行。

(2)应充分考虑发电机组启动和停运过程中的供电要求。一般都应该配备可靠的启动(备用)电源，在机组启动、停运和事故时其切换操作要少，并且能与工作电源短时并列。

(3)要充分考虑电厂分期建设和连续施工中厂用电系统的运行方式。特别要注意对公用负荷供电的影响，要便于过渡，尽量少改变接线和更换设备。

(4)200 MW及其以上发电机组应设置足够容量的交流事故保安电源。但全厂停电时，交流事故保安电源要快速启动和自动投入，向保安负荷供电。还要设置电能指标合格的交流不间断供电装置，以保证不允许间断供电的热工仪表等负荷的用电。

2. 厂用电系统的电压等级

厂用电系统的电压等级要根据发电机额定电压、厂用电系统的可靠性和经济性等多方面因素综合考虑，经过技术经济比较后确定。

各种厂用机械的电动机容量差别很大，从几瓦到几千千瓦，而电动机的容量与其额定电压有关。表2-1列出了我国电动机制造的容量范围。

表2-1　电动机容量范围与电压等级

电动机额定电压(V)	220	380	3 000	6 000	10 000
容量范围(kW)	小于140	小于300	大于75	大于200	大于200

选用厂用电动机时，应在满足技术要求的前提下优先采用较低电压等级的电动机，只有少数大容量的电动机才选用高电压等级的。

发电厂厂用电电压等级不能太多，一般分为高压和低压两级。低压级为0.4 kV(380/220 V)，高压级可在3 kV、6 kV、10 kV中选用一种。超大容量机组(如600 MW)则可选用两级高压。表2-2列出了发电厂厂用电电压等级及电动机容量选择。

表2-2　发电厂厂用电电压等级及电动机容量选择

发电机容量(MW)	发电机电压(kV)	厂用电电压(kV) 高压/低压	电动机容量范围(kW) 高压/低压
60及其以下	10.5	3/0.38	100以上/100以下
60以上	6.3	6/0.38	200以上/200以下
100～200	10.5、13.8、15.75	6/0.38	200以上/200以下
300及其以上	18	6/0.38	200以上/200以下
	20	3或10/0.38	200～1 800或1 800以上/200以下
多数中、小型水电厂	6.3、10.5、13.8	—/0.38	—/200以下，启动没困难时最大到245

根据运行实践经验，厂用电系统的电压等级大致可按下列情况考虑：

(1)高压采用3 kV。火电厂发电机容量在60 MW及其以下，发电机电压为10.5 kV时，100 kW以上的电动机采用3 kV，100 kW以下的电动机用380 V。

(2)高压采用6 kV。火电厂发电机容量在100～300 MW及其以下时，200 kW以上的电动机采用6 kV，200 kW以下的电动机用380 V。

(3)高压采用3 kV和10 kV两级。火电厂发电机容量在300 MW以上，例如600 MW，200 kW以下的电动机用380 V，200～1 800 kW的电动机用3 kV，超过1 800 kW的电动机用10 kV。

(4)不设高压等级。水电厂厂用机械较少，电动机容量也不大，通常只设380/220 V一种厂用电电压。如果坝区有大型机械，如闸门启闭机、船闸或升船机等，则需专设坝区变压器，以6 kV或10 kV供电。

2.2.2 所用电负荷及要求

2.2.2.1 变电所的所用电负荷

变电所的所用电比同容量的发电厂的厂用电要少得多。有人值班的地方变电所的所用电负荷主要包括：主变压器的冷却风扇、蓄电池的充电设备或整流操作电源、通风取暖、供水泵、断路器油的加热设备、照明及检修用电等。对中、小容量的变电所，所用电的总负荷一般为20 kVA左右，通常用一台所用变压器，接成Y，yn12，由6～10 kV降压为380/220 V的三相四线制供电。

对大、中型的区域变电所，特别是装有大容量的调相机时，所用电负荷要大些，重要的所用电负荷有所增加，如变压器强迫油循环冷却装置的油泵、水泵、空气压缩机(采用空气断路器时)、变压器检修车间，以及调相机的空气冷却系统和润滑油系统的冷却水泵与油泵等。总的负荷一般为215～560 kVA，但对所用电的可靠性要求高，应具有两个独立的电源供电。

2.2.2.2 对所用电的要求

(1)枢纽变电所、总容量为60 MVA及其以上的变电所、装有水冷却或强迫油循环冷却装置的主变压器以及装有调相机的变电所，均装设两台所用变压器。

采用整流操作电源或无人值班的变电所，装设两台所用变压器，分别接在不同电压等级的电源或两个独立的电源上。

如果能够从变电所外引入可靠的380 V备用电源，上述变电所可以只装设一台所用变压器。

(2)500 kV变电所装设两个所用工作电源。当主变压器为两台时，可以分别接在每一台主变压器的第三绕组上。两台所用变压器的容量应相等，并按全所计算负荷来选择，互为备用。

当有可靠的所外电源时，设置一台与所用工作变压器容量相同的所用备用变压器作为备用电源。否则，设一台自启动的柴油发电机组作为备用。

(3)当设有所用备用变压器时，一般都装有备用电源自动投入装置。

2.3 自用电电源及其引接

发电厂的厂用电源,必须保证供电可靠,除有正常运行时的工作电源外,还必须有备用电源或启动电源。对机组容量在200 MW 及其以上的发电厂,还应该设置交流事故保安电源,以满足厂用电系统在各种工作状态下的要求。

2.3.1 中小型水电站站用电源及其引接

2.3.1.1 站用电的供电源和引接点

在并网的水电站中,能成为站用电供电源的,主要有本站的运转发电机组和接入的电力网;此外,还可能有外来的配电网络(例如被保留的电站建设时期的施工电源)或邻近电站,甚至可能是专用小机组等。它们均应具有必要的可靠性和足够的容量。

站用变压器的高压侧回路与高压网络的连接点,称为站用电的引接点。显然,站用电的可靠性在很大程度上取决于引接点。引接点本身一般不是供电源。但它连接着一个或多个供电源。它的可靠性既有赖于各供电源,同时也与电站的主接线及其运行方式有关。

2.3.1.2 站用电备用电源和备用方式

用一台站用变压器接入引接点便构成一个站用电源。在故障情况下,任何一个站用电源都有失电的危险,例如引接点电源消失或站用变压器故障。为了满足可靠性要求,站用电应有双电源——工作电源和备用电源,当失去工作电源时,便由备用电源继续供电。但需指出:备用电源通常应是独立电源,即经由不同的站用变压器,从独立的引接点取得的电源。从同一单母线段接出的两台站用变压器并不构成两个独立电源。

备用电源的运行方式简称备用方式,通常分明备用和暗备用两种。若备用电源在正常情况下停电备用,只有在工作电源发生故障时才投入运行,叫做明备用。暗备用是两个电源平时都作为工作电源投入运行,并各带一半负荷,但都保留有一定的备用容量,当一个电源发生事故时,另一个电源即承担全部负荷。暗备用是两个工作电源之间的相互备用,在中小型水电站中应用最为广泛。

2.3.1.3 中小型水电站站用电源的典型引接方式

中小型水电站站用电源常用的引接方式如图2-1所示,基本上有以下三类:

(1)设置两台站用变压器,分别以发电机电压分组或分段母线作为引接点,经隔离开关和高压熔断器引入,采用暗备用方式,如图2-1(a)和(b)所示。如果采用明备用方式,宜用断路器等作为操作和保护电器。

发电机电压分组或分段母线(并列运行的隔离开关分段单母线除外)在正常情况下均带电工作,不会因任何一种电气故障同时停电,是比较理想的两个独立引接点。当一段母线上的机组停运时,该段母线可由主变压器倒送电。当全部机组停运时,两段母线可分别由两主变压器倒送电。为了保持两个独立的站用电源,两段发电机电压母线正常运行时均不能退出工作;两台主变压器一般也不能退出工作,对于用断路器分段的单母线接线,在特定运行方式下可退出一台主变压器,例如第一段的机组与第二段的主变压器投入运行。

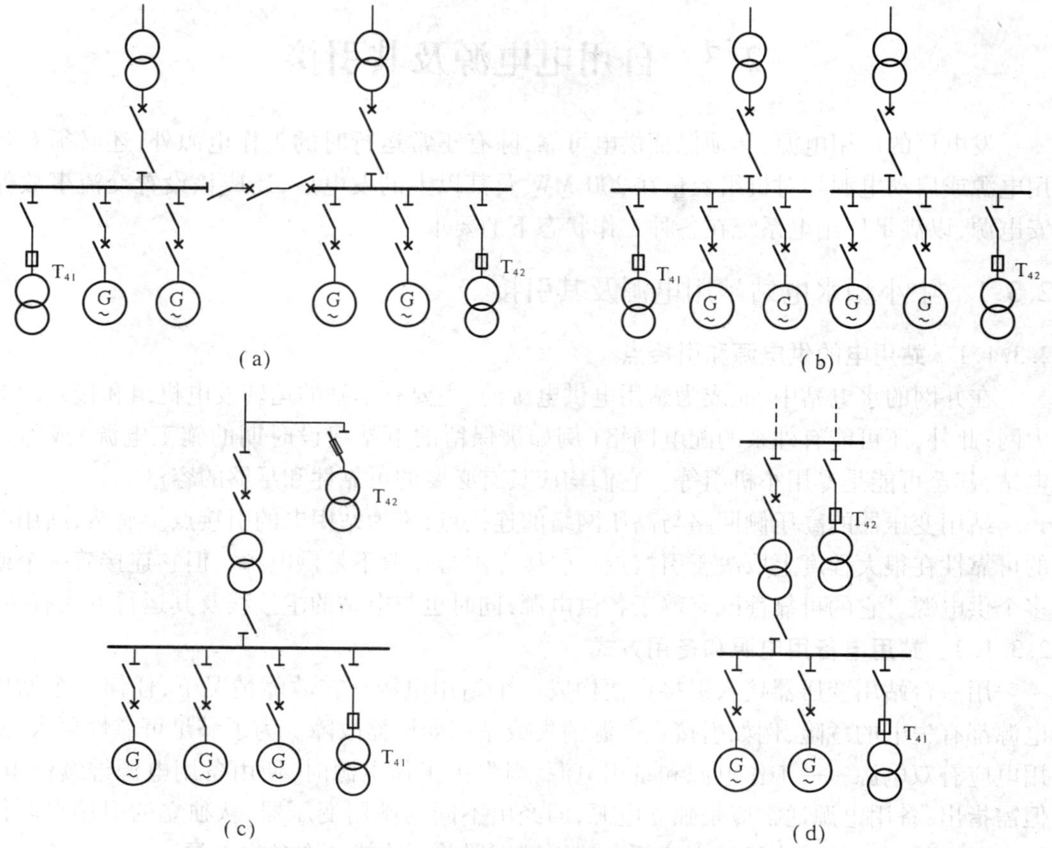

图 2-1　设两台站用变压器的站用电源的引接方式

(2)设置两台站用变压器,以一段发电机电压母线为内侧引接点,以对侧有可靠供电电源(如电力网)的输电线路或升压侧母线为外侧引接点,用熔断器作为保护电器,暗备用运行,如图 2-1(c)和(d)所示。这也是两个完全独立的站用电源,由系统侧倒送站用电。这对某些经常全站停发电的径流式水电站可节省主变压器的空载损耗和无功功率。

(3)仅设一台站用变压器接至上述的内侧引接点,构成站用电的工作电源,其明备用电源直接取自邻近的低压网络。如果至此低压网络的电源来自接于发电机同一段母线的近区变压器,则不是独立备用电源;若电源来自于升压侧的近区变压器或为其他外来供电电源,则形成独立电源,并与第(2)项有相同的特点。采用该接入方式时要注意低压网络的供电可靠性,使之能真正起到明备用电源的作用。

2.3.2　火电厂厂用电源及其引接

2.3.2.1　工作电源

工作电源是保证各段厂用电母线正常工作的电源,不但要保证供电的可靠性,而且应能满足该段母线厂用电负荷功率和电压等要求。工作电源的引接方式与电气主接线有密切联系。

1. 高压厂用工作电源的引接

当主接线具有发电机电压母线时,高压厂用工作电源从发电机电压母线上引接,如图

2-2(a)所示;12 MW 机组接在馈电不带电抗器的6 kV 主母线上时,高压厂用电动机和低压厂用变压器均可直接接在主母线上,而不必另设高压厂用电母线段,如图2-2(b)所示;有的也从发电机出口引接,如图2-2(c)所示。

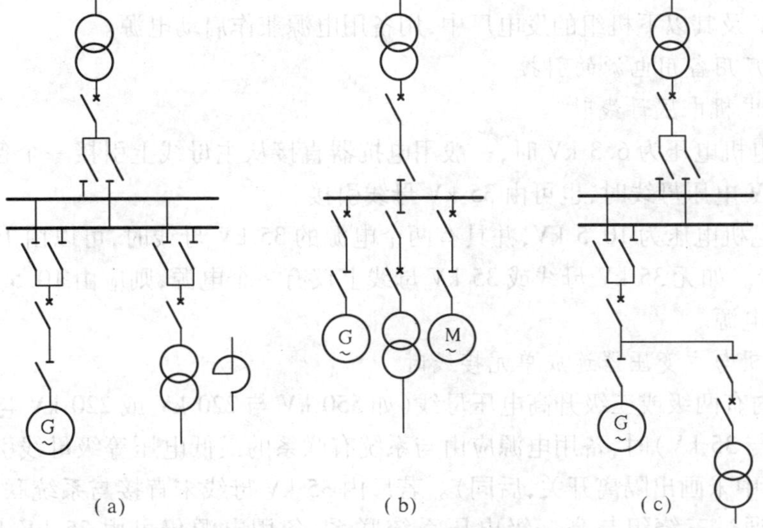

图2-2　有发电机电压母线时高压厂用工作电源的引接方式

当发电机、变压器采用单元接线时,高压厂用工作电源从主变压器的低压侧引接,如图2-3(a)~(f)所示。其中图2-3(e)所示为采用分裂绕组厂用变压器时的引接方式,图2-3(f)所示为用两台并列厂用变压器时的引接方式;当主接线为扩大单元接线时,高压厂用工作电源从发电机出口或主变压器低压侧引接,如图2-3(g)所示。

2. 低压厂用工作电源的引接

低压厂用工作电源,由高压厂用电母线段引接到低压厂用变压器取得。当无高压厂用电母线段时,可以从发电机电压主母线或发电机出口引接。按锅炉分段的厂用电母线,其工作变压器应由对应的高压厂用电母线段供电。

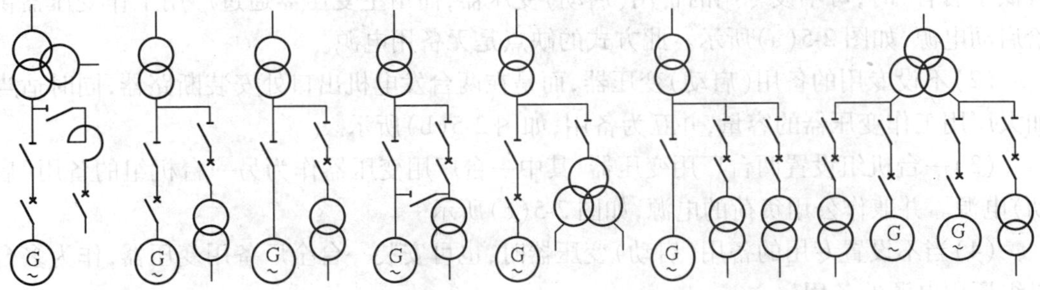

图2-3　发电机与主变压器接成单元接线时高压厂用电源的引接方式

2.3.2.2　备用(启动)电源

厂用备用电源是指在事故情况下失去工作电源时,保证给厂用电系统供电的电源,又称事故备用电源。备用电源应供电可靠,并有足够大的容量。

启动电源是指在厂用工作电源完全消失的情况下,为了保证机组快速启动,向必要的辅助设备供电的电源。启动电源实质上也是一个备用电源,只是对供电可靠性要求更高。目前只在200 MW及其以上大容量机组的发电厂中,才设置厂用启动电源,兼作备用电源。125 MW及其以下机组的发电厂中,用备用电源兼作启动电源。

1. 高压厂用备用电源的引接

1)有发电机电压母线时

(1)发电机电压为6.3 kV时,一般用电抗器直接从主母线上引接一个备用电源。发电厂有35 kV电压母线时,也可由35 kV母线引接。

(2)发电机电压为10.5 kV,并具有两个电源的35 kV母线时,可以由10.5 kV或35 kV母线引接。如无35 kV母线或35 kV母线上仅有一个电源,则应由10.5 kV母线上引接一个备用电源。

2)发电机与主变压器连成单元接线时

(1)厂内有两级或三级升高电压母线(如550 kV与220 kV或220 kV与110 kV,220 kV、110 kV与35 kV)时,备用电源应由与系统有联系的最低电压等级母线引接,如图2-4(a)所示(图中未画出隔离开关,后同)。若厂内35 kV母线未直接与系统联系,但有两个本厂电源或通过三绕组与高一级电压系统联系,备用电源仍可由35 kV母线引接,如图2-4(b)、(c)所示。

(2)备用电源由联络变压器的低压绕组引接,如图2-4(d)所示。

(3)当发电厂仅有一级或两级升高电压母线,而附近又有可靠的低压等级的电网,且在发电厂全厂停电时能由该电网取得足够的电源,可从该电网引接专线作为备用。必要时可设置备用母线段,向两台及其以上备用变压器供电,如图2-4(e)所示。

(4)当采用发电机—变压器—线路单元与区域变电所相连接时,厂用备用电源可以由该变电所较低电压等级的母线上引接专用线路取得,如图2-4(f)所示。

3)大容量机组安装出口断路器时

(1)当发电机断路器的价格和启动变压器及其高、低压侧开关设备的价格相当(或前者低于后者)时,可不设专用的备用(启动)变压器,而由主变压器通过厂用工作变压器供给启动电源,如图2-5(a)所示。此方式的缺点是无备用电源。

(2)不设专用的备用(启动)变压器,而是在两台发电机出口处安装断路器,同时适当加大厂用工作变压器的容量,并互为备用,如图2-5(b)所示。

(3)一台机组设置两台厂用变压器,其中一台厂用变压器作为另一台机组的备用(启动)电源。并兼作公用负荷的电源,如图2-5(c)所示。

(4)当不设置专用的备用(启动)变压器时,也可安装一台全厂备用变压器,作为多台机组厂用电源的备用。

4)全厂设有两个高压厂用备用电源时

两个高压厂用备用电源应分别由相对独立的两个电源上引接,如:

(1)分别接到同一电压等级而电源不同的母线段上。

(2)分别由不同电压等级的母线上引接。

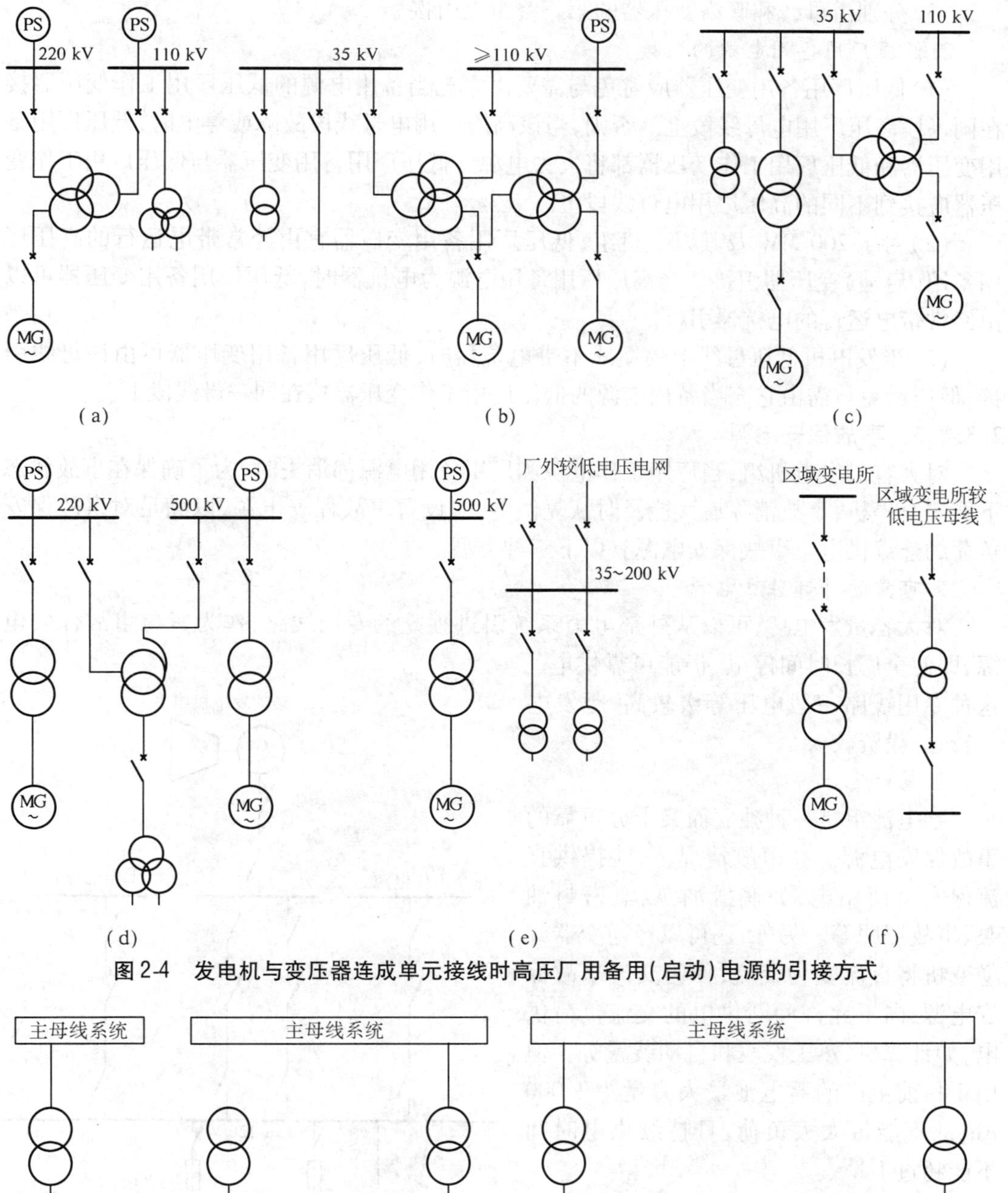

图 2-4　发电机与变压器连成单元接线时高压厂用备用(启动)电源的引接方式

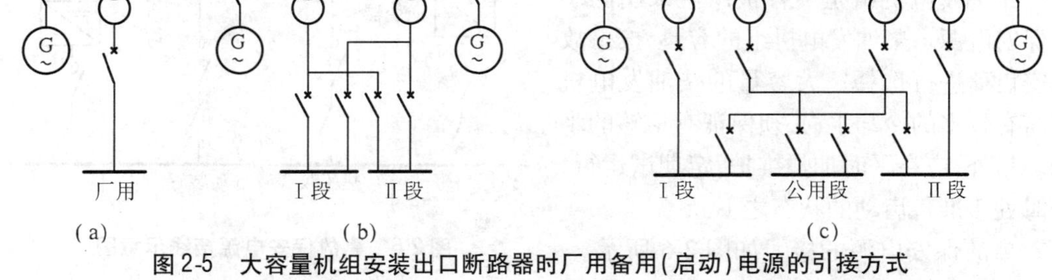

图 2-5　大容量机组安装出口断路器时厂用备用(启动)电源的引接方式

(3)分别由母线和联络变压器的第三绕组上引接。

2. 低压厂用备用电源的引接

(1)低压厂用备用变压器应避免与需要由它充当备用电源的低压厂用工作变压器接在同一段高压厂用电母线段上。否则,当该高压厂用电母线段故障或停电时,低压厂用备用变压器和低压厂用工作变压器都将失去电源。低压厂用备用变压器与低压厂用工作变压器应接到不同的高压厂用电母线段上。

(2)对于200 MW及其以上机组,低压厂用备用变压器宜由经常带电运行的高压厂用备用(启动)变压器引接。当高压厂用备用电源为电抗器时,低压厂用备用变压器可以由经常带电运行的电抗器引接。

(3)当发电机低压母线上的馈线不带电抗器时,低压厂用备用变压器可由该母线引接,但应避免与需由它充当备用电源的低压厂用工作变压器接在同一母线段上。

2.3.2.3 事故保安电源

对大容量发电机组,当厂用工作电源和厂用备用电源都消失时,为了确保在事故状态下能安全停机,事故消除后又能及时恢复供电,应设置事故保安电源,以满足对事故保安负荷的连续供电。事故保安电源有以下三种类型。

1. 可靠的外部独立电源

对大容量发电厂,可以从外部电力系统引进独立的专用线路,作为紧急事故保安电源,即使全厂长时间停电,仍能可靠供电。这种专用线路一般电压等级较高,距发电厂较远,投资较大。

2. 蓄电池组

蓄电池组是一种独立而又十分可靠的事故保安电源。在事故情况下,能提供直流保安负荷用电,如润滑油泵、氢密封油泵、事故照明等。另外,还可以经逆变器或逆变机将直流变为交流,作为交流事故保安电源,向不允许间断供电的交流负荷供电,如计算机、热工仪表和自动装置等。但由于目前生产的蓄电池最大容量为1 000 Ah,故不能带太大负荷,且持续供电时间不能超过1 h。

3. 柴油发电机组

柴油发电机组是一种被广泛采用的事故保安电源。柴油发电机组的容量,按事故保安负荷进行选择。大容量的柴油发电机组需有较多的冷却水,必须保证有足够的水源。另外,应在平时加强维护,定期试运行,随时处于准备启动的状态之下。

事故保安电源的接线如图2-6所示。

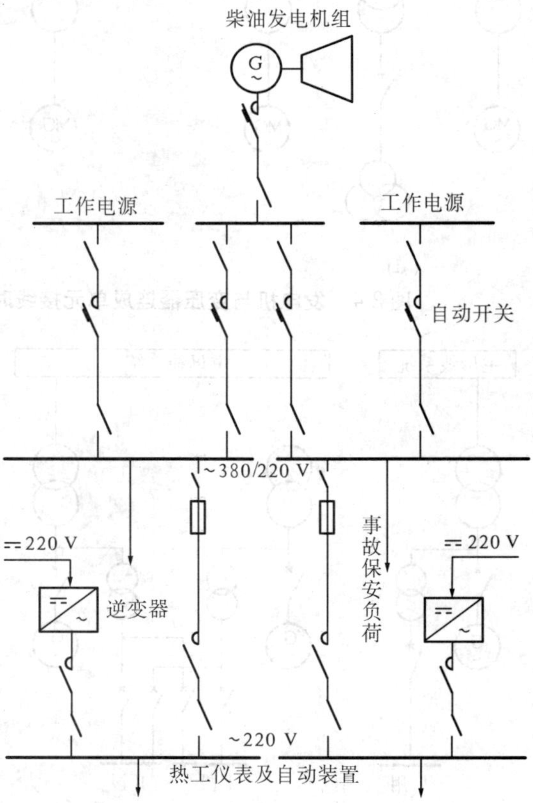

图2-6 事故保安电源接线示意图

2.3.3　变电所的所用电源及其引接

（1）当变电所内有较低电压母线时，一般都由较低电压母线上引接 1 ~2 个所用电源，如图 2-7（a）、（b）所示。这种引接方式，具有经济性和可靠性较高的特点。如能由不同电压等级母线或线路上分别引接两个所用电源，则更可保证所用电系统的不间断供电，如图 2-8（a）所示。

（2）当有旁路母线时，可将一台所用变压器通过旁路隔离开关接到旁路母线上，如图 2-7（c）所示。正常运行时，由工作母线供电；在工作母线检修或进行试验时，则倒换到旁路母线上供电。

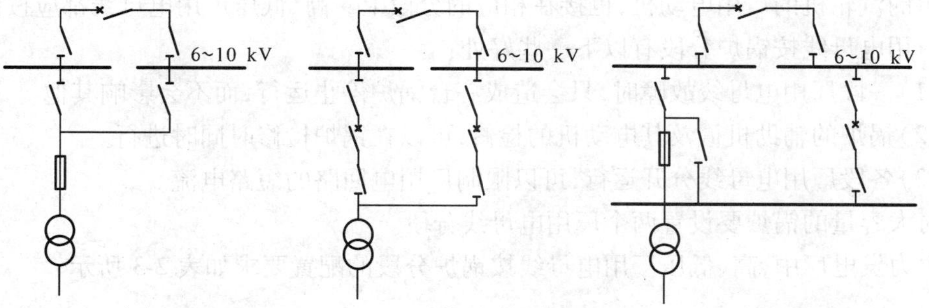

（a）　（b）　（c）

图 2-7　一台所用变压器的引接方式

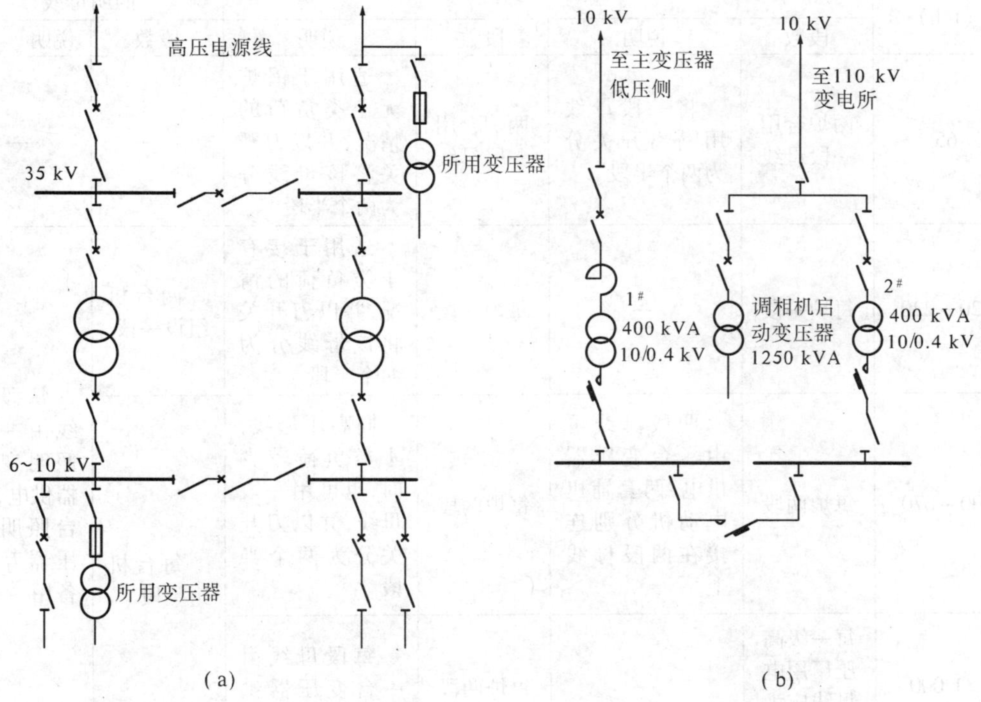

（a）　（b）

图 2-8　两台所用变压器的引接方式

2.4　厂用电母线的基本形式

2.4.1　火力发电厂厂用电接线形式

2.4.1.1　火力发电厂按锅炉对厂用电母线分段

发电厂厂用电母线通常采用单母线接线方式。在火力发电厂中,由于锅炉的辅助设备多、容量大,所以厂用电母线都按锅炉进行分段,分别接各台锅炉的厂用电动机。与锅炉同组的汽轮机的厂用电动机,也接在相应的分段上。高、低压厂用电母线都应按锅炉分段。厂用电母线按锅炉分段有以下一些好处:

(1)一段厂用电母线故障时,只会造成一台锅炉停止运行,而不会影响其他。

(2)锅炉的辅助机械及其电动机的检修,可以在锅炉检修时同时进行。

(3)各段厂用电母线分开运行,可以限制厂用电回路的短路电流。

对大容量的锅炉要设置两个厂用电母线分段。

火力发电厂中,高、低压厂用电母线按锅炉分段的配置要求如表 2-3 所示。

表 2-3　按锅炉燃料决定厂用电母线段数

<table>
<tr><th rowspan="2">锅炉容量(t/h)</th><th colspan="2">高压厂用电母线</th><th colspan="2">低压厂用电母线</th><th colspan="2">独立供电的主厂房照明母线</th></tr>
<tr><th>段数</th><th>说明</th><th>段数</th><th>说明</th><th>段数</th><th>说明</th></tr>
<tr><td>65</td><td>两炉合用一段母线</td><td>将一段母线用隔离开关分为两个半段</td><td>两炉合用一段母线</td><td>适用于锅炉无Ⅰ类负荷的情况,并以刀开关将该母线分为两个半段</td><td>—</td><td>—</td></tr>
<tr><td>120～220</td><td>每炉一段</td><td>—</td><td>每炉一段</td><td>适用于接有Ⅰ类负荷的情况,并以刀开关将该母线分为两个半段</td><td>两台机组设一段</td><td rowspan="3">每段母线由一台照明变压器供电,两台照明变压器互为备用</td></tr>
<tr><td>400～670</td><td>每炉两段</td><td>两段母线可由一台变压器供电,两套辅机电动机分别连接在两段母线上</td><td>每炉两段</td><td>同高压母线,Ⅰ类负荷较少时,也可用一段母线,并以刀开关分为两个半段</td><td rowspan="2">每台机组一段</td></tr>
<tr><td>≥1 000</td><td>每一级高压厂用电母线应为两段</td><td>—</td><td>每炉两段</td><td>每段母线由一台变压器供电</td></tr>
</table>

2.4.1.2 厂用电公用母线段的设置

在火力发电厂中,大容量机组的厂用电公用负荷较多,并且容量也较大。如果能采用合理的集中供电方式,则应将全厂厂用电公用负荷与机组本体的负荷区分开来,由专门设置的厂用电公用母线段进行供电。设置专门的厂用电公用母线段,有以下一些好处:

(1)加强了机组的单元性。

(2)有利于对全厂厂用电公用负荷的集中管理。

(3)配合机组检修、停运及检修本机组所属的厂用电配电装置都较方便。厂用电公用母线段一般设置在厂用电系统的高压侧和低压侧。发电机组较多时可设置两段,还可另设照明、修配、煤场等专用的公用母线分段。

2.4.1.3 厂用电接线的接线方式

对厂用电接线的基本要求是安全可靠、运行经济、检修和操作方便。厂用电母线各个分段必须有各自独立的工作电源,并与备用电源连接,以保证供电的可靠性。

1. 高压厂用电母线的接线方式

(1)每台锅炉有一个高压厂用电母线段时,各段母线可以互不相连,除与各自的工作电源连接外,还要与备用电源连接,如图 2-9(a)所示。也可以在两台锅炉的厂用电母线之间用断路器或隔离开关相连,互为备用,如图 2-9(b)、(c)所示。

(2)每台锅炉有两个高压厂用电母线段时,两个分段应分别接有独立的工作电源和备用电源,如图 2-9(d)所示。两分段之间也可以用断路器或隔离开关连接,如图 2-9(e)、(f)所示。

通常,备用电源的断路器处于分闸状态,装有备用电源自动投入装置。

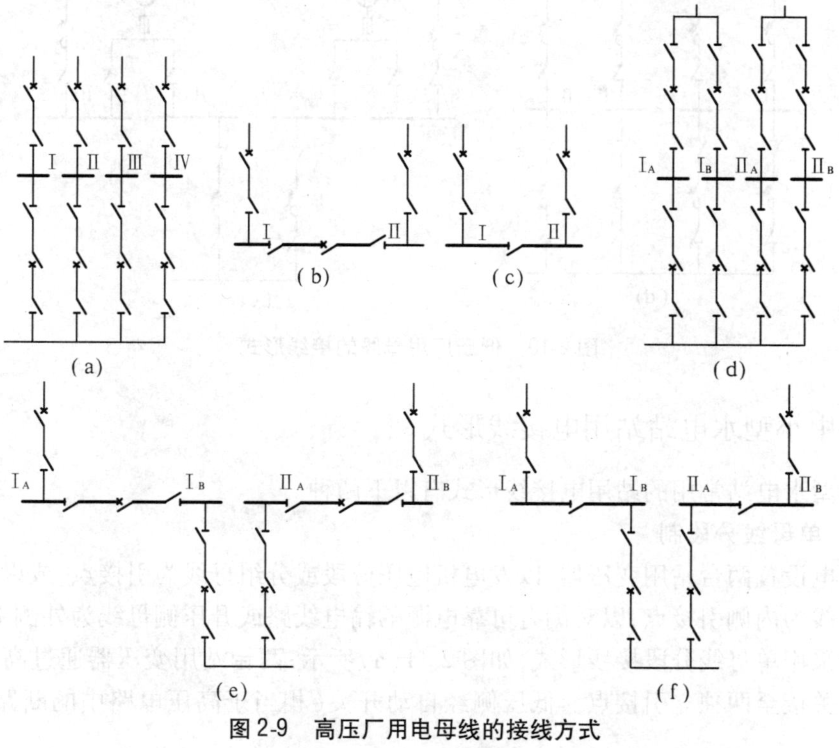

图 2-9 高压厂用电母线的接线方式

2. 低压厂用电母线的接线方式

(1)一台低压厂用变压器接一段低压厂用电母线时,各母线段分别与备用电源相连,装设备用电源自动投入装置,如图2-10(a)所示。也可不装自动投入装置,采用手动投入,如图2-10(b)所示。还可以不接备用电源,在两段母线之间用自动空气开关联络,装设备用电源自动投入装置,互为备用,如图2-10(c)所示。

(2)一台低压厂用变压器设两段低压厂用电母线时,可以两段母线都接至变压器和备用电源,各分段分别与备用电源连接,如图2-10(d)所示。也可以两分段用隔离开关连接,一段接低压厂用变压器,另一段接备用电源,如图2-10(e)所示。备用电源都装有备用电源自动投入装置,也可以改为手动投入。

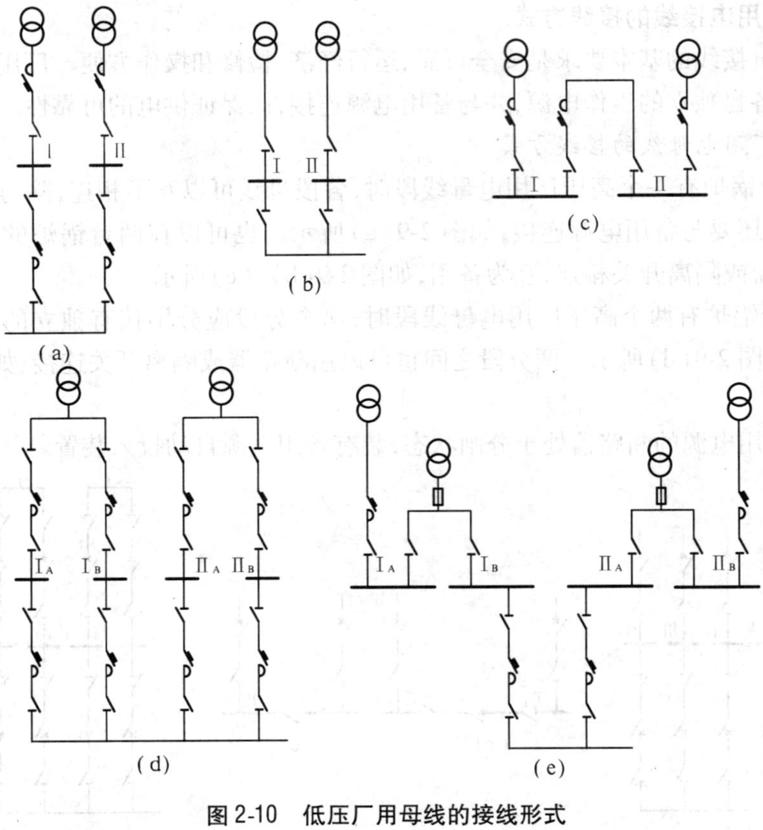

图2-10 低压厂用母线的接线形式

2.4.2 中小型水电站站用电接线形式

中小型水电站常用的站用电接线形式有以下两种。

2.4.2.1 单母线分段制

站用电设置两台站用变压器,以发电机电压分段或分组母线为引接点,或以一段发电机电压母线为内侧引接点,以对侧有可靠电源的输电线路或升压侧母线为外侧引接点,一般均适合采用单母线分段接线形式,如图2-11(a)所示,两台站用变压器通过高压熔断器和隔离开关接至两独立引接点。低压侧经自动开关(相当于高压电路中的断路器)和闸刀开关(相当于隔离开关)分别接至两分段主母线。分段自动开关在正常情况下处于分闸位置,当因故失去一个电源时,投入分段自动开关,由另一电源带全部负荷,即互为暗备用。为了满足I类负荷恢复供电的紧迫性要求,宜设置AAT(备用电源自动投入)装置,以加速切换过程和避免匆忙中的人为误操作。两电源不允许在低压侧并列。

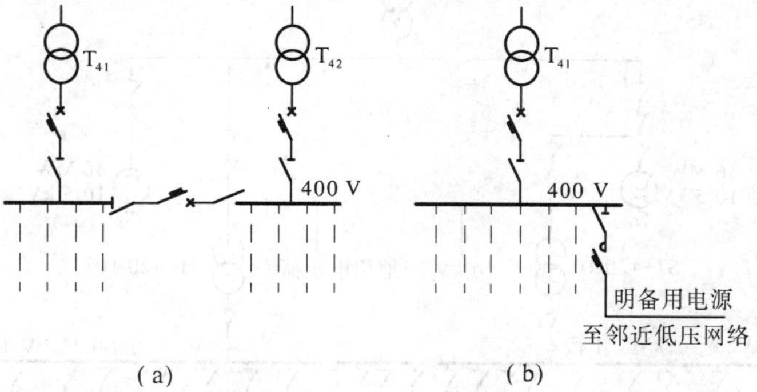

图 2-11　站用电的接线形式

高压侧采用熔断器代替高压断路器是因为:

(1)采取暗备用方式的站用变压器投入运行后,高压侧很少需要操作,更不需要带负荷操作;必要时,容量315 kVA及其以下的站用变压器可用高压侧隔离开关作空载投切,而用低压侧自动开关作负荷投切。

(2)熔断器可满足小电站站用变压器回路的工作容量和切断容量的需要。

(3)可简化一次回路和免去相应的继电保护装置。

(4)可采用小截面高压电缆而无热稳问题。

站用变压器低压侧电流互感器用于测量和过流、过负荷等保护。自动开关除作过流保护外,还用于正常投切站用变压器负荷,并配合AAT(备用电源自动投入)装置在备用电源自动投入之前切除已停电的站用变压器,以免从低压侧向变压器冲击升压。

2.4.2.2　单母线不分段制

对小容量的水电站,例如2 000 kW以下,常只设一台站用变压器,接至内侧引接点,这时相应地采取不分段单母线接线,如图2-11(b)所示。在工作电源因故消失后,接自低压网络的明备用电源可用手动切换和投入。

2.5　自用电接线图的识读

2.5.1　中小型水电站站用电接线图的识读

2.5.1.1　只有低压站用电压的水电站站用电接线

图2-12为2×36 MW的中型水电站站用电接线图。两台发电机共用一台升压变压器构成扩大单元接线,两台厂用变压器互为备用。由于水电站担任调峰任务,为保证全站停机时可由系统倒送电,两台厂用变压器分别从1号发电机端和主变压器低压侧引接。全部厂用负荷均采用0.4/0.23 kV供电,没有高压电动机。机组自用负荷及比较重要的

全站公用负荷均直接由厂用母线供电,有的重要负荷则由两段母线交叉供电。这种中型水电站由于发电机台数少,厂用电采用集中供电而不设机旁配电盘的接线方式,厂用电配电装置采用低压配电盘,通常布置在发电机层的机组附近。

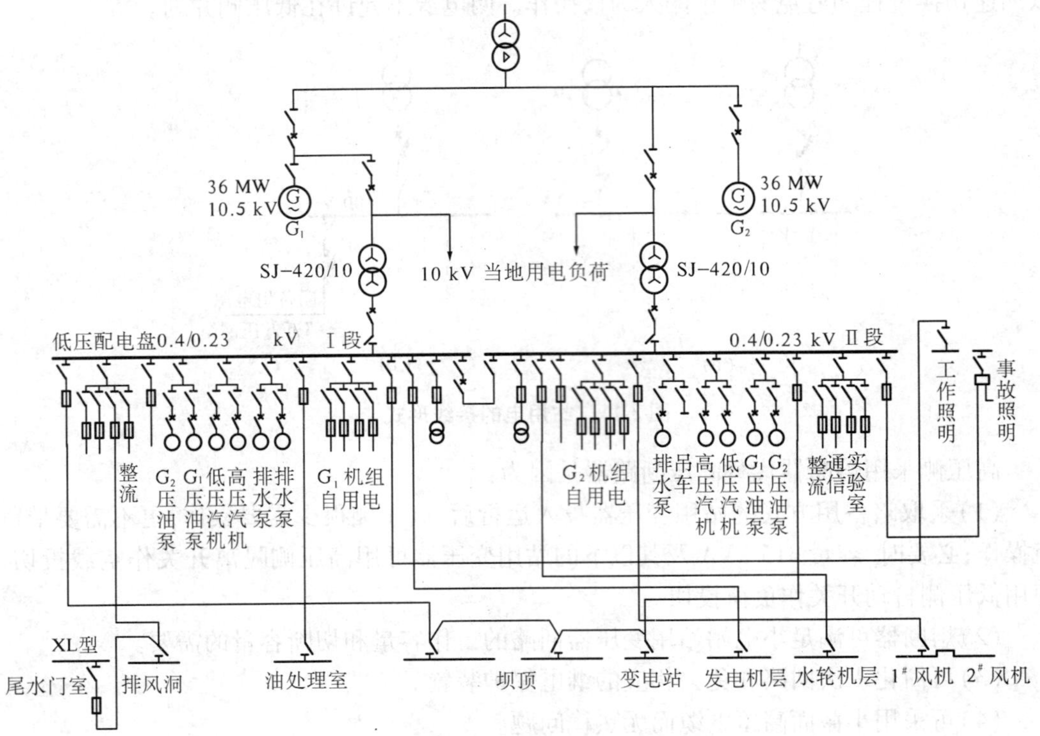

图 2-12　只有低压站用电压的水电站站用电接线

2.5.1.2　采用两级站用电压的水电站站用电接线

图 2-13 为 4×110 MW 水电站站用电接线图。该站采用 6 kV 和 0.4 kV 两级厂用电压。两台厂用高压变压器引自扩大单元的主变压器低压侧,容量为 1 800 kVA,互为备用。全厂设两台低压机组自用变压器,电源分别引自厂用 6 kV 的Ⅰ段和Ⅱ段母线,供电给 4 台机组机旁盘,均互为备用,有足够的可靠性。其他公用负荷另设两台低压变压器,分别供给 0.4 kV 公用Ⅰ段和Ⅱ段母线,低压公用变压器也互为备用。

2.5.2　变电所所用电接线图的识读

如图 2-14 所示为装有调相机的区域变电所所用电接线图,该变电所有 10 kV、110 kV 和 220 kV 三个电压等级,装有两台 11 kV 的调相机 G_1 和 G_2,分别接至两台主变压器的低压侧。

调相机是一种同步电机,它的构造与同步发电机完全一样,只是它没有原动机,不发有功功率,只发无功功率,以平衡电网上的无功功率需要,有效地改善功率因数。调相机装有电动机,用于启动。

调相机与 10 kV 母线分段有两条电路相接,其中一条带有电抗器。当调相机启动后接近同步转速时通过电抗器投入,完全同步后将电抗器短接。

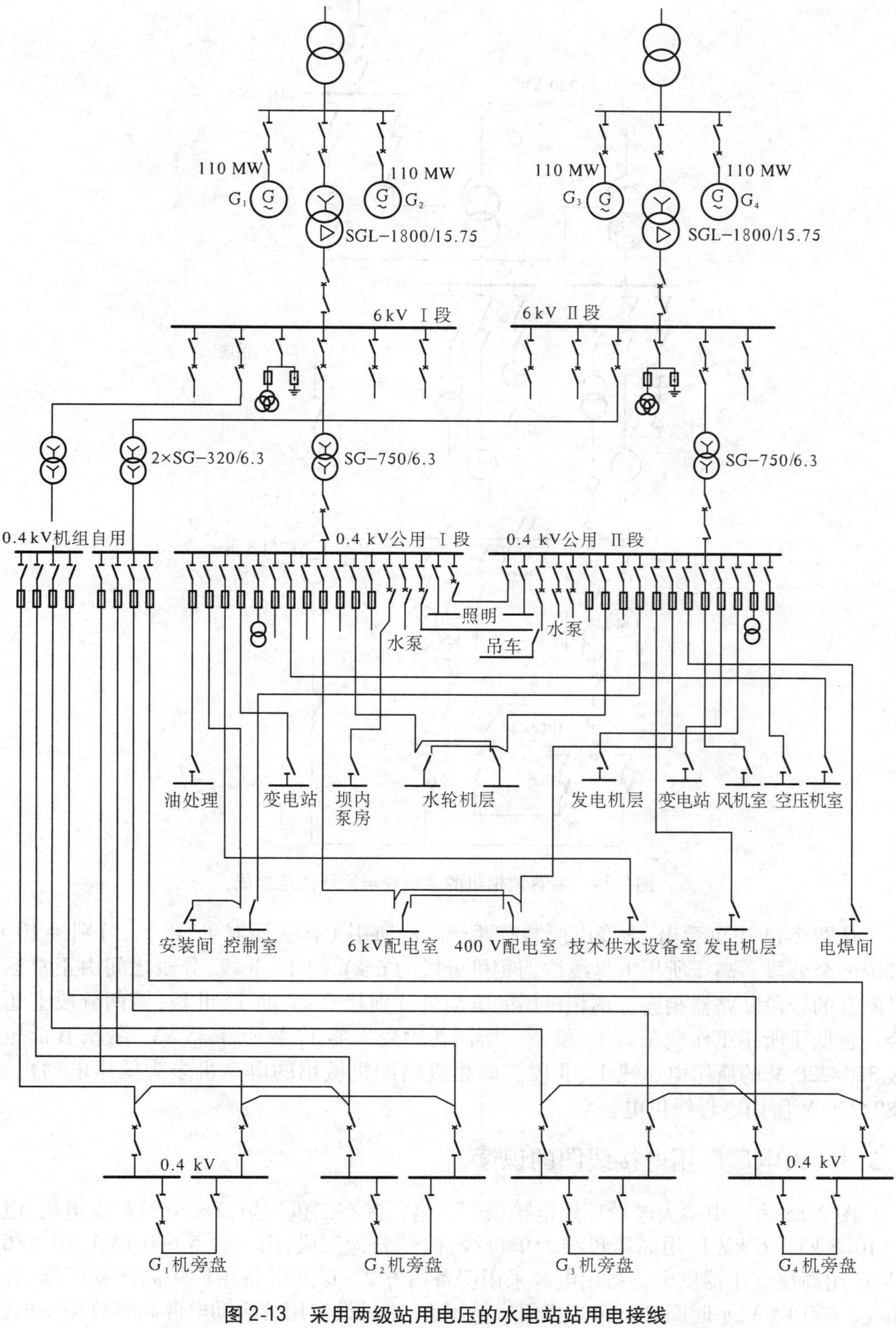

图 2-13　采用两级站用电压的水电站站用电接线

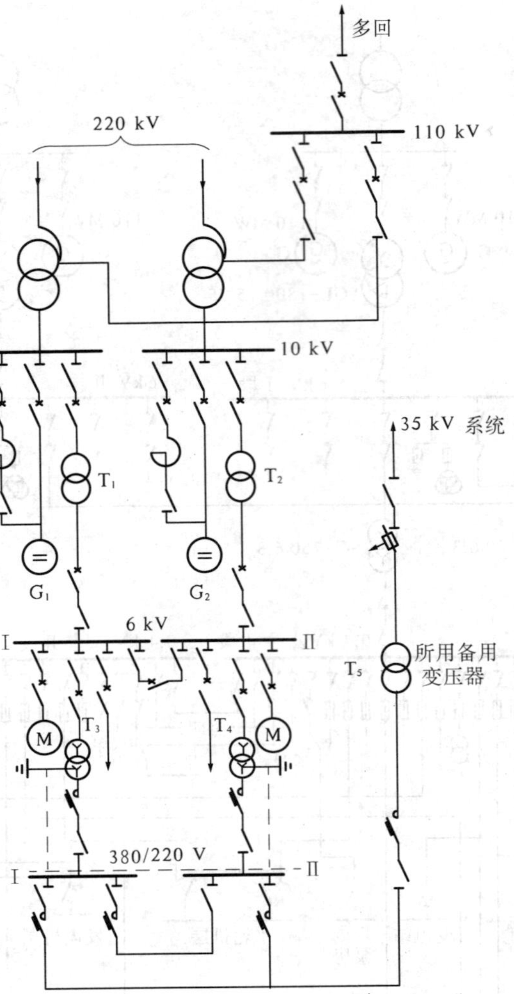

图 2-14　装有调相机的区域变电所所用电接线

从图 2-14 中可看出,该变电所装有两台高压所用工作变压器 T_1 和 T_2,分别接 10 kV 母线两个分段。高压所用电母线按调相机分段为 6 kV 的 Ⅰ、Ⅱ 段,分段之间由正常运行时断开的分段断路器相连。调相机用的电动机分别接 6 kV 的 Ⅰ、Ⅱ 段,该两分段上还各接一台低压所用工作变压器 T_3 和 T_4。所用备用变压器 T_5 接所外 35 kV 系统,其低压侧接 380/220 V 的所用电母线 Ⅰ、Ⅱ 段。调相机辅助机械用的电动机多为低压电动机,由 380/220 V 所用电母线供电。

2.5.3　火电厂厂用电接线图的识读

图 2-15 为一中型火电厂厂用电接线图。电厂装有二机三炉,2 ×50 MW 发电机,电压为 10.5 kV。6 kV 厂用高压母线为单母线,按炉分为三段,由三台 5 600 kVA、10.5/6.3 kV 厂用高压变压器供电。备用电源采用明备用方式,专设 0# 备用厂用高压变压器,容量也是5 600 kVA,平时断开。由于机组容量不大,未另设专用的启动电源和事故保安电源。当某一 6 kV 厂用工作段失去电源时,备用电源自动投入装置动作,使相应的断路器自动

合闸，由备用变压器继续供电。6 kV 厂用高压电动机直接从 6 kV 母线上受电。

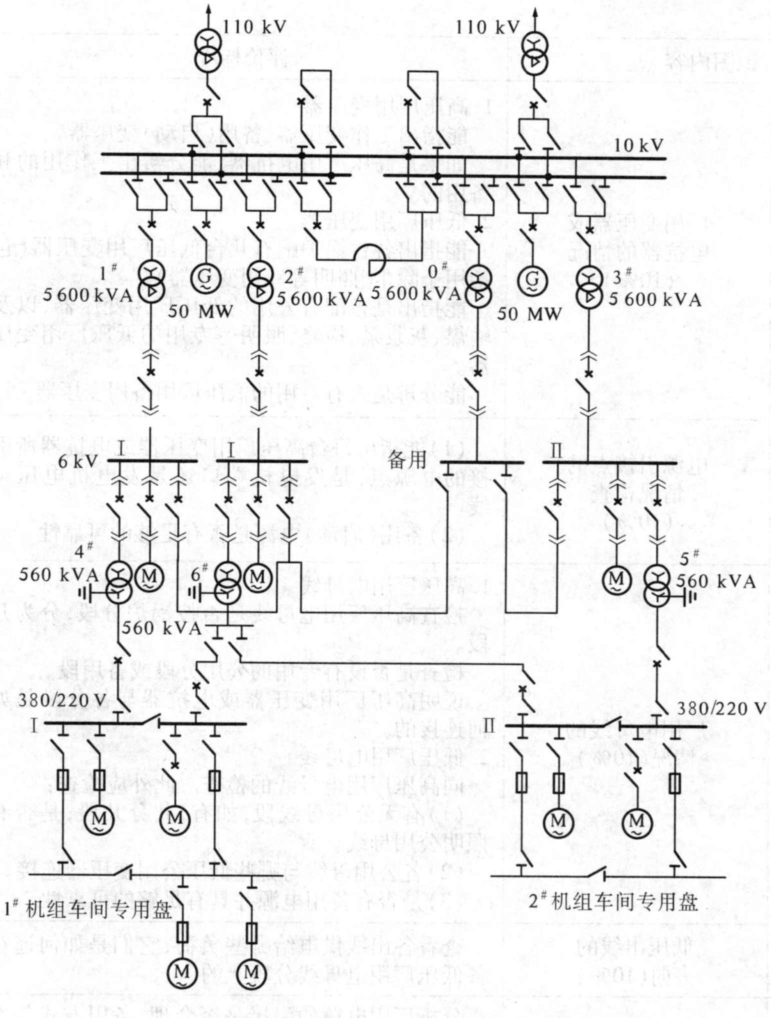

图 2-15　中型火电厂的厂用电接线

2.6　读图分析报告格式（附评价标准）

自用电接线图读图分析报告格式见表 2-4。

表 2-4　自用电接线图读图分析报告（附评价标准）

图名			
识图内容		评价标准	评价得分
基本项目识读（30%）	电气图形符号的识别（10%）	能识别所读自用电接线图中所有图形符号所表示的设备名称，并能说出该设备在电力生产过程中所起到的作用	
	设备的识别（10%）	能指出所读自用电接线图中厂用变压器或电抗器的台数、容量及类型	
	电厂（站）基本情况（10%）	了解发电厂在系统中的地位与作用以及发电厂的类型，如果是火力发电厂，还要了解装有锅炉的台数和容量	

续表 2-4

图名			
识图内容		评价标准	评价得分
自用电接线的识读（40%）	厂用变压器或电抗器的情况（10%）	1. 高压厂用变压器 能指出工作变压器、备用（启动）变压器。 如果是高压厂用电抗器，能分辨出工作用的和备用的。 2. 低压厂用变压器 能指出各台锅炉配有几台低压厂用变压器（包括用于除尘、照明等专用变压器）。 能指出是否配有公用的低压厂用变压器，以及输煤、灰浆泵、检修、照明等专用的低压厂用变压器。 能分辨是否有专用的低压厂用备用变压器	
	电源引接点的情况检查（10%）	（1）能指出每台高压厂用变压器或电抗器所引接的电源点，是发电机端口还是发电机电压母线。 （2）备用（启动）电源是否有足够的可靠性	
	厂用电母线的情况（10%）	1. 高压厂用电母线 检查高压厂用电母线是否按锅炉分段，分为几段。 检查是否设有专用的公用分段或备用段。 说明高压厂用变压器或电抗器与各分段是如何连接的。 2. 低压厂用电母线 同高压厂用电母线的检查。此外应检查： （1）有无公用母线段，如有，共分几段；是否有照明公用母线。 （2）各公用母线与哪些低压公用变压器连接。 （3）是否有备用电源并具有足够的可靠性。	
	低压出线的去向（10%）	查看各出线供电给哪些负荷，它们是如何连在各低压厂用电母线分段上的	
综合评价（30%）	可靠性分析（10%）	分析厂用电源的引接是否合理，备用方式是否适当，厂用备用变压器或电抗器的台数和容量是否足够	
	操作方便性分析（10%）	分析操作步骤和操作时间等是否保证可靠性的要求	
	灵活性分析（10%）	分析改变运行方式的灵活性，如厂用变压器故障时能否将厂用电母线及时切换到备用电源上；厂用电母线段故障时，能否及时将负荷切换到完好的母线段上，等等	

2.7 读图练习

（1）识读图 2-16 所示 4×100 MW 机组火电厂厂用电接线图。

（2）识读图 2-17 所示某 110 kV 变电所所用电接线图。

（3）识读图 2-18 所示 200 MW 机组火电厂厂用电接线图（主厂房部分）。

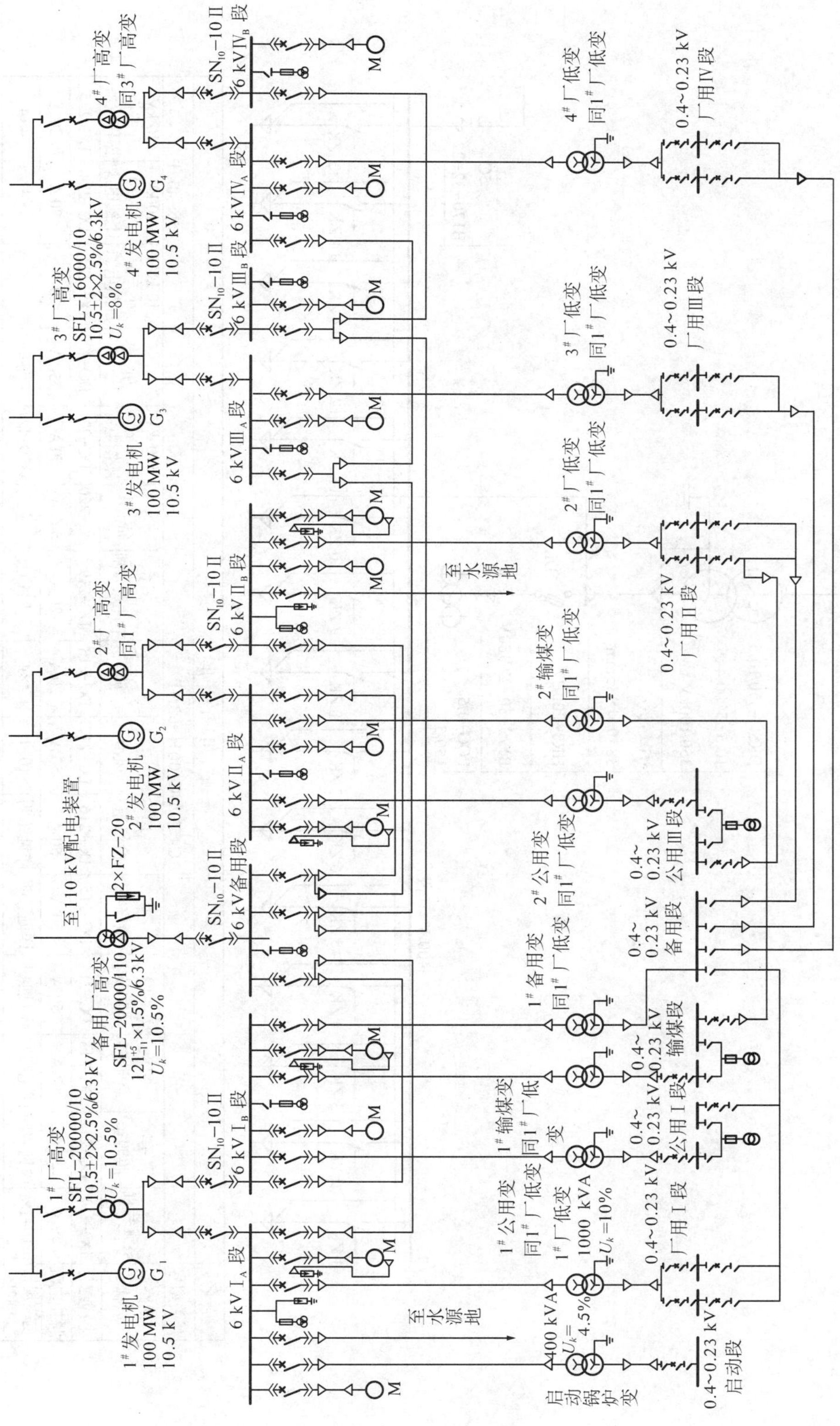

图2-16　4×100 MW 机组火电厂厂用电接线图

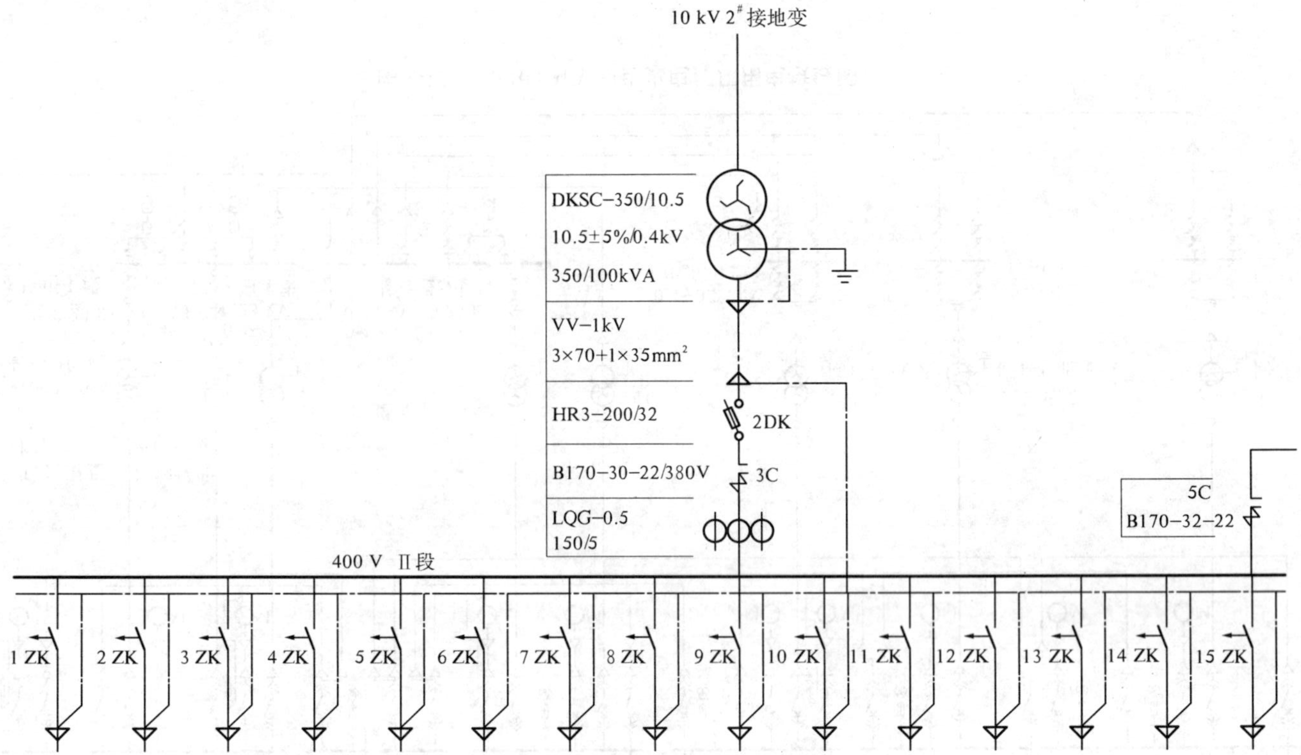

屏名	所用电屏（二）														
开关型号	C45N/NC100H-63/3P												C45N-40/1P		
回路名称	整流装置	一层照明箱	一层照明箱	一层照明箱	一层检修箱	一层检修箱	2# 主变风冷	2# 主变调压	2# 主变中性点刀闸	备用	110 kV 配电装置操作电源	机房	10 kV 开关柜加热电源	10 kV 开关柜闭锁电源	10 kV 开关柜操作电源
电缆编号	DC-211	DC-212	DC-213	DC-214	DC-215	DC-216	DC-217	DC-218	DC-219	DC-220	DC-221	DC-222	DC-223	DC-224	DC-225
脱扣电流	50 A	50 A	50A	50 A	50 A	50 A	50 A	20 A	20 A	50 A	50 A	50 A	20 A	20 A	20 A
电缆规格（mm）	3×10+1×6	详见照明	详见照明	详见照明	详见照明	详见照明	3×10+1×6	4×4	4×4		3×10+1×6	详见照明		4×4	4×4
													单相（C相）	单相（B相）	单相（A相）

图 2-17　某 110 kV 变电所所用电接线图

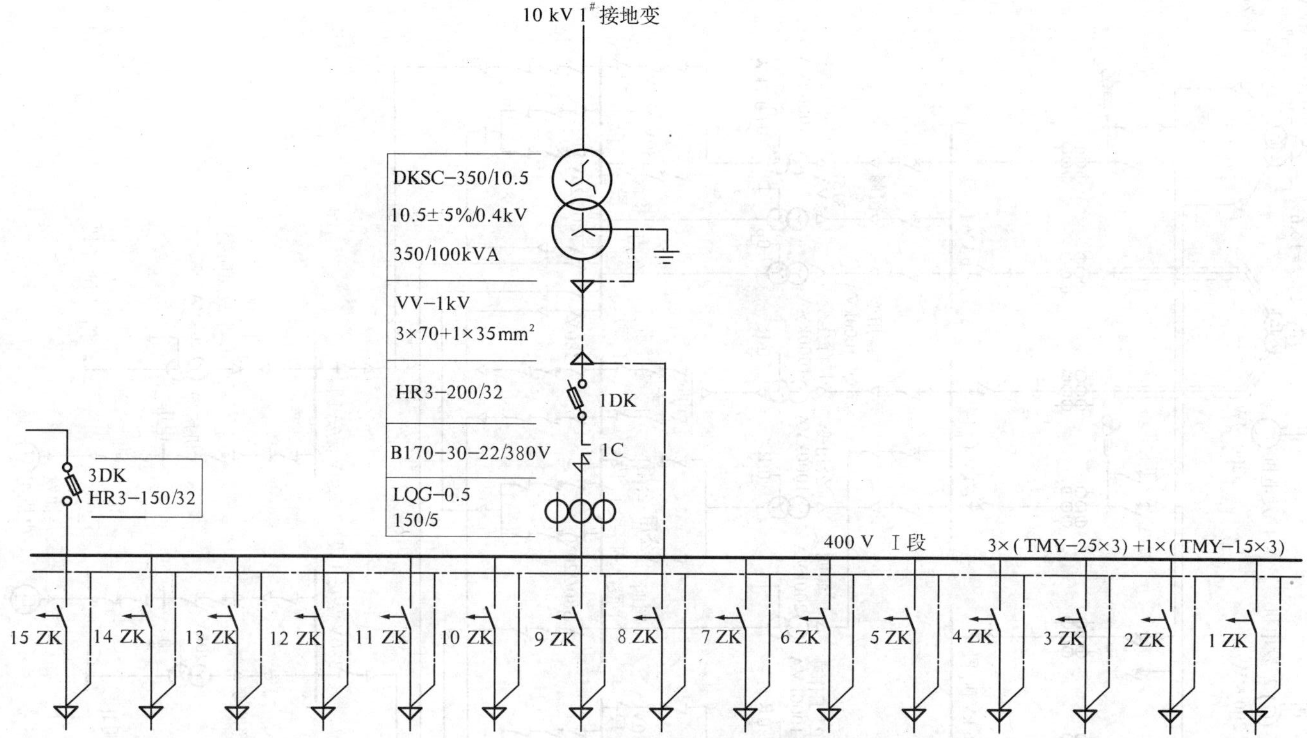

所用电屏（一）														
C45N−40/1P			C45N/NC100H−63/3P											
10 kV 开关柜 操作电源	10 kV 开关柜 闭锁电源	10 kV 开关柜 加热电源	消 防	110 kV 配电装置 操作电源	备 用	1# 主变 中性点刀闸	1# 主变 调压	1# 主变 风冷	二层 检修箱	二层 插座箱	二层 插座箱	二层 照明箱	二层 照明箱	整流装置
DC−125	DC−124	DC−123	DC−122	DC−121	DC−120	DC−119	DC−118	DC−117	DC−116	DC−115	DC−114	DC−113	DC−112	DC−111
20 A	20 A	20 A	50 A	50 A	50A	20 A	20 A	50 A	50A	32 A	32 A	50 A	50 A	50 A
4×4	4×4		详见照明	3×10+1×6		4×4	4×4	3×10+1×6	详见照明	详见照明	详见照明	详见照明	详见照明	3×10+1×6
单相(A相)	单相(B相)	单相(C相)												

续图 2-17

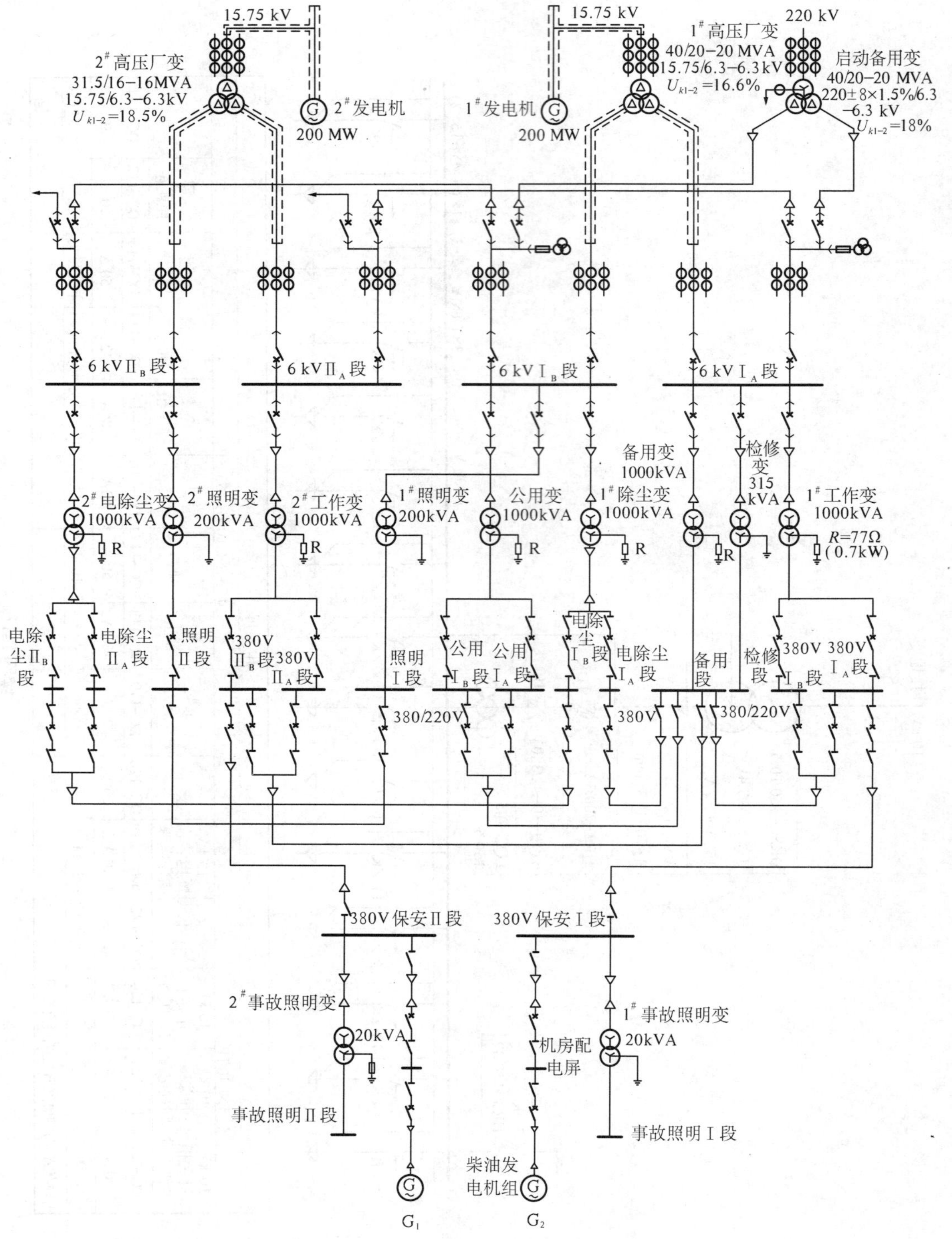

图 2-18　200 MW 机组火电厂厂用电接线图(主厂房部分)

项目3　配电装置及电气总布置图的识读

3.1　本项目工作任务单

任务单	配电装置及电气总布置图的识读
任务一	屋内现场装配式配电装置图的识读
任务二	成套配电装置图的识读
任务三	屋外中型配电装置图的识读
任务四	屋外半高型配电装置图的识读
任务五	屋外高型配电装置图的识读
任务六	电气总布置图的识读
任务描述	
通过本学习项目的学习,要求学员能够: 1. 掌握配电装置的作用、要求和类型及其适用范围; 2. 掌握并会校验安全净距; 3. 识别配电装置布置图中的每一个几何符号代表的设备; 4. 根据配电装置布置图画出相应的主接线图,并说明电能传输过程; 5. 校验配电装置布置图中各安全净距; 6. 根据电气布置图说出主变压器、发电机、升压站的位置,并能分析其布置的合理性。	
引导文	
【基础知识的认知】 1. 什么是配电装置？配电装置有什么作用？ 2. 配电装置分为哪几种类型？ 3. 屋内配电装置有何特点？屋外配电装置有何特点？成套配电装置有何特点？各适用于什么范围？ 4. 对配电装置有什么要求？ 5. 什么是安全净距？ 6. 什么是配电间隔？ 7. 配电装置的部署一般包括哪些内容？ 8. 配电装置的图式有哪两种？各有何主要作用？ 9. 配电装置布置图中标注的尺寸有什么意义？其大小与安全净距有什么关系？ 10. 电气总布置包含哪些内容？ 11. 电气总布置设计的原则是什么？ 12. 发电机出口母线的布置有哪些方式？各适用于什么场合？ 【识图能力训练】 1. 屋内配电装置图的识读; 2. 屋外配电装置图的识读; 3. 电气总布置图的识读。 4. 填写识图分析报告。	

3.2　配电装置的一般问题

3.2.1　配电装置的分类、特点及应用范围

配电装置是发电厂的重要组成部分，是按电气主接线的要求，由开关设备、保护测量电器、母线和必要的辅助建筑物构成的总体装置。正常时用来接收和分配电能，故障时迅速切除故障部分，恢复正常运行。

3.2.1.1　基本要求

对配电装置的基本要求如下。

1. 保证运行的可靠性

正确选择设备，使选用的设备具有合理的技术参数；并且应加强维护、检修、预防性试验以及其他运行操作的安全措施。

2. 保证工作人员的安全

为了保证工作人员安全，应采取一系列措施，例如用隔墙把相邻电路的设备隔开，以保证电气设备检修时的安全；设置遮栏，留出安全距离，以防触及带电部分；设置适当的安全出口；设备外壳和底座都采用保护接地等。此外，在建筑结构等方面还应考虑防火等安全措施。

3. 保证操作、维护的方便性

配电装置的结构应使操作集中，尽可能避免运行人员在操作一个回路时需走几层楼或几条走廊。结构和布置应力求整齐、清晰，便于巡视、检修。此外，还要便于搬运设备。

4. 力求提高经济性

在满足上述要求的前提下，配电装置的结构应力求降低造价，注意节省占地面积，节约钢材、水泥、有色金属等原材料。此外，还应便于施工，节省工时，缩短工期。

5. 具有扩建的可能

要根据发电厂和变电所的具体情况，分析是否有发展和扩建的可能。如有，在配电装置结构和占地面积等方面要留有余地。

3.2.1.2　分类

配电装置按电气设备安装的地点，可分为屋内配电装置和屋外配电装置；按组装的方式，可分为在现场组装而成的装配式配电装置和在制造厂按要求组装成套后运至现场安装使用的成套配电装置。

3.2.1.3　特点

1. 屋内配电装置的特点

(1)由于允许安全净距小，可以分层布置，故占地面积较小；

(2)维修、操作、巡视在室内进行，比较方便，且不受气候影响；

(3)外界污秽空气不会影响电气设备，维护工作可以减轻；

(4)房屋建筑投资较大。但 35 kV 及其以下电压等级可采用价格较低的户内型设备，减少一些设备投资。

2. 屋外配电装置的特点

(1)土建工程量和费用较少,建设周期短;

(2)扩建方便;

(3)相邻设备之间距离较大,便于带电作业;

(4)占地面积大;

(5)设备露天运行条件较差,须加强绝缘;

(6)天气变化对设备维修和操作有较大影响。

3. 成套配电装置的特点

(1)电气设备布置在封闭或半封闭的金属外壳中,相间距离和对地距离可以缩小,结构紧凑,占地面积小;

(2)大大减少现场安装工作量,有利于缩短建设周期,也便于扩建和搬迁;

(3)运行可靠性高,维护方便;

(4)耗用钢材较多,造价较高。

3.2.1.4 应用范围

大、中型发电厂中,35 kV 及其以下的配电装置普遍采用屋内配电装置,成套配电装置也大多放于屋内,110 kV 及其以上多为屋外配电装置。在严重污秽地区,110 kV 甚至个别 220 kV 也有采用屋内配电装置的。

3 ~ 35 kV 高压成套配电装置,广泛应用在大、中型发电厂和变电所中。110 ~ 500 kV 更高电压等级的 SF_6 全封闭组合电器配电装置(GIS),应用也逐渐增多。

表 3-1 列出了各种配电装置的特点及适用范围。

表 3-1　各种配电装置的特点及适用范围

布置形式		特点	适用范围
屋外配电装置	普通中型布置	母线下一般不布置任何电气设备,施工、运行及检修都较方便,但占地面积大	多用于 330 ~ 500 kV 配电装置,土地贫瘠或地震烈度 8 度以上地区的 110 ~ 220 kV 配电装置
	分相中型布置	与普通中型布置不同的是将一组母线隔离开关分解为 A、B、C 三相,每相隔离开关布置在该母线之下,可取消复杂的双层构架,布置清晰,可节约用地 20% ~ 30%	一般地区的 220 kV 配电装置均可采用;因 110 kV 的构架不高,并缺少相应的单柱隔离开关,很少采用分相布置
	半高型布置	抬高母线,在母线下布置断路器、电流互感器及隔离开关等;布置较集中,节省占地面积,但检修条件较差。钢耗量 220 kV 时较普通中型约大 5%,110 kV 时则比普通中型布置节约	用于土地资源紧缺或空间狭窄地方的 110 ~ 220 kV 配电装置,特别是 110 kV 尤宜优先采用
	高型布置	两组母线及两组隔离开关上下重叠布置,节约用地,220 kV 时可节约 50% 左右;布置集中,便于巡视操作,但钢耗量大,施工及检修不便,投资同普通中型布置	用于土地特别紧缺及空间狭窄地方的 110 ~ 220 kV 配电装置

续表 3-1

布置形式	特点	适用范围
屋内配电装置 成套配电装置	显著节约用地,防止污秽空气侵入,但须充分采取防潮、防锈、防止小动物进入等措施;施工复杂,110 kV以上时屋内比屋外造价要高。成套配电装置可靠性高	6～10 kV 因电压较低,广泛采用屋内及成套配电装置;35 kV 一般采用屋内配电装置;2 级以上污秽地区或市区 110 kV 宜采用;技术经济合理时,220 kV 也可采用
SF_6 全封闭组合电器配电装置(GIS)	占地面积大大减小,一般为普通中型布置的 2%～10%;维修工作量少,检修周期长,运行安全,可避免污染及高海拔影响;但投资较高,检修较麻烦	用于大城市中心地区、地下、水电站、用地特别狭窄或环境特别恶劣地区的 110～500 kV 配电装置

3.2.2 配电装置的安全净距

配电装置的整个结构尺寸,是综合考虑设备外形尺寸、检修维护和运输的安全距离等因素而决定的。屋内、屋外配电装置中各有关部分之间的安全净距见表 3-2 和表 3-3,这些距离可分为 *A*、*B*、*C*、*D*、*E* 五类,可参见图 3-1 和图 3-2。

在各种间隔距离中,最基本的是空气中不同相的带电部分之间和带电部分与接地部分之间的空间最小安全净距,即所谓的 *A* 值。在这一距离下,无论在正常最高工作电压或内、外过电压时,都不致使空气间隙击穿。其他电气距离,是在 *A* 值的基础上再考虑一些实际因素决定的。

表 3-2 屋内配电装置的安全净距(不含成套配电装置) (单位:mm)

符号	适用范围	额定电压(kV)									
		3	6	10	15	20	35	60	110J*	110	220J*
A_1	1. 带电部分与接地部分之间; 2. 网状和板状遮栏向上延伸线距地 2.3 m 处,与遮栏上方带电部分之间	75	100	125	150	180	300	550	850	950	1 800
A_2	1. 不同相的带电部分之间; 2. 断路器和隔离开关的断口两侧带电部分之间	75	100	125	150	180	300	550	900	1 000	2 000
B_1	1. 栅状遮栏与带电部分之间; 2. 交叉的不同时停电检修的无遮栏带电部分之间	825	850	875	900	930	1 050	1 300	1 600	1 700	2 550
B_2	网状遮栏与带电部分之间**	175	200	225	250	280	400	650	950	1 050	1 900
C	无遮栏裸导体与地(楼)面之间	2 375	2 400	2 425	2 450	2 480	2 600	2 850	3 150	3 250	4 100
D	平行的不同时停电检修的无遮栏裸导体之间	1 875	1 900	1 925	1 950	1 980	2 100	2 350	2 650	2 750	3 600
E	通向屋外的出线套管至屋外通道的路面	4 000	4 000	4 000	4 000	4 000	4 000	4 500	5 000	5 000	5 500

注:* J 系指中性点直接接地系统。
** 当为板状遮栏时,其 B_2 值可减小 70 mm。

表 3-3 屋外配电装置的安全净距 （单位:mm）

符号	适用范围	额定电压(kV)								
		3~10	15~20	35	60	110J*	110	220J*	330J*	500J*
A_1	1. 带电部分与接地部分之间； 2. 网状和板状遮栏向上延伸线距地 2.5 m 处，与遮栏上方带电部分之间	200	300	400	650	900	1 000	1 800	2 500	3 800
A_2	1. 不同相的带电部分之间； 2. 断路器和隔离开关的断口两侧带电部分之间	200	300	400	650	1 000	1 100	2 000	2 800	4 300
B_1	1. 设备运输时，其外廓与无遮栏带电部分之间； 2. 交叉的不同时停电检修的无遮栏带电部分之间； 3. 栅状遮栏与绝缘体和带电部分之间； 4. 带电作业时的带电部分与接地部分之间	950	1 050	1 150	1 400	1 650	1 750	2 550	3 250	4 550
B_2	网状遮栏与带电部分之间	300	400	500	750	1 000	1 100	1 900	2 600	3 900
C	1. 无遮栏裸导体与地面之间； 2. 无遮栏裸导体与建筑物、构筑物顶部之间	2 700	2 800	2 900	3 100	3 400	3 500	4 300	5 000	7 500
D	1. 平行的不同时停电检修的无遮栏裸导体之间； 2. 带电部分与建筑物、构筑物的边沿部分之间	2 200	2 300	2 400	2 600	2 900	3 000	3 800	4 500	5 800

注：*J 指中性点直接接地系统。

实际工程中所采用的安全距离，通常要大于表 3-2 和表 3-3 中的数据。

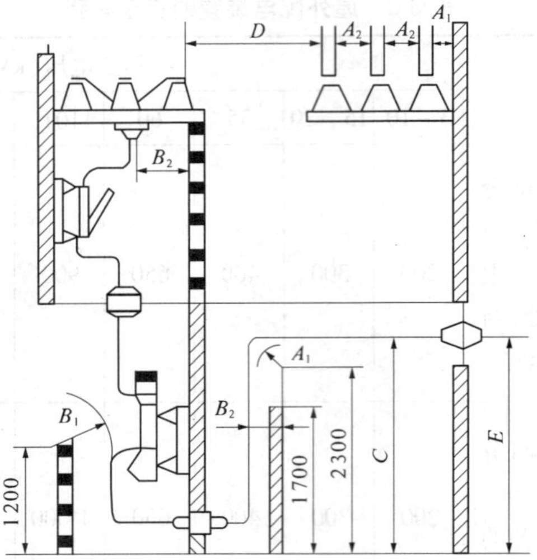

图 3-1　屋内配电装置安全净距校验图　（单位：mm）

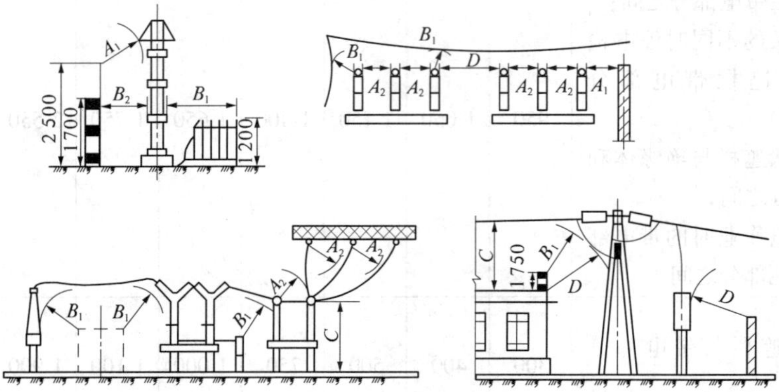

图 3-2　屋外配电装置安全净距校验图　（单位：mm）

3.2.3　配电装置的一般构成方法和图式

3.2.3.1　配电装置的间隔

配电装置是一种积木式的结构，由多个配电间隔（简称间隔，下同）集合而成，故间隔便是配电装置的最小组成部分。根据安全与可靠性要求，间隔之间应具有相对的独立性，即在相邻间隔带电运行的情况下，任一间隔可以停电检修其中的主要电器；一个间隔内发生的故障应被限制在本间隔内，不致蔓延扩大到相邻间隔。

配电装置的间隔大体上对应主接线图中的接线单元。主要的间隔是进、出线间隔（有时总称出线间隔）；还有一些附加间隔，如电压互感器 - 避雷器间隔、母线分段间隔、旁路间隔、熔冰间隔等。主要间隔有时也按回路的性质分为发电机间隔、变压器间隔和线路间隔等。

3.2.3.2 配电装置的部署

配电装置的部署通常包括间隔之间的平面排列、间隔之内的空间分层，以及间隔外的通道走向等。

1. 间隔的排列

将全部配电装置间隔排成一列的叫单列部署，排成两列的叫双列部署。显然，单列部署的配电装置狭而长，双列部署的则短而宽。间隔之间的排列要按照一定的顺序：一要与实际进、出线的地理位置相一致，以免架空输电线路交叉；二要尽量减少汇流母线上的电流分布，以减少母线的发热。

2. 间隔的分层

各间隔内电气设备可以在空间作分层布置。屋内配电装置每个间隔的电气设备可分别布置于单层或双层或三层楼房内。屋外配电装置也可用高层构架将各间隔的电气设备在空间进行重叠分层布置。

3. 通道的走向

根据间隔的排列和分层情况部署通道的位置与走向。

3.2.3.3 配电装置的布置

在完成配电装置部署的基础上，进一步作出其结构性设计。

1. 间隔内布置

将各间隔内部的电气设备、载流导体以及辅助设备与设施（如构架、支架、遮栏、电缆沟、间隔内通道）等，进行布置，确定各种结构与布置尺寸。

2. 间隔外布置

配电装置间隔外部的通道、入口、门洞、吊物孔、电缆沟、房屋或围墙、排水沟等土建设施，总称为间隔外设施，或简称间隔外。它是配电装置的重要组成部分，对配电装置的安全、可靠和方便等性能有一定的影响，并在装置的总建筑面积中占有相当大的比例。

3.2.3.4 配电装置的图式

配电装置的一般构成方法最终要表现在其工程图上，包括部署图、布置图。

1. 部署图

部署图又称为配置图，该图可显示出如下信息：

(1)全部间隔的排列（包括列数和顺序）；

(2)各间隔的一次设备内容（包括规格及数量）与连接；

(3)设备部署的层次；

(4)间隔外的通道。

部署图不要比例，不注尺寸。表示设备用图形符号，其间连接只画单线。它不是视图，而是一种表示配电装置部署的特别示意图，是由主接线图过渡到布置图的中间性环节，供订货和现场布置用。

2. 布置图

这是一种工程视图，按投影原理绘出。要讲究比例，力求从图上准确地反映出布置的实际问题。为减少制图工作量，各种设备尤其是复杂设备的视图可作适当简化，但其外廓尺寸和接线柱位置仍应保持准确的比例关系。布置图上要标注足够的长、宽、高三个方向的主要控制性尺寸。

布置图主要有平面图和断面图,相互配合以显示出整个装置的结构和尺寸。在必要处还可绘出细部大样图,用以显示局部的详细结构。

以上两类图式的具体图样将在配电装置的分类讲解时给出。

3.3 屋内配电装置图的识读

3.3.1 屋内配电装置概述

屋内配电装置的结构除与电气主接线形式、电压等级、母线容量、断路器型式、出线回路数、出线方式、有无电抗器等有密切关系外,还与施工、检修条件、运行经验和习惯有关。随着新设备和新技术的应用及运行、检修经验的不断丰富,配电装置的结构和布置形式也在不断地发展、更新。

屋内配电装置按其布置形式的不同,可分为单层、二层和三层。单层式是把所有的设备布置在一层,占地面积较大,通常采用成套开关柜。二层式是将线路出线电抗器、断路器等较重的电气设备布置在底层,而母线及母线隔离开关等设备布置在上层,占地面积较小,但结构复杂,造价较高。三层式我国已很少采用。

屋内配电装置的布置应注意以下几点:

(1)同一回路的电器和导体应布置在一个间隔内,以保证检修安全和限制故障范围;

(2)尽量将电源进线布置在每段母线的中部,这样使母线截面流过的电流较小;

(3)较重的设备(如电抗器)布置在下层;

(4)要充分利用间隔的空间;

(5)布置对称,便于操作;

(6)容易扩建;

(7)配电装置中须设置必要的通道,用来维护和搬运各种电气设备的通道称维护通道,运行人员对断路器(或隔离开关)进行操作控制的通道称为操作通道,仅和防爆小室相通的通道称为防爆通道;配电装置室内各种通道的最小宽度(净距),不应小于表3-4所示的数值。

表3-4 电装置室内各种通道的最小宽度(净距)　　(单位:m)

通道分类 \ 布置方式	维护通道	操作通道		防爆通道
		固定式	移开式	
一面有开关设备	0.8	1.5	单车长+1.2	1.2
二面有开关设备	1.0	2.0	双车长+0.9	1.2

(8)为了保证工作人员的安全及工作便利,配电室长度大于7m时,应设两个出口(最好设在两端);当长度大于60m时,在中部适当的地方宜再增加一个出口。配电装置室的门应向外开,并应装弹簧锁,相邻配电装置室之间如有门,应能向两个方向打开;

(9)配电装置室应满足“五防一通”要求,即防火、防水、防漏、防雨雪、防小动物侵入及保持良好通风。

3.3.2 屋内配电装置图读图示例

3.3.2.1 某小型变电所的 10 kV 屋内配电装置图

图 3-3 为某小型变电所的 10 kV 屋内配电装置图。

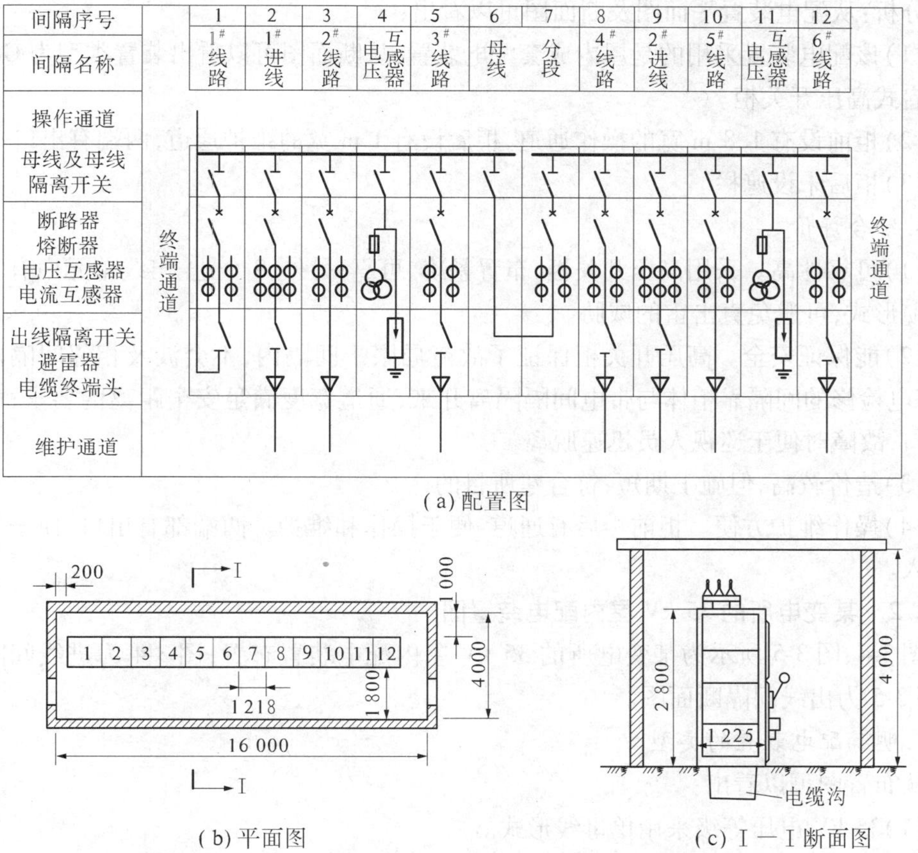

图 3-3 某小型变电所的 10 kV 屋内配电装置图 (单位:mm)

1. 该变电所的基本情况

这是一个 35/10 kV 降压变电所,装有两台 SFL_1 - 10 000 kVA 的主变压器,为某工业区急需供电而设立的,目前正在建设中。

分析:这是一个地方变电所,在系统中地位和重要性一般,对主接线可靠性要求不会很高;该所为某工业区供电,所址离负荷较近,处于城市附近地区,要求工期尽可能短。

2. 该变电所配电装置的总体布置情况

分析:从配电装置配置图上可以看出:

(1)该所采用分段单母线接线,共有 6 个出线(线路)单元,2 个进线(变压器)单元均匀地分布在两段母线上。此外,两段母线之间有分段断路器接线单元,每段母线上都设有电压互感器接线单元,一共 11 个接线单元。除分段单元占两个间隔外,其他每个单元各占一个间隔,共 12 个间隔,各间隔依次排列(注意保证母线上电流分布均匀)。

(2)由于母线上接有架空线路,故每段母线上应设避雷器,避雷器与电压互感器共同布置在一个间隔内。

(3)前后分别设操作通道和维护通道,两端都有出口。

3. 明确配电装置的类型

分析:从配电装置平面图及断面图可以看出:

(1)该配电装置采用的是屋内成套配电装置,从断面图可以看出装置类型为 GG 型固定开启式高压开关柜。

(2)柜前设有 1. 8 m 宽的操作通道,柜后设有 1 m 宽的维护通道,两端有出口。

(3)柜后未设遮栏。

4. 综合评价

(1)可靠性高。采用高压开关柜,布置紧凑、可靠;另外,8 个进、出线单元中有 5 个采用电缆形式,可避免直击雷的威胁。

(2)能保证安全。高压开关柜保证了故障局限于间隔内,不会波及相邻间隔内的设备;停电检修的间隔靠柜体与带电间隔隔离开来;通道宽度满足安全距离的要求;两端设有出口,故障时便于巡视人员迅速脱离。

(3)造价较高,但施工期短,符合建所目的。

(4)操作维护方便。柜前柜后有通道,便于操作和维护。两端都有出口,便于工作人员出入。

3.3.2.2 某变电所的 35 kV 屋内配电装置图

图 3-4、图 3-5 所示为某变电所的 35 kV 屋内配电装置布置,图 3-4 为进线间隔断面图,图 3-5 为出线间隔断面图。

1. 明确配电装置的类型

从布置图可以看出:

(1)35 kV 电压等级采用单母线形式。

(2)该装置为屋内配电装置,单层布置,间隔分为前后两个小间,前部小间布置断路器及其操动机构(两者之间设遮栏)以及隔离开关的操作机构;后部小间从上往下依次分层布置母线、隔离开关和电流互感器。进线间隔和出线间隔的区别在于进出线方向不同,出线小间多一隔离开关。

(3)在后部小间设维护通道,前部小间设操作通道。

2. 综合评价

(1)安全。满足安全距离要求;通道内均有 2 m 高网状遮栏隔离。

(2)可靠性一般。母线与隔离开关之间没有隔板。

(3)经济性较差。断路器选用户外式的,价格较高。

3. 建议

(1)35 kV 断路器改为户内式的,以改善经济性;

(2)在母线与隔离开关之间加隔板,或隔离开关采取防误动措施。

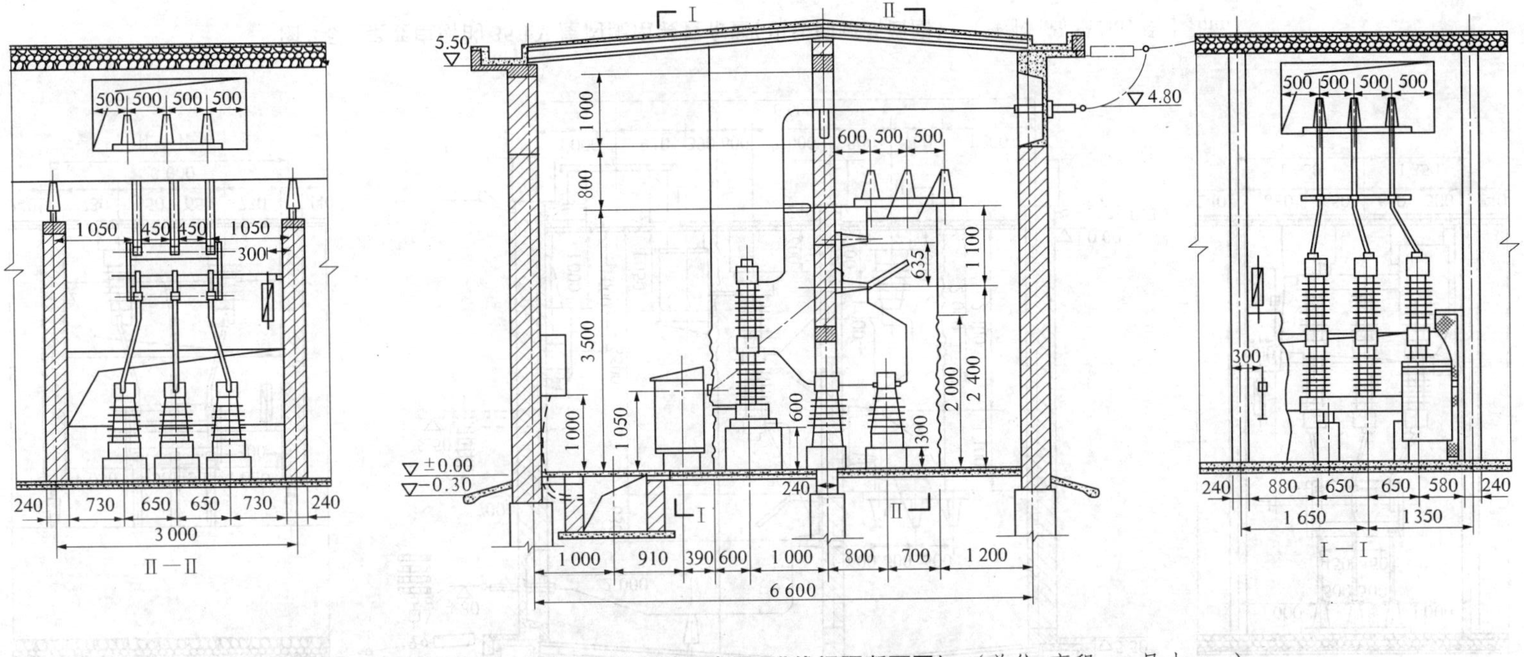

图 3-4　某变电所的 35 kV 屋内配电装置布置(进线间隔断面图)　(单位:高程,m;尺寸,mm)

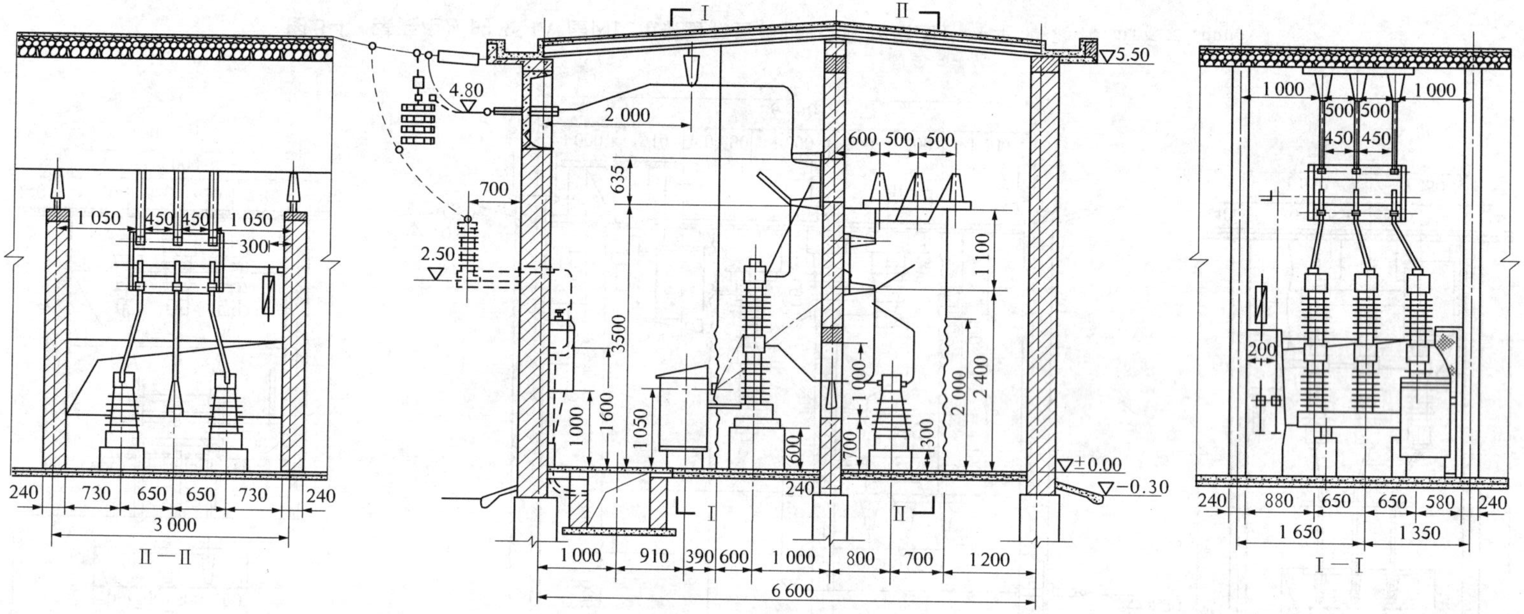

图 3-5　某变电所的 35 kV 屋内配电装置布置(出线间隔断面图)　(单位:高程,m;尺寸,mm)

3.4 屋外配电装置图的识读

3.4.1 屋外配电装置概述

屋外配电装置根据电气设备和母线的布置高度与重叠情况，可分为中型、半高型和高型三种。

中型布置的特点是将所有电器都安装在同一水平面内，并装在一定高度（2～2.5 m）的基础上，以保证地面上的工作人员可以安全活动。

中型布置的优点是：布置比较清晰，不易误操作；运行可靠，施工和维修都较方便；构架高度较低，所用钢材较少，造价低。缺点是占地面积较大。

高型和半高型配电装置的母线与电器分别装在几个不同高度的水平面上，并重叠布置。凡是将一组母线与另一组母线重叠布置的，就称之为高型配电装置。如果仅将母线与断路器、电流互感器等重叠布置，则称为半高型配电装置。高型和半高型配电装置可大量节省占地面积，在 110 kV 及 220 kV 系统中得到了广泛应用。

3.4.2 屋外配电装置图的识读示例

3.4.2.1 某中型火力发电厂 110 kV 屋外配电装置图

图 3-6～图 3-9 所示为某中型火力发电厂 110 kV 屋外配电装置。

1. 该电厂基本情况

该厂有 10 kV、35 kV 和 110 kV 三个电压等级，接线形式分别为分段双母线、分段单母线和带旁路母线的分段单母线，有两台三绕组的主变压器分别与三个电压等级的母线相连。

分析：该电站在系统中的地位比较重要，其 110 kV 线路很可能有重要的穿越功率。

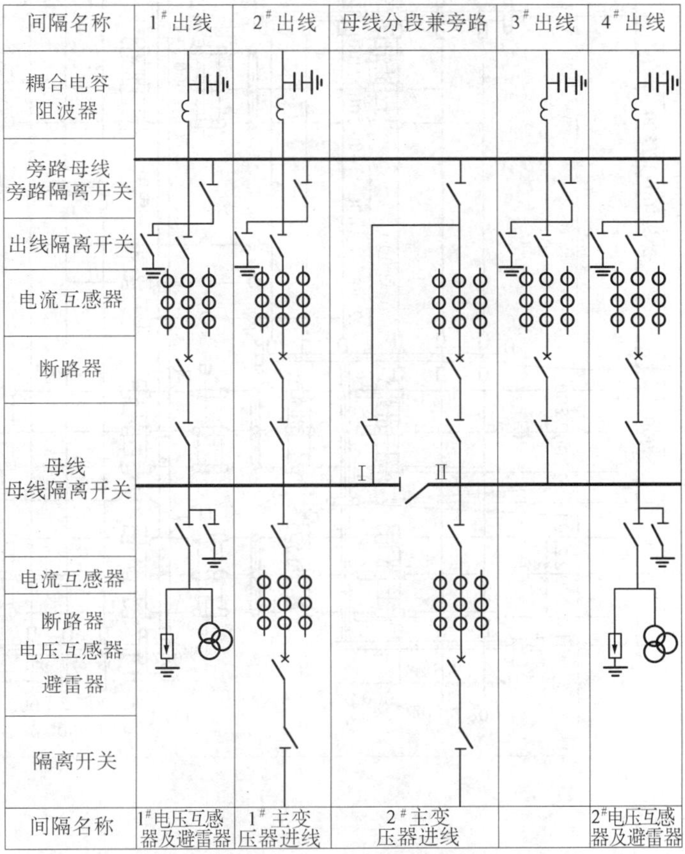

图 3-6　某中型火力发电厂 110 kV 屋外配电装置（配置图）

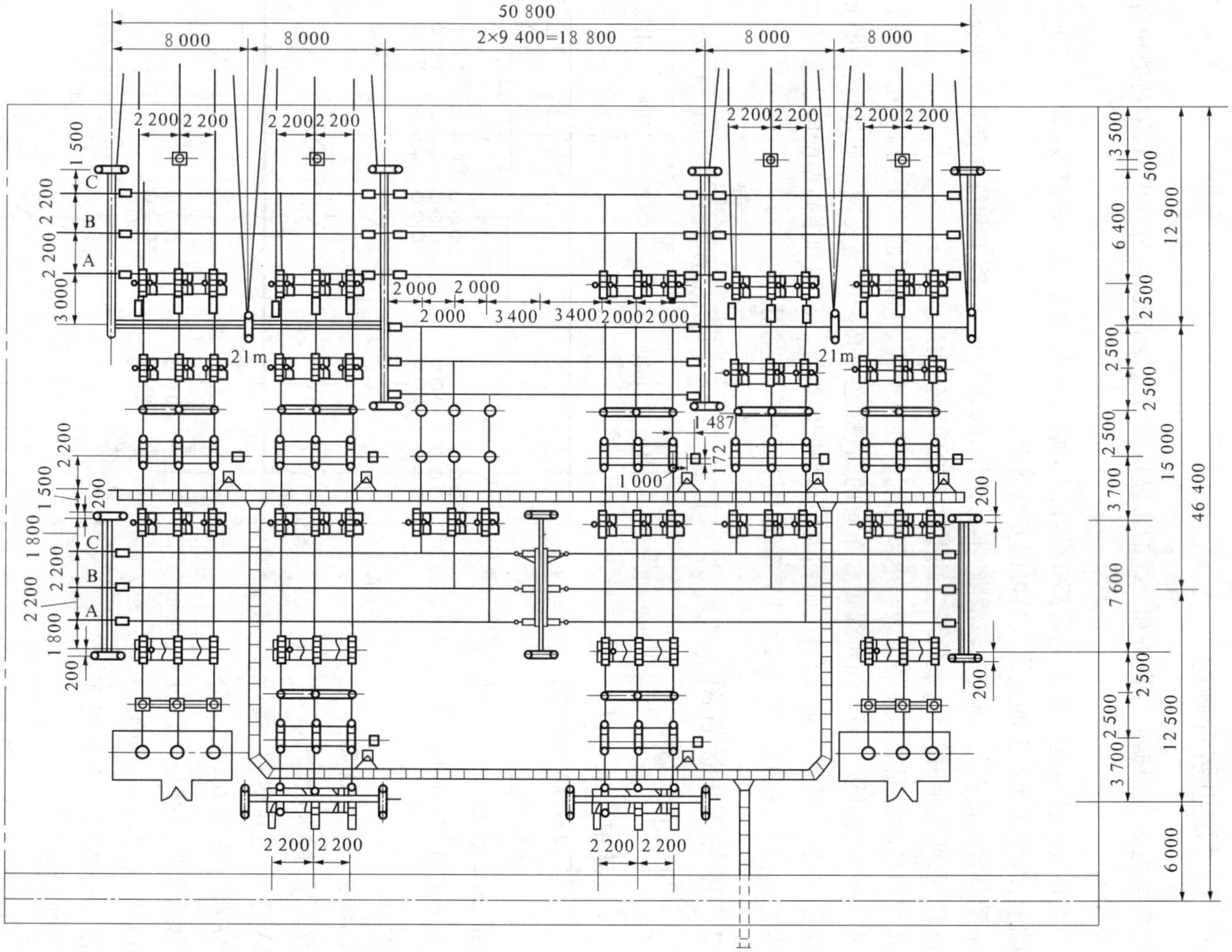

图 3-7　某中型火力发电厂 110 kV 屋外配电装置(平面图)　(单位:mm)

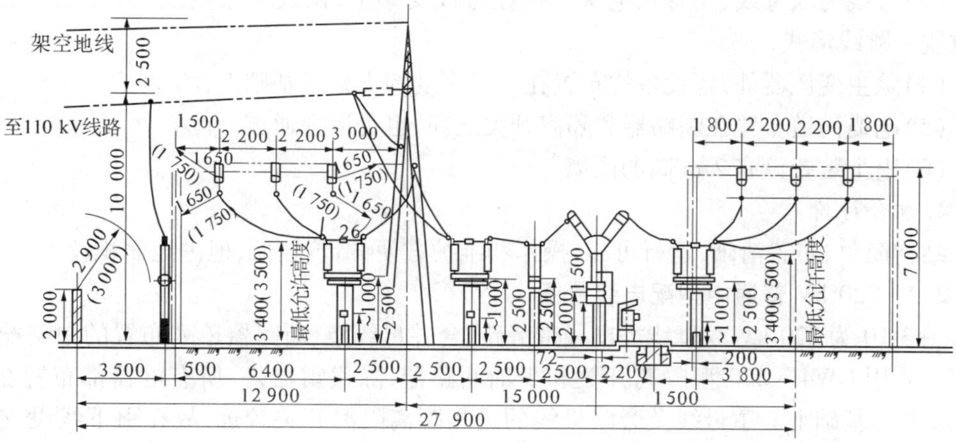

图 3-8　某中型火力发电厂 110 kV 屋外配电装置(出线间隔断面图)　(单位:mm)

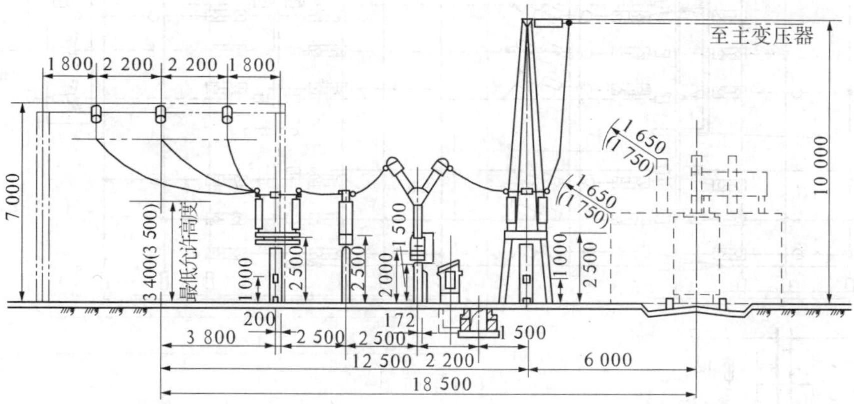

图 3-9　某中型火力发电厂 110 kV 屋外配电装置(变压器进线间隔断面图)　(单位:mm)

2. 弄清 110 kV 配电装置的总体布置

分析:由图 3-6(配置图)可以看出:

(1)该配电装置主接线形式为带旁路母线的分段单母线,有两个主变压器单元,四个出线单元,分段断路器兼旁路断路器单元,两段母线上各一个电压互感器单元。

(2)一共十个间隔,分两列布置,上面一列布置出线和分段单元,下面一列布置主变压器和电压互感器单元。

(3)不同性质的间隔内布置的设备不同。

(4)有一个可作备用间隔。

3. 明确配电装置的类型

分析:由图 3-7 ~ 图 3-9 可以看出:

(1)该装置为中型屋外配电装置;

(2)避雷器周围设带门的遮栏;

(3)母线为软母线,用悬式绝缘子挂在母线支架上,出线为架空线路,变压器采用架空拉线－跳线形式;

(4)除主变压器外,各设备均布置在一定高度的支架或基础上;

(5)电缆沟道布置在断路器和隔离开关之间,也是巡视通道;

(6)整个装置设有 2 m 高的围墙。

4. 综合评价

结构简单,布置清晰,运行可靠,操作和维护方便,造价较低,但占地面积较大。

3.4.2.2　220 kV **普通中型配电装置图**

图 3-10 为 220 kV 双母线进出线带旁路、合并母线架、断路器单列布置的中型配电装置图。采用 GW4－220 型隔离开关和少油断路器,除避雷器外,所有电器都布置在 2～2.5 m 高的基础上。主母线及旁路母线的边相距离隔离开关较远,故在引下线设支柱绝缘子 15。图 3-10 中虚线表示主变压器进线要挑高跨线布置。

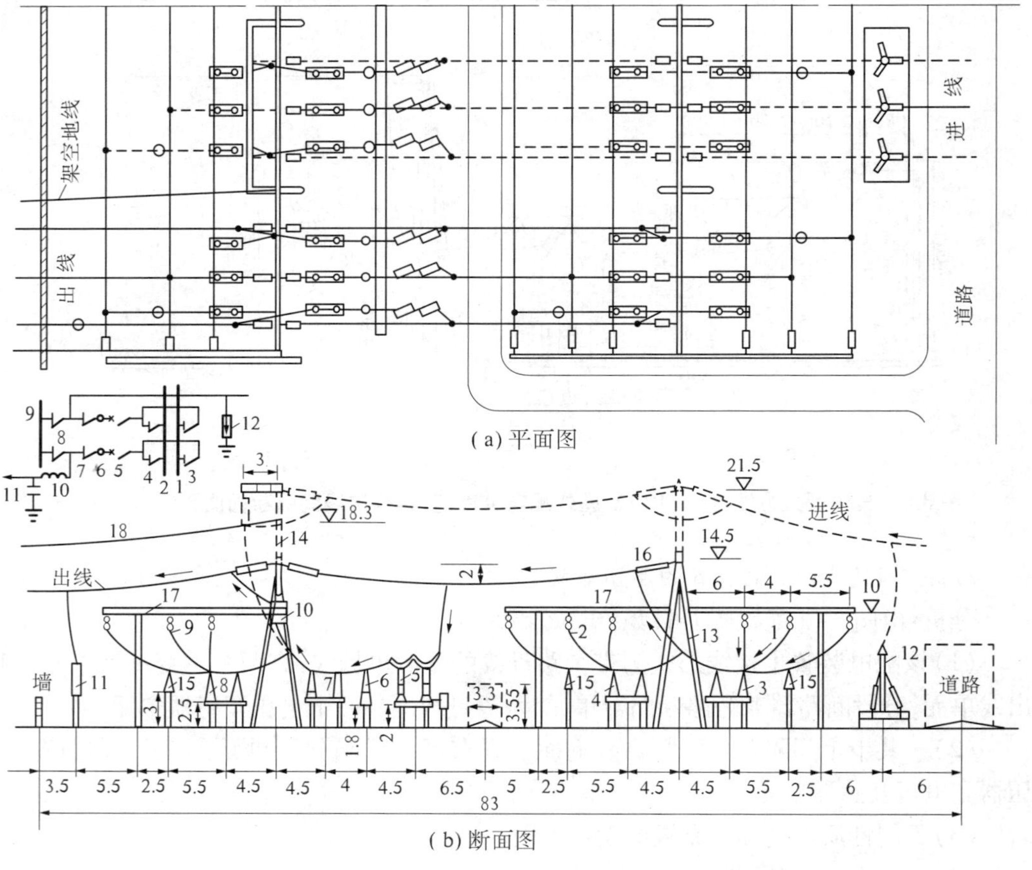

1、2、9—母线Ⅰ、Ⅱ和旁路母线;3、4、7、8—隔离开关;5—少油断路器;6—电流互感器;

10—阻波器;11—耦合电容器;12—避雷器;13—中央门形架;14—出线门形架;

15—支柱绝缘子;16—悬式绝缘子串;17—母线构架;18—架空地线

图 3-10　220 kV 双母线进出线带旁路、合并母线架、断路器单列布置的中型配电装置　(单位:m)

3.5 成套配电装置图的识读

成套配电装置是在工厂中成批生产的，运到现场很快即可投入运行。由专业厂家生产，可保证设备质量可靠，布置紧凑合理，而且可降低成本。其在发电厂和变电所的6 kV、10 kV 及 35 kV 配电装置中得到了广泛应用。

此节仅介绍 SF_6 全封闭组合电器断面图的识读。

图 3-11 所示为 ZF－220 型 SF_6 全封闭组合电器的断面图。从图 3-11 中可以看出，该装置为 220 kV 电压等级装置，采用双母线接线方式，主要设备，如母线、断路器、隔离开关、接地开关、电流互感器等全部封装在密闭的金属外壳内，通过电缆头与外部电路相连。各电器彼此之间也是密封的，用优质环氧树脂盆式绝缘子支撑和隔离。

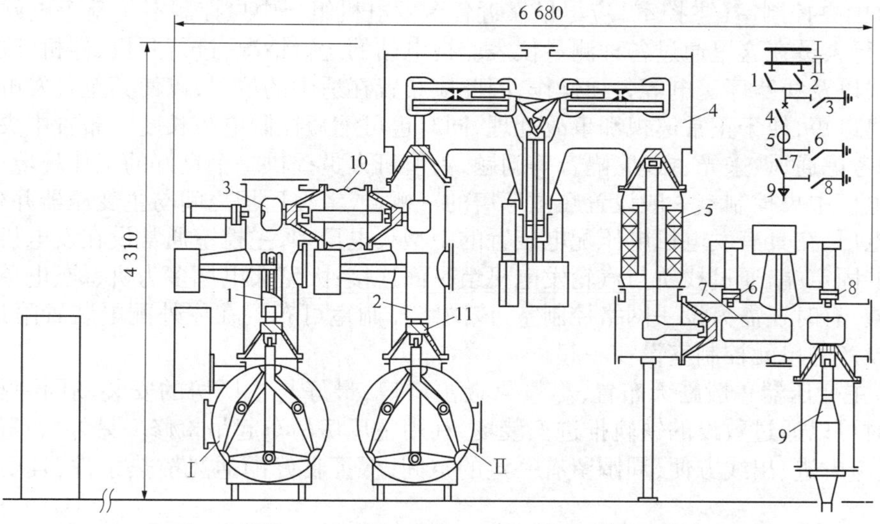

Ⅰ、Ⅱ—主母线；1、2、7—隔离开关；3、6、8—接地开关；4—断路器；
5—电流互感器；9—电缆头；10—伸缩节；11—盆式绝缘子

图 3-11　ZF－220 型 SF_6 全封闭组合电器断面图（220 kV 双母线）　（单位：mm）

SF_6 全封闭组合电器的优缺点如下：

（1）大量节省土地和空间；

（2）运行可靠性极高；

（3）由工厂制造，现场安装快；

（4）检修周期可长达 10 多年；

（5）金属外壳屏蔽作用强，解决了静电感应、噪声和无线电干扰及电动力稳定等问题；

（6）抗震性好；

（7）需专门的 SF_6 检漏仪来加强运行监视；

（8）价格高。

这种组合电器特别适合于城市中心、地下、险峻山区、洞内等空间狭窄的地方以及严重污秽和气候恶劣的地区使用。电压可为 110～500 kV。

3.6 电气总布置图的识读

电气设备的总体布置，必须兼顾发电厂和变电所长期安全运行、巡视维修方便、节省土地和建设费用、施工便利和工作环境良好等各方面要求。由于发电厂在系统中的地位、厂房型式、机组台数、容量以及地形、地质等条件各不相同，因此进行电气设备总体布置设计时，必须根据具体情况，经过深入细致的技术经济比较，才能设计出合理的布置方案。

电气设备总体布置的设计原则如下：

(1)应使电能生产流程各环节(发电机—发电机电压配电装置—升压主变压器—高压配电装置)之间的电气连线尽量短，设备布置尽量紧凑，便于运行人员正常巡视、维护，发生事故时也能迅速及时处理；同时，可以节省母线、电缆及相应的构架、沟道，减少占地面积和空间，也减小电能损耗及发生事故的机会。

(2)中央控制室(主控室)应尽量靠近各台发电机组。中央控制室是整个电站的控制中心，运行人员在这里通过各种测量仪表监视电站的运行情况，进行开机、停机、改变机组运行方式以及线路停送电等各项操作，因此应布置在适中的位置，以使其至各发电机组的平面距离最短，便于正常巡视和事故处理，同时也可缩短控制电缆长度。布置中央控制室时，还需考虑通风、采光、振动、隔音等问题，为值班人员提供一个良好的工作环境。

水电厂中央控制室一般设置在主厂房的一侧，或者在厂坝之间与主变压器并列布置。对于火电厂，在具有发电机电压配电装置的中型火电厂中，主控室通常设在发电机电压配电装置的固定端，通过栈桥与汽轮发电机组平面连接；大型火电厂多为机、炉、电单元集中控制方式，有时还需另设一网络控制室，该网络控制室可布置在屋外配电装置附近，也可与首先投产的单元控制室设在一起。

(3)主变压器一般露天布置，尽量靠近主厂房，最好与主厂房的安装场同一高程，以使检修时可以通过敷设的铁轨推进安装场，利用主厂房吊车起吊检修。另外，布置主变压器时，应考虑进、出线方便，周围留有一定的空间，保证良好的通风散热条件，且要符合防火要求。

(4)必须充分利用地形条件和自然环境，结合电站型式、枢纽布置的特点，使电气设备布置合理，并尽量减少土建工程量。

(5)必须考虑在发电初期尽量避免与施工设施的干扰交叉，必要时还应考虑分期过渡的方案。

3.6.1 发电机出口母线的布置方式

发电机出口母线的重要性是不言而喻的，必须十分可靠而且应具有良好的运行经济性。目前常用的形式有敞露母线桥、组合导线、电缆和封闭母线等，如图3-12、图3-13所示。

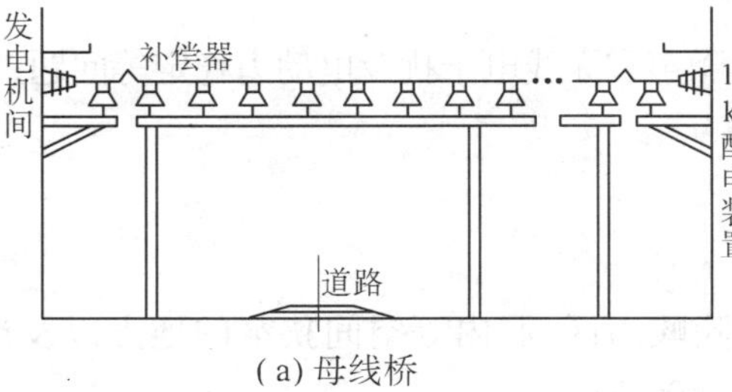

(a)母线桥

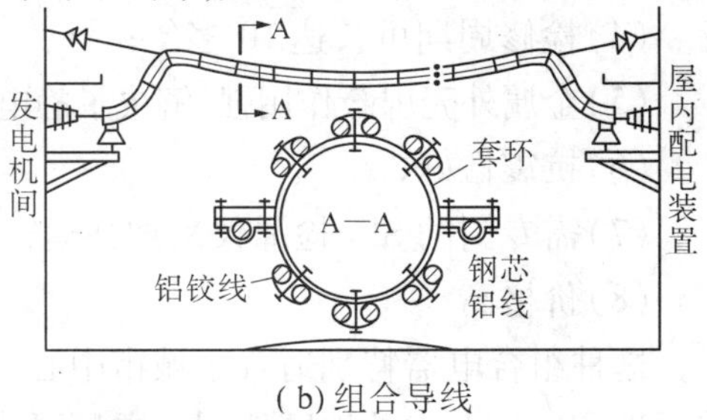

(b)组合导线

图3-12 母线桥及组合导线布置图

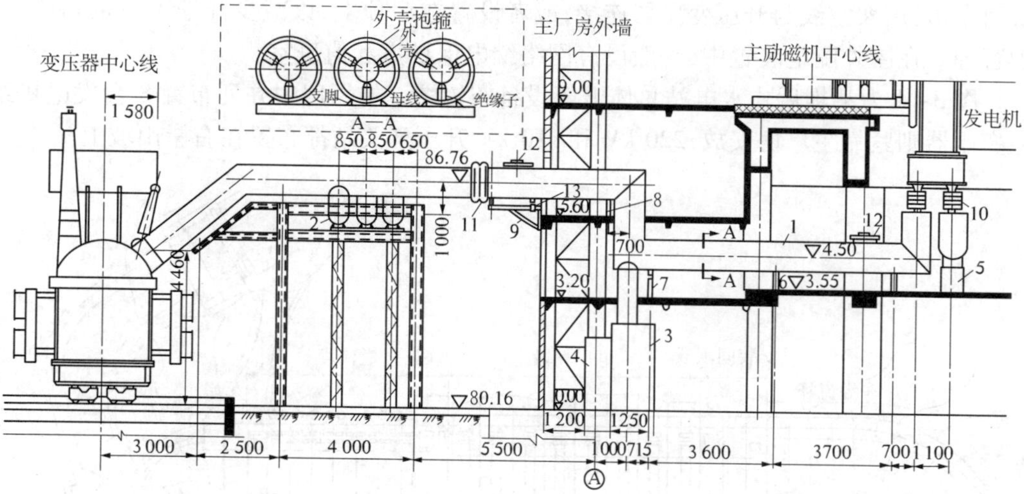

1—发电机主回路封闭母线；2—厂用分支封闭母线；3—发电机出口电压互感器柜；
4—避雷器柜；5—中性点电压互感器柜；6、7、8、9—封闭母线支架；
10—电流互感器；11—波纹管；12—检查孔；13—吸潮器

图 3-13　220 MW 发电机—变压器全链式分相封闭母线布置图　（单位：高程，m；尺寸，mm）

3.6.1.1　敞露母线桥

敞露母线桥一般为矩形或槽形硬铝母线，因电流较大，母线较长，应按经济电流密度选择母线截面。

3.6.1.2　组合导线

组合导线由多根软绞线固定在套环上组合而成，悬吊在发电机间和配电装置外墙（或独立门型架）之间。套环用来使各根导线间保持均匀的距离不致互碰且便于散热，一般每隔 0.5～1 m 设置一个。通常在环的左右两侧采用 2 根钢芯铝绞线承受应力，其余为铝绞线。组合导线有集肤效应小、散热好、运行可靠性高、维护工作量小、投资少等优点，同时也便于跨越厂区道路（跨距可达 30～35 m），适用于 6～125 MW 发电机组的出口。

3.6.1.3　电缆

因电缆价格贵且电缆头易出故障，采用较少，只在小机组（2.5 万 kW 以下）且总体布置无法采用敞露方式时才使用。

3.6.1.4　封闭母线

目前我国 200 MW 及其以上大机组的出口母线均采用全链式封闭母线，图 3-13 为一实例图。

3.6.2　水电站电气设备的布置

水电站的型式较多，一般可分为引水式、河床式、地下式、坝内式和坝后式等，电气设备的布置受地形条件和枢纽布置影响较大。在大、中型水力发电厂中，溢流发电机电压配电装置的位置通常靠近机组，升压变压器装在主厂房上游侧或下游尾水平台上。这样可使主变压器与发电机的连接导线最短。由于水电厂主坝地面狭窄，开关站通常设置在下游河岸边，用架空线与升压变压器连接；或者设置在房顶上，以减少开挖工程量和便于维护管理。在屋外配电装置中，一般设有网络继电保护室和值班室。

图 3-14 为某坝后式水电站总体电气设备布置图。主厂房中并列布置 8 台发电机组，主变压器则紧靠主厂房安放，220 kV 和 110 kV 升压开关站都布置在右岸山坡上。

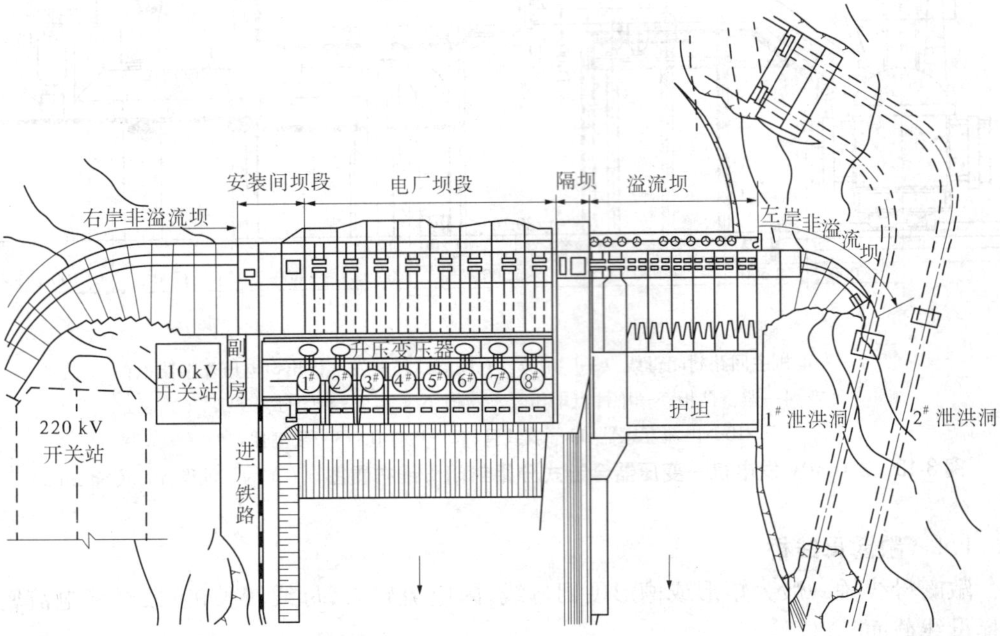

(a) 俯视图

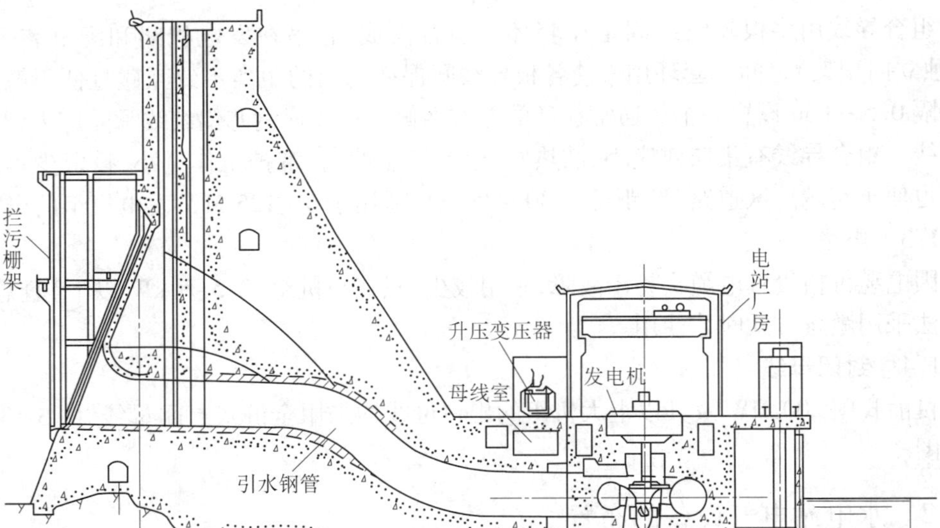

(b) 剖面图

图 3-14　某坝后式水电站总体电气设备布置图

3.6.3 火电厂电气设备的布置

火电厂电气设备的布置应注意以下几点：

(1)发电机电压配电装置应靠近发电机。在中等容量发电厂中，发电机电压配电装置紧靠中央控制室，通常与主厂房相隔一段距离，此距离取决于循环水进水、排水管道和道路的布置。此时，中央控制室与主厂房采用栈桥连接，既使人员来往方便，也有助于减小中央控制室的噪声。

(2)升压变压器应尽量靠近发电机电压配电装置。在大型电厂中多采用发电机—变压器单元接线，若没有发电机电压配电装置，则主变压器应靠近发电机间，以缩短封闭母线的长度。

(3)升压开关站的位置，应保证高压架空线引出方便。

(4)主变压器和屋外配电装置，应设在晾水塔(喷水池)在冬季时主导风向的上方，且在储煤场和烟囱常年主导风向的上方，并要保持规定的距离，尽量减少结冰、灰尘和有害气体的侵害。

图 3-15 为火电厂电气设备布置示例。

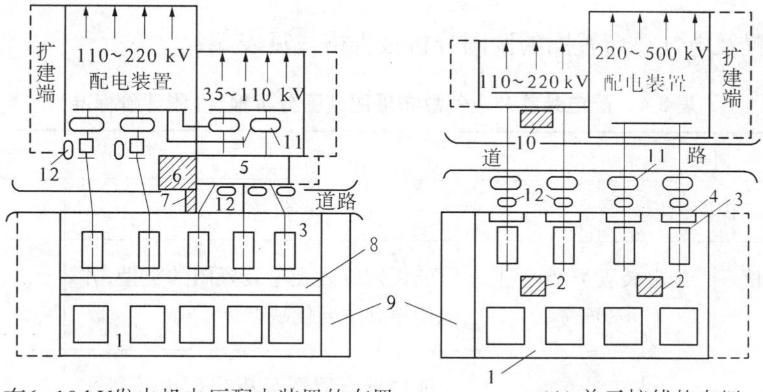

(a) 有6~10 kV发电机电压配电装置的布置　　(b) 单元接线的布置

1—锅炉房；2—机、电、炉集控室；3—汽机间；4—6～10 kV 厂用配电装置；
5—6～10 kV 发电机电压配电装置；6—电气主控制室；7—天桥；8—除氧间；
9—生产办公楼；10—网络控制室；11—主变压器；12—高压厂用变压器

图 3-15　火电厂电气设备布置示例

3.6.4 变电所电气设备总体布置

图 3-16 所示为某 220/110/10 kV 变电所总布置图。10 kV 屋内配电装置与控制楼相连，220 kV 和 110 kV 屋外配电装置并排一列布置，一台三绕组主变压器居中间露天放置(以后扩建再增加一台主变压器)。

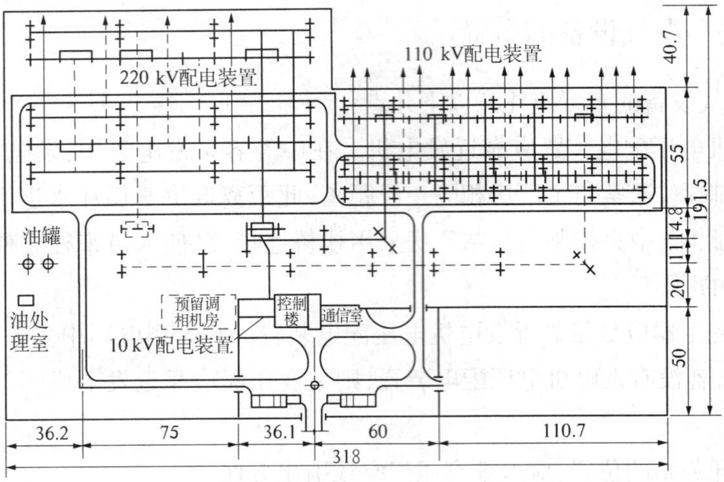

图 3-16　220/110/10 kV 变电所总布置图　（单位:m）

3.7　读图分析报告格式(附评价标准)

配电装置及电气总布置图的读图分析报告格式见表 3-4。

表 3-4　配电装置及电气总布置图读图分析报告(附评价标准)

图　名			
识图内容		评价标准	评价得分
基本项目识读（20%）	配电装置类型识别（20%）	能识别所读配电装置图的类型,并能说出其主要优缺点	
配电装置图的识读（60%）	主接线方案（20%）	能根据布置图分析出配电装置采用的主接线形式,并画出电路图	
	电气设备的检查（10%）	能识别每一个几何图形所表示的电气设备	
	设备的连接情况（10%）	能根据布置图说明各电气设备之间是如何连接的	
	电能的传输去向（20%）	能根据电气布置图说明电能的接收、汇集、分配情况	
综合评价（20%）	综合评价（20%）	能从可靠性、安全性、方便性、经济性等方面给予评价	

3.8　读图练习

(1)识读图 3-17 所示屋内配电装置图。

(2)识读图 3-18 所示屋外配电装置图。

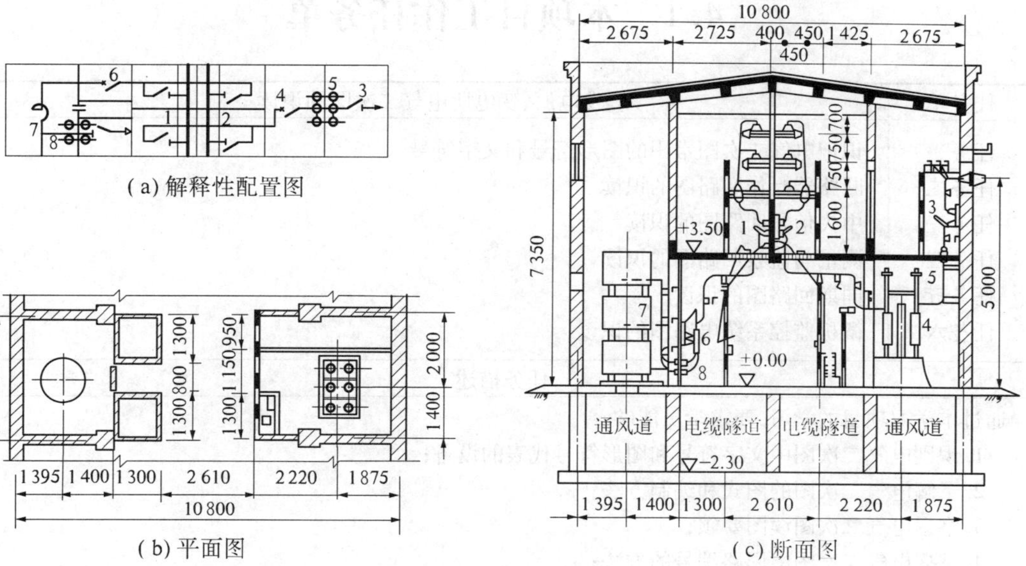

(a) 解释性配置图　(b) 平面图　(c) 断面图

1、2、3—隔离开关;4—少油断路器($SN_{10}-10$);5、8—电流互感器;

6—少油断路器(SN_4-10G);7—电抗器

图 3-17　二层二通道、双母线、电缆出线带电抗器的 6 ~ 10 kV 屋内配电装置　(单位:mm)

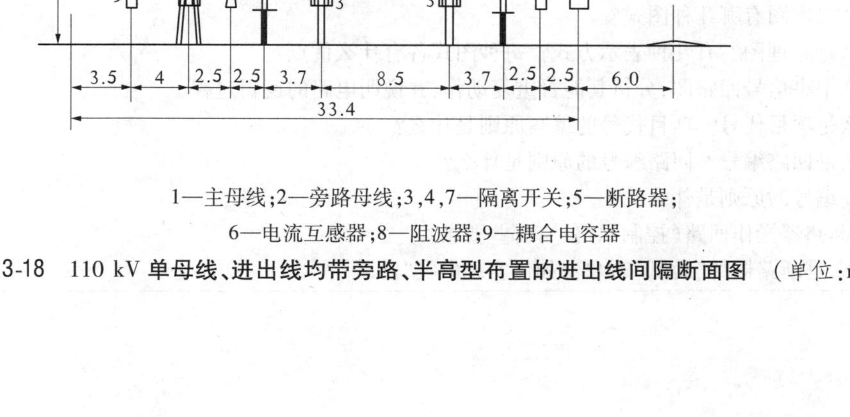

1—主母线;2—旁路母线;3,4,7—隔离开关;5—断路器;

6—电流互感器;8—阻波器;9—耦合电容器

图 3-18　110 kV 单母线、进出线均带旁路、半高型布置的进出线间隔断面图　(单位:m)

项目4　发电厂、变电所电气二次图的识读

4.1　本项目工作任务单

任务单	发电厂、变电所电气二次图的识读
任务一 任务二 任务三 任务四 任务五 任务六	识记电气二次图常用的图形符号和文字符号 断路器操作回路图的识读 中央信号回路图的识读 测量与监察回路图的识读 同期回路图的识读 微机监控系统电路图的识读
任务描述	
通过本学习项目的学习，要求学员能够： 1. 识别电气二次图中文字符号和图形符号代表的设备； 2. 了解电气二次图的图式和编制方法； 3. 掌握电气二次图读图要领； 4. 掌握电气二次图中回路编号的方法； 5. 识读断路器操作回路图，分析电路实现的功能，并说明每一种功能的逻辑过程； 6. 识读中央信号回路图，分析电路复归、重复动作等特性及装置启动、试验、光字灯检查的电路逻辑过程； 7. 识读测量回路，掌握每种仪表的接线方法和读数的意义； 8. 识读绝缘监察回路图，掌握电路的功能和表计切换及表计读数的意义； 9. 识读同期回路图，分析同期方式、同期点、同期电压的引入，掌握同期方法； 10. 识读微机监控系统电路图，熟悉其系统组成。	
引导文	
【基础知识的认知】 1. 什么是电气二次系统？二次系统在电力生产过程中主要起什么作用？ 2. 二次设备主要有哪些？ 3. 电气二次图常用的文字符号和图形符号有哪些？ 4. 电气二次图有哪几种图式？ 5. 什么是原理图？有几种表示方式？每种图式各有什么优点？ 6. 识读中央信号回路图，分析其能否重复动作，并说明电路的逻辑过程。 7. 什么是项目代号？项目代号的编写原则是什么？ 8. 什么是回路编号？回路编号的原则是什么？ 9. 电缆编号的原则是什么？ 10. 对断路器操作回路（控制回路）有哪些要求？ 11. 什么是断路器的“跳跃”现象？如何实现电气“防跳”？	

12. 跳跃闭锁继电器为什么要有两个线圈？
13. 操作回路中的红绿灯发平光和闪光各有何意义？
14. 什么是中央信号？
15. 音响信号装置一般用什么二次设备实现？有什么工作特点？
16. 中央复归、重复动作是什么含义？
17. 事故音响电路是如何启动和复归的？
18. 如何检查光字灯的完整性？
19. 电流表、电压表应如何接入被测电路？
20. 如何扩大交流电流表、电压表量程？
21. 如何用有功功率表测量三相有功功率和无功功率？
22. 如何用电能表测量三相有功电能和无功电能？
23. 为什么要装设交流绝缘监察装置？
24. 交流绝缘监察装置为什么能反映一次电路发生了单相接地故障？
25. 监察装置动作会有什么结果？运行人员应如何处理？
26. 什么是同期操作？同期并列应满足什么条件？
27. 设置同期点的原则是什么？
28. 同期方式有哪些？
29. 同期电源是如何引入的？
30. 为什么要使用转角变压器？哪些同期点电压的引入需要通过转角变压器？
31. 同期检查继电器有什么作用？
32. 同期闭锁开关有什么作用？什么情况下要使用同期闭锁开关？
33. 什么是微机监控系统？有什么优点？
34. 实时控制方式有哪几种？

【识图能力训练】

1. 断路器操作回路图的识读；
2. 中央信号回路图的识读；
3. 测量与监察回路图的识读；
4. 同期回路图的识读；
5. 微机监控系统电路图的识读；
6. 填写识图分析报告。

4.2 阅读电气二次图的一般知识

发电厂、变电所中，除电气一次设备外，还有大量的电气二次设备。对电气一次设备、机械设备进行监测、控制、保护、信号传输、自动调节等功能的辅助电气设备，称为二次设备。由二次设备所组成的低压回路称为二次回路，包括交流电流回路、交流电压回路、断路器控制和信号回路、继电保护回路、自动装置回路等。用二次设备的图形符号和文字符号，表明二次设备互相连接关系的电气接线图称为二次接线图。

4.2.1 电气二次图中常用的文字、图形符号

4.2.1.1 电气二次图中常用的图形符号

常用的开关、控制和保护装置新旧图形符号对照见附录1。

常用的测量仪表、灯和信号器件的新旧图形符号对照见附录2。

4.2.1.2 电气二次图中常用的文字符号

电气二次回路中常用的文字符号见附录3。

4.2.2 电气二次图的图式

按照旧标准，电气二次图分为原理图（包括归总式原理图、展开式原理图）、屏面布置图、屏后接线图和端子排图。而按照新标准，二次图分为原理图、位置图及接线图（表）三类。这三类图通过项目代号联系并统一起来。

下面以 10 kV 线路过电流保护装置（GC5 – 10F 型开关柜成套装置）为例，说明原理图的表示方法，位置图及接线图（表）将在本书项目 8 中讲述。

4.2.2.1 原理图的表示方法

原理图是用统一规定的图形符号及相应的文字符号和数字符号绘制而成的，并按照工作顺序排列，详细表示电路、设备或成套装置的全部组成和连接关系，而不考虑实际位置的一种电路图。原理图便于详细了解电路的作用原理，分析和计算电路的特性。表示的方法有集中表示法、半集中表示法和分开表示法，允许将半集中表示法与分开表示法结合使用。10 kV 线路过电流保护原理图的三种表示法如图 4-1 所示。

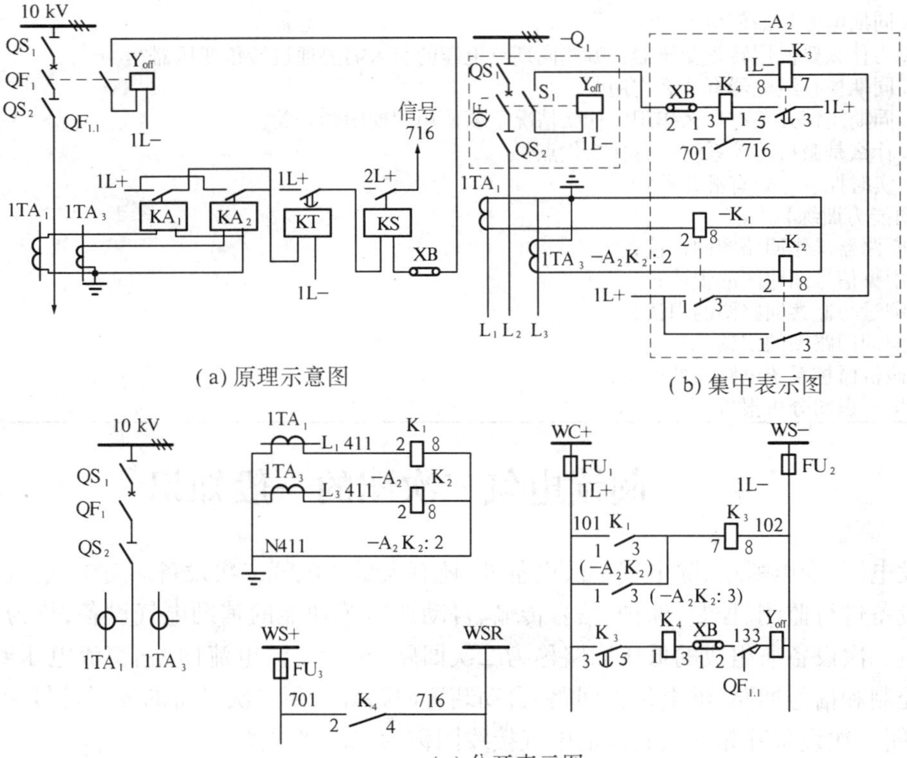

(a) 原理示意图

(b) 集中表示图

(c) 分开表示图

设 备 表

符 号	名 称	型 号	数 量	备 注
KA_1、KA_2	电流继电器	DL – 11/10	2	
KT	时间继电器	DS – 112/220	1	
KS	信号继电器	DX – 11/1	1	装屏面
XB	连接片	YY_1 – D	1	
FU_1、FU_2	熔断器		2	装屏侧

图 4-1　10 kV 线路过电流保护原理图

4.2.2.2 项目代号

原理图中,除用图形符号表示各元(器)件及其相互连接关系外,还需要表示各元(器)件的名称、功能、状态、特征、相互关系、安装位置等,这就要借助于文字符号和项目代号。

所谓项目是指用图形符号和文字符号表示的基本部件、组件、功能单元、设备、系统等,其种类如组件或部件(A)、线路(W)、继电器(K)、开关电路(Q)、控制开关或按钮(S)、变压器(T)及端子(X)等。在原理图中,根据需要,在各项目的图形符号旁应注明不同层次的代号,用以识别图、图表、表格中和设备上的项目种类,并提供项目的层次关系、实际位置等信息,这就是项目代号。

一个信息完整的项目代号由 4 个代号段组成,并以前缀符号区分各段,详见图 4-2(a)。

项目代号

段号	第一段	第二段	第三段	第四段
	高层代号	位置代号	种类代号	端子代号
前缀	=	+	−	:

(a) 项目代号结构及前缀符号

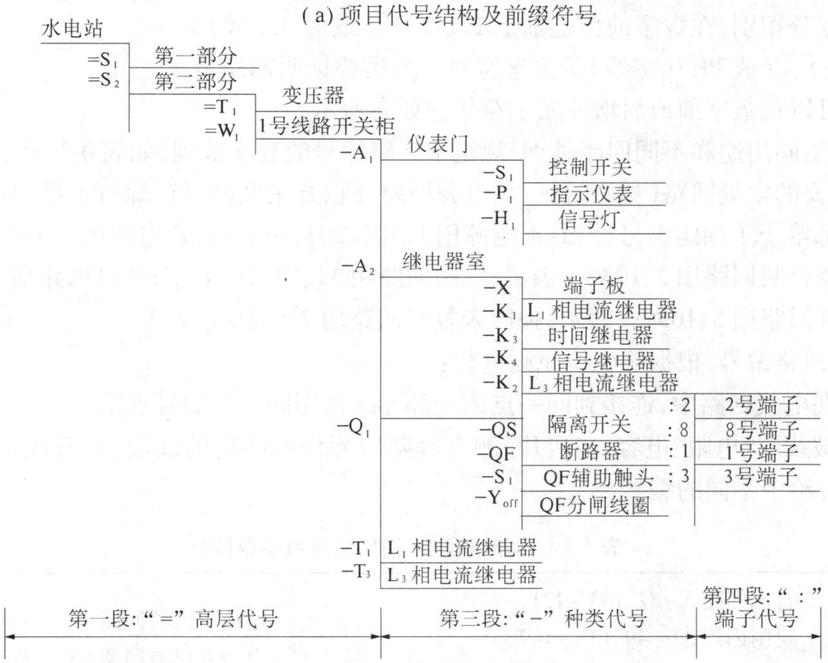

(b) 图4-1(b)的项目代号结构分解图

图 4-2 项目代号结构、前缀符号及其分解图

针对图 4-1(b)虚线框图和 10 kV 线路过电流保护原理图中线路开关柜继电器室内的 2 号继电器(L_3 相的电流继电器),图 4-2(b)将其项目代号的结构形式进行了分等说明。由于该继电器 K_2 属于水电站的第二部分的 1 号线路开关柜,则第一段高层代号表示为“$=S_2W_1$”;该 1 号线路开关柜布置在 10 kV 开关室中的 3 号间隔,而该继电器是安装在开关柜上编号为 2 的部件 A_2 内(即继电器室内)的 2 号继电器,故它的第二段位置代号表示为“+322”;因该继电器 K_2 位于继电器室(A_2)内,则由第三段种类代号“$-A_2K_2$”

表示;要进一步表示继电器 K_2 的 2 号端子,则由第四段端子代号“:2”表示。这样 L_3 相电流继电器 K_2 的 2 号端子在图中完整的复合项目代号应为:$=S_2W_1+322-A_2K_2:2$。

根据详略需要,在一张图上的某一项目代号不一定都具有 4 个代号段,如图 4-1(b)中,不需要了解设备的实际安装位置时,则可省掉位置代号;由于图中所有项目的高层代号都为“$=S_2W_1$”,还可省掉高层代号,并加以说明。此时复合项目代号可简化为:$-A_2K_2:2$。

为使图纸简洁、清晰,方便分析回路原理,本书将项目代号简化为仅在图形符号旁标注文字符号和数字(该元器件的接线端子号)。

4.2.2.3 回路编号

为方便了解回路的性质和用途,区分回路功能,如直流回路、交流回路,以及进行安装、施工和运行、检修等,在原理图中,还要对各个回路进行编号(标号),即用一定的编号来代表二次设备(或元器件)间的某一连接。要求回路编号简单、易记、通俗、清晰。

二次回路编号是按用途分组的,每组给以一定的数字范围。回路编号一般由三位及三位以下的数字组成,对于交流回路,为了区分相别,在数字前面还加上 L_1、L_2、L_3(或 U、V、W)、N(中性线)、Z(或 PE)(零线)等文字符号。当需要标明回路特征时,也可以在数字前或后增注文字符号。如右所示:

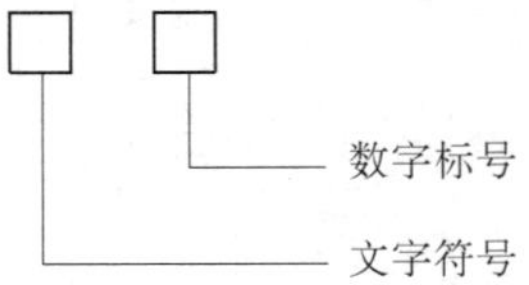

对于不同用途和不同回路类别,规定了回路编号的数字范围,如表 4-1 所示。对于一些比较重要的常见回路(如直流正、负电源回路,跳、合闸回路,红、绿灯回路,掉牌未复归回路等)都给予了固定编号。如:正电源用 1、101、201、…表示,负电源用 2、102、202、…表示;断路器合闸回路用 3、103、…表示,跳闸回路用 33、133、…表示;红灯回路用 35、135、…表示,绿灯回路用 5、105、…表示;掉牌未复归回路用 716 表示,等等。

二次回路编号,根据等电位原则进行:

(1)在电气回路中,连接到同一点的全部导线都用同一个编号表示。

(2)被线圈、电阻、电容、连接片、触点等降压元件所间隔的线段,要看成是不同电位的线段,应给予不同的编号。

表 4-1　回路编号组(回路编号数字范围)

直流回路	合闸回路 3～31,103～131,… 跳闸回路 33～49,133～149,… 保护回路 1～99 控制回路 1～599 信号回路 701～999	交流回路	电流互感器回路 401～599 电压互感器回路 601～799 (交流操作回路 1～99) 控制、保护及信号回路 1～399

直流回路编号方法是:直流正极回路的线段按奇数顺序编号,负极回路的线段按偶数顺序编号,回路经过主要的降压元件(如线圈、电阻、电容等)后,回路编号也随之改变。从正电源开始,以奇数顺序编号,直到最后一个有压降的元件为止。如果最后一个有压降的元件后面不是直接连在负极上,而是通过连接片、开关或继电器的触点接在负极上,则下一步应从负极开始,以偶数顺序逆向编号至上述已有编号的接点为止。

直流回路的数字标号组见表 4-2 所示。

表 4-2 直流回路的数字标号组

回路名称	数字标号组			
	一	二	三	四
正电源回路	1	101	201	301
负电源回路	2	102	202	302
合闸回路	3 ~ 31	103 ~ 131	203 ~ 231	303 ~ 331
绿灯或合闸回路监视继电器回路①	5	105	205	305
跳闸回路	33 ~ 49	133 ~ 149	233 ~ 249	333 ~ 349
红灯或跳闸回路监视继电器回路①	35	135	235	335
备用电源自动合闸回路②	50 ~ 69	150 ~ 169	250 ~ 269	350 ~ 369
开关设备的位置信号回路	70 ~ 89	170 ~ 189	270 ~ 289	370 ~ 389
事故跳闸音响信号回路	90 ~ 99	190 ~ 199	290 ~ 299	390 ~ 399
保护回路	1 ~ 99			
发电机励磁回路	601 ~ 699			
信号及其他回路	701 ~ 799			
信号回路“ + ”电源 WS +	701、703、705			
信号回路“ - ”电源 WS -	702、704、706			
事故跳闸小母线 WFA	707、708			
预告信号小母线 WAS	709、710、711、712			
掉牌未复归小母线 WSR	716			

注:①对接于断路器控制回路内的红灯和绿灯回路,如直接自控制回路电源引线,该回路可标注与控制回路电源相同的标号。

②在没有备用电源自动投入装置的安装单位接线图中,标号 50 ~ 69 可作为其他回路的标号,但当回路标号不够用时,可以向后递增。

表 4-2 中的“一、二、三、四”表示四个标号组,每一组用于由一组熔断器引出的控制回路编号,例如对于变压器,高低压侧各装有一台断路器,其符号分别为 1QF 和 2QF,而对每一台断路器的控制回路应取相对应的编号,对 1QF 取 101 ~ 199 ,对 2QF 取 201 ~ 299。

交流回路的编号方法是:除用三位数字外,在数字前面还加有表示相别的文字符号 L_1、L_2、L_3(或 U、V、W)、N、Z 等。交流电流回路使用的数字范围是 401 ~ 599,交流电压回路使用的数字范围是 601 ~ 799。它们都是以 10 位数字为一组。回路使用的标号组,应尽量与互感器文字符号的“数字序号”相对应。例如,在水轮发电机回路上装设有两组电流互感器,其中一组供继电保护用,符号为 1TA;另一组供测量表计用,符号为 2TA,则对 1TA 的回路编号应取 $L_1$411 ~ $L_1$419,$L_2$411 ~ $L_2$419,$L_3$411 ~ $L_3$419,N411 ~ N419;对 2TA 应取 $L_1$421 ~ $L_1$429,$L_2$421 ~ $L_2$429,$L_3$421 ~ $L_3$429,N421 ~ N429 ;其余类推。同理,电压互感器 1TV 的回路编号为 $L_1$611 ~ $L_1$619、…;对 2TV 的回路编号为 $L_1$621 ~ $L_1$629、…。交流回路数字标号组如表 4-3 所示。

表 4-3　交流回路数字标号组

回路名称	互感器的文字符号及电压等级	回路标号组				
		L_1(U)相	L_2(V)相	L_3(W)相	中性线	零线
保护装置及测量表计的电流回路	TA 1TA 2TA ⋮ 9TA 10TA ⋮ 19TA	$L_1$401 ~ $L_1$409 $L_1$411 ~ $L_1$419 $L_1$421 ~ $L_1$429 ⋮ $L_1$491 ~ $L_1$499 $L_1$501 ~ $L_1$509 ⋮ $L_1$591 ~ $L_1$599	$L_2$401 ~ $L_2$409 $L_2$411 ~ $L_2$419 $L_2$421 ~ $L_2$429 ⋮ $L_2$491 ~ $L_2$499 $L_2$501 ~ $L_2$509 ⋮ $L_2$591 ~ $L_2$599	$L_3$401 ~ $L_3$409 $L_3$411 ~ $L_3$419 $L_3$421 ~ $L_3$429 ⋮ $L_3$491 ~ $L_3$499 $L_3$501 ~ $L_3$509 ⋮ $L_3$591 ~ $L_3$599	N401 ~ N409 N411 ~ N419 N421 ~ N429 ⋮ N491 ~ N499 N501 ~ N509 ⋮ N591 ~ N599	Z401 ~ Z409 Z411 ~ Z419 Z421 ~ Z429 ⋮ Z491 ~ Z499 Z501 ~ Z509 ⋮ Z591 ~ Z599
保护装置及测量表计的电压回路	TV 1TV 2TV	$L_1$601 ~ $L_1$609 $L_1$611 ~ $L_1$619 $L_1$621 ~ $L_1$629	$L_2$601 ~ $L_2$609 $L_2$611 ~ $L_2$619 $L_2$621 ~ $L_2$629	$L_3$601 ~ $L_3$609 $L_3$611 ~ $L_3$619 $L_3$621 ~ $L_3$629	N601 ~ N609 N611 ~ N619 N621 ~ N629	Z601 ~ Z609 Z611 ~ Z619 Z621 ~ Z629
在隔离开关辅助触点和隔离开关位置继电器后的电压回路	110 kV 35 kV 6 ~ 10 kV	L_1(L_2、L_3、N、Z)710 ~ 719 L_1(L_2、L_3、N、Z)730 ~ 739 L_1(L_2、L_3、N、Z)760 ~ 769				
绝缘监视电压表的公用回路		$L_1$700	$L_2$700	$L_3$700	N700	
母线差动保护公用的电流回路	110 kV 35 kV 6 ~ 10 kV	$L_1$310 $L_1$330 $L_1$360	$L_2$310 $L_2$330 $L_2$360	$L_3$310 $L_3$330 $L_3$360	N310 N330 N360	
控制、保护、信号回路		$L_1$1 ~ $L_1$399	$L_2$1 ~ $L_2$399	$L_3$1 ~ $L_3$399	N1 ~ N399	

交流回路编号从电源处开始按顺序编号，不分奇数和偶数。

在具体工程图中，并不需要对二次回路原理图中的每一线段都进行回路编号，而只对引至端子板上（进、出屏）的电缆芯线进行编号。在同一屏上互相连接的设备，在接线图（屏后接线图）中有相应的标注方法。在分开式表示的原理图中，有的电器触点被表示在另一张图中，或用在另外的“安装单位”中，则要注明“去处”，对于从别处引入的回路，则要注明“从何处引入”。

4.2.2.4　小母线标号

采用小母线可以使二次回路接线清晰和便于接线，提高二次回路工作的可靠性。在原理图中，小母线用粗实线表示，并标注以文字标号。小母线标号方法如下：

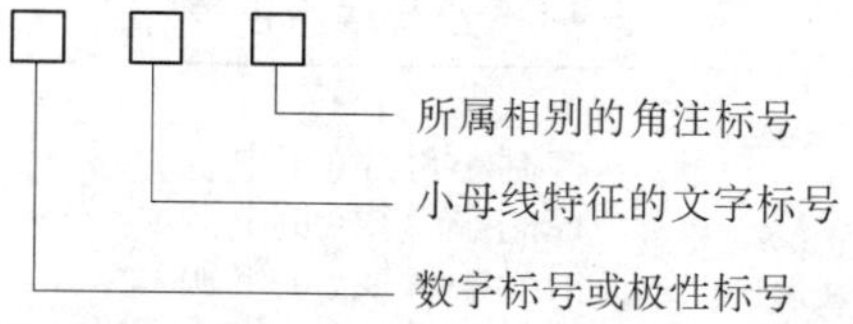

小母线的文字标号及数字标号如表 4-4 所示。

表 4-4　小型水电站用小母线标号

<table>
<tr><th colspan="2" rowspan="2">小母线名称</th><th colspan="2">小母线标号</th></tr>
<tr><th>文字标号</th><th>数字标号</th></tr>
<tr><td colspan="4">直流控制回路和信号回路的电源及辅助小母线</td></tr>
<tr><td colspan="2">控制回路电源小母线</td><td>WC +
WC −</td><td></td></tr>
<tr><td colspan="2">信号回路电源小母线</td><td>WS +
WS −</td><td>701、703、705
702、704、706</td></tr>
<tr><td colspan="2">事故音响信号小母线</td><td>WFA1,2</td><td>707、708</td></tr>
<tr><td rowspan="2">故障音响信号小母线</td><td>瞬时动作信号</td><td>1WAS
2WAS</td><td>709
710</td></tr>
<tr><td>延时动作信号</td><td>3WAS
4WAS</td><td>711
712</td></tr>
<tr><td colspan="2">准同期合闸脉冲闭锁小母线</td><td>1WSC
2WSC</td><td>721
722</td></tr>
<tr><td colspan="4">交流电压、同期和电源小母线</td></tr>
<tr><td rowspan="2">同期小母线</td><td>待并系统</td><td>WST_{L1}
WST_{L3}</td><td>$L_1$610
$L_3$610</td></tr>
<tr><td>运行系统</td><td>WOS_{L1}</td><td>$L_1$620</td></tr>
<tr><td colspan="2">公共的 L_2 相电压小母线</td><td>WVB_{L2}</td><td>$L_2$600</td></tr>
<tr><td colspan="2">第一组同期母线的电压小母线</td><td>$1WVB_{L1}$
$1WVB_{L3}$
$1WVB_{N}$</td><td>$L_1$630
$L_3$630
N630</td></tr>
<tr><td colspan="2">转角变压器辅助小母线</td><td>WTA_{L1}
WTA_{L3}</td><td>$L_1$790
$L_3$790</td></tr>
</table>

小母线按表 4-5 的规定涂色，以判别小母线的性质和用途。表 4-5 所示以外的小母线不涂色。

表 4-5　小母线涂色表

符　号	名　称	涂　色
WC +	控制小母线(正电源)	红
WC −	控制小母线(负电源)	蓝
WS +	信号小母线(正电源)	红
WS −	信号小母线(负电源)	蓝
WFL⊕或(+)	闪光信号小母线	红、绿间色
WVB_{L1}	同期母线的电压小母线(L_1 相)	黄
WVB_{L2}	同期母线的电压小母线(L_2 相)	绿
WVB_{L3}	同期母线的电压小母线(L_3 相)	红
WVB_N	同期母线的电压小母线(N 相)	黑

4.2.2.5　电缆编号

在查找故障和进行检修时,往往需要弄清电气二次设备和其他屏柜、电气设备的关系,它们之间是用电缆连接的,因此必须了解电缆编号。

1. 控制电缆

控制电缆编号的组成格式如下:

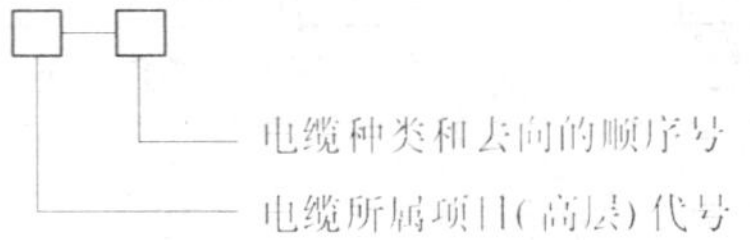

(一)

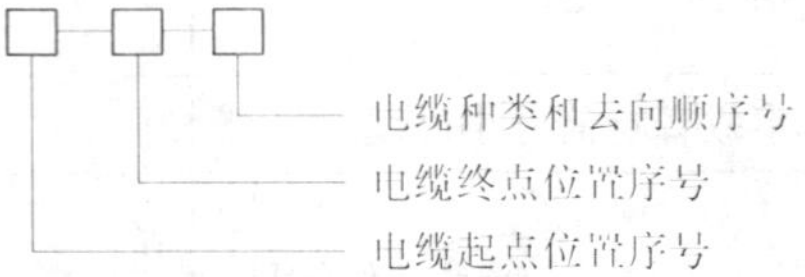

(二)

第二种格式中,将位置代号中阿拉伯数字较小的位置代号作为电缆的起点。

控制电缆顺序号的详细分类,可按表 4-6 中划分的电缆走向进行。

表 4-6　电缆走向顺序号

电缆走向	顺序号	电缆走向	顺序号
控制室范围内(包括保护及自动装置室)	101 ~ 119	变电站—公用部分	391 ~ 399
控制室—发电机电压配电装置	121 ~ 129	机旁屏范围内	401 ~ 449
控制室—变电站	131 ~ 139	机旁屏—机组范围内	451 ~ 459
控制室—机旁屏	141 ~ 149	机旁屏—励磁设备	461 ~ 469
控制室—机组范围内	151 ~ 159	机旁屏—厂用设备	471 ~ 479
控制室—励磁设备	161 ~ 169	机旁屏—直流设备室	481 ~ 489
控制室—厂用设备	171 ~ 179	机旁屏—公用部分	491 ~ 499
控制室—直流设备室	181 ~ 189	机组范围内	501 ~ 559
控制室—其他	191 ~ 199	机组—励磁设备	561 ~ 569
发电机电压配电装置范围内	201 ~ 229	机组—厂用设备	571 ~ 579
发电机电压配电装置—变电所	231 ~ 239	机组—直流设备室	581 ~ 589
发电机电压配电装置—机旁屏	241 ~ 249	机组—公用部分	591 ~ 599
发电机电压配电装置—机组范围内	251 ~ 259	励磁室范围内	601 ~ 669
发电机电压配电装置—励磁设备	261 ~ 269	励磁室—厂用设备	671 ~ 679
发电机电压配电装置—厂用设备	271 ~ 279	励磁室—直流设备室	681 ~ 689
发电机电压配电装置—直流设备室	281 ~ 289	励磁室—其他	691 ~ 699
发电机电压配电装置—其他	291 ~ 299	厂用设备范围内	701 ~ 779
变电站范围内(包括变电站的保护屏室)	301 ~ 339	厂用设备室—直流设备	781 ~ 789
变电站—机旁屏	341 ~ 349	厂用设备室—其他	791 ~ 799
变电站—机组范围内	351 ~ 359	直流设备室范围内	801 ~ 889
变电站—励磁设备	361 ~ 369	直流设备室—公用部分	891 ~ 899
变电站—厂用设备	371 ~ 379	其他	901 ~ 999
变电站—直流设备室	381 ~ 389		

一个回路的并联电缆采用统一的编号,但在每根电缆的编号后加角注符号 a、b、c 等。

2. 通信电缆

通信电缆的标注按以下规定进行:

(1)通信系统用的安装号统一要用规定的缩写符号,未纳入者可按编号原则派生。

(2)常用的通信电缆或电话线的文字符号采用统一规定的文字符号。

(3)有进出线的设备,用阿拉伯数字表示其进线和出线。规定奇数 1 表示进线,偶数 2 表示出线。

(4)通信电缆的标注形式如下。凡属通信电缆,在标注时均在斜杠"/"后加注"T"。

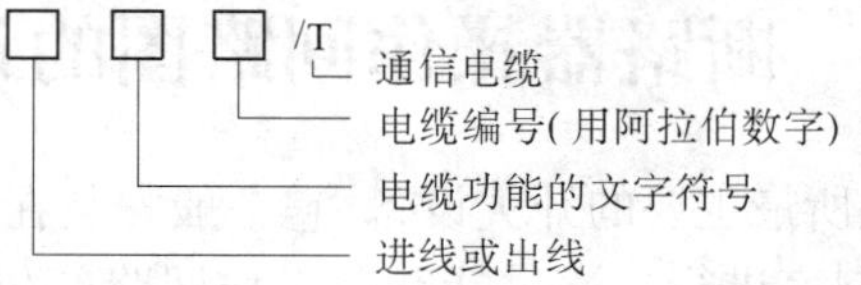

4.2.3 电气二次图的读图顺序与要领

在拿到一张分开表示的原理图后,可按以下的要求和顺序阅读:

(1)首先要了解图中各种控制电器和继电器等的简单结构及动作原理。否则,就不知道这些电器在什么情况下动作,动作时有什么特点。同时,必须弄清楚控制开关触头的通、断情况。

(2)图中各设备(或元器件)都用国家统一规定的标准图形符号和文字符号表示。为此,必须熟悉并深刻了解电路图中所用设备(或元器件)的图形符号和文字符号的含义以及它们的性能、用途。

(3)图中所示继电器触点和电气设备辅助触点的位置都按照"正常状态"绘制,即继电器线圈内没有电流(无励磁)或励磁不足的状态,断路器没有动作(即断开)的状态。因此,所谓动合触点,就是继电器在线圈未励磁或励磁不足时,其触点是打开的,动作后才闭合;而所谓动断触点,就是继电器在线圈未励磁或励磁不足时,其触点是闭合的,动作后才断开。另外要注意,有的触点具有延时的性能,如 DS 型时间继电器、DZS 型中间继电器,它们动作时其触点要经过一段时间(一般为几秒)才闭合或断开,这种触点符号与一般瞬时动作的触点符号是有区别的,读图时要特别注意。

(4)读图要领:"先交流,后直流;交流看电源,直流找线圈;抓住触点不放松,一个一个全查清"。"先上后下,先左后右,屏外设备一个也不漏"。

①"先交流,后直流",是指先看二次原理图的交流回路,把交流回路看完后,根据交流回路的电气量以及在系统发生故障时这些电气量的变化特点,向直流回路推断,再看直流回路。一般说来,交流回路比较简单,容易看懂。

②"交流看电源,直流找线圈",是指交流回路要从电源入手。交流回路由电流回路和电压回路两部分组成,先找出它们是由哪些电流互感器或哪一组电压互感器来的,在两种互感器中转变的电流或电压量起什么作用,与直流回路有什么关系,这些电气量是由哪些继电器反映出来的,它们的符号是什么,然后找与其相应的触点回路。就这样把每组电流互感器或电压互感器的二次回路中所接的每个继电器逐个分析完,看它们各用在什么回路,跟哪些回路有关。

③"抓住触点不放松,一个一个全查清"。找到继电器的线圈后,再找出与之相应的触点。看有几对触点,分别接通(或断开)哪几条回路,根据触点的通断引起回路变化的

情况再进一步分析,直至查清整个逻辑回路的动作。

④“先上后下,先左后右,屏外设备一个也不漏”。这个要领主要是指阅读直流回路图的先后顺序以及针对端子板图、接线图(屏后接线图)而言的。看端子板图和接线图时一定要配合分开表示式原理图以及集中式和半集中式原理图来看。

(5)结合图右侧的简短文字说明,弄清各回路的性质和用途。另外还要弄清楚回路编号、小母线标号等的含义。根据引出或引入的回路、触点的“去处”或“来源”,到相应的图纸中找出,对照分析。

4.3 断路器操作回路图的识读

断路器是发电厂、变电所最主要的开关设备,它一般安装在高压配电装置内,而控制断路器的动作一般在中央控制室进行。通过断路器操作回路(又称控制回路)即可实现上述要求。目前国内有的发电厂、变电所已实现计算机监控,但少数水电站仍采用强电按对象分别操作的方式,即用控制电缆把控制开关和操作机构按一定的连接方式连接组成控制回路。

4.3.1 断路器操作回路的组成与要求

断路器操作回路由处于中控室的控制开关和处于配电装置内的操作机构通过控制电缆按一定方式连接而成。

4.3.1.1 断路器操作回路的组成

目前,水电站中多数采用 LW_2 系列和 LWX_1-Z 型万能转换开关作为控制开关。其触头图表识读方法介绍如下。

1. $LW_2-W-2/F6$ 型控制开关

$LW_2-W-2/F6$ 型控制开关的触头通断图表如图 4-3 所示。其中图 4-3(a)为触头通断表,图 4-3(b)为触头通断图,两者可结合阅读。图 4-3(a)中箭头方向代表控制开关操作手柄所处的不同位置,1—3 ,2—4 代表触头号,“ - ”表示触头不通,“ × ”表示触头接通。图 4-3(b)中,0 表示手柄处于原始位置(即跳、合闸前或后位置),F 表示手柄处于跳闸操作位置,N 表示手柄处于合闸操作位置,1 和 2 代表回路号。触头号下方各虚线上黑点表示操作手柄处于该位置时触头接通,无黑点表示触头不通,箭头所示方向为操作手柄复归方向。

跳闸后和合闸后位置的手柄(正视)的样式和触头盒(背面)的触头图		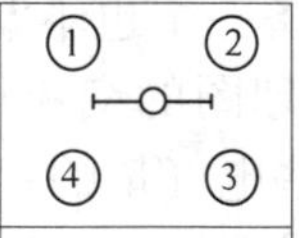	
手柄和触头盒型式	F6	2	
触头号	—	1—3	2—4
跳、合闸前或后位置	↑	–	–
合闸位置	↗	–	×
跳闸位置	↖	×	–

(a) 触头通断表

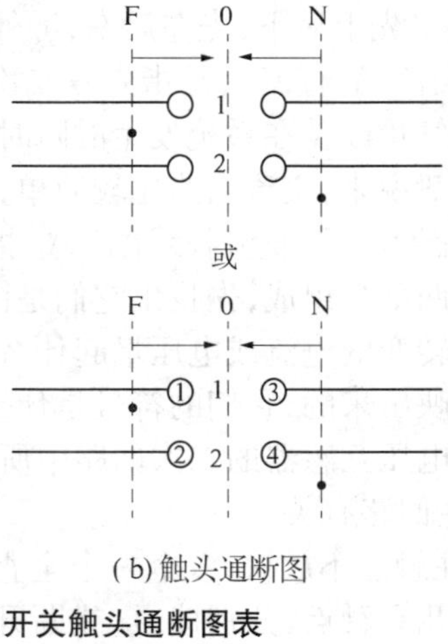

(b) 触头通断图

图 4-3 $LW_2-W-2/F6$ 型控制开关触头通断图表

2. LWX_1 – Z 型控制开关

LWX_1 – Z 型控制开关触头通断图表如图 4-4 所示。此种控制开关适用于分、合闸操作均分“预备”和“操作”两步进行的场合。分两步操作可以防止误操作事故的发生。

触头盒			1a		4		6			6a			40			40		
触头号			1—2	3—4	5—6	7—8	10—11	11—12	9—12	13—14	14—15	13—16	17—18	18—19	17—20	21—22	22—23	21—24
位置 \ 回路号			1	2	3	4	5	6	7	8	9	10	11	12	13	14	15	16
分闸位置	F		–	×	–	–	–	×	–	–	×	–	–	×	–	–	×	–
预备合闸	N_1		×	–	–	–	×	–	–	×	–	–	×	–	–	×	–	–
合闸操作	N_2		–	–	×	–	×	–	–	–	–	×	–	–	×	–	–	×
合闸位置	N		×	–	–	–	×	–	–	×	–	–	–	–	×	–	–	×
预备分闸	F_1		–	×	–	–	–	×	–	–	×	–	×	–	–	×	–	–
分闸操作	F_2		–	–	–	×	–	–	×	–	×	–	–	×	–	–	×	–

(a) 触头通断表

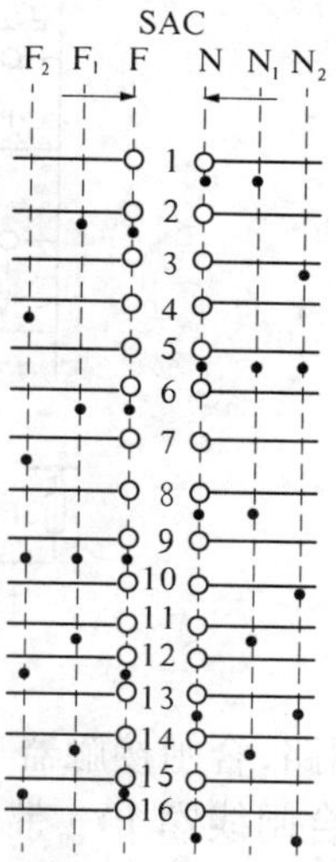

(b) 触头通断图

图 4-4 LWX_1 – Z 型控制开关触头通断图表

4.3.1.2 对断路器操作回路的基本要求

(1) 应设断路器位置信号，以监视断路器状态和回路本身的完整性以及电源的情况。

(2) 在完成操作任务后，应能自动切断跳闸回路或合闸回路。

(3) 应具有手动操作和自动操作的可能性，每个断路器的控制回路应有单独的熔断器。

(4) 操动机构没有机械联锁时，控制回路应设有电气联锁的“防跳”装置。

(5) 需要同期合闸的断路器，还要加入“同期联动”，以免非同期合闸。

(6) 接线应简单，可靠，操作方便，尽可能经济。

4.3.2 发电厂变电所常用的断路器控制回路

4.3.2.1 断路器的分闸与合闸电路

简化的断路器分闸与合闸电路如图 4-5 所示。

1. 电路组成

该电路由控制开关 SAC、合闸接触器 1KM、合闸线圈 $1Y_{on}$、分闸线圈 $1Y_{off}$、断路器辅助触点 $1QF_1$ 和 $1QF_2$、保护出口 2KOU 动合触点、自动装置出口 1KOU 动合触点组成。

2. 电路功能分析

(1) 该回路的跳闸和合闸线圈分别利用断路器的动合触点与动断触点保证短时带电。

(2) 该回路能实现手动操作和自动操作。

(3) 该回路不具备位置指示、防跳、自监视等功能。

3. 工作原理分析

1) 手动操作过程

(1) 合闸操作：顺时针扭转 SAC 手柄 45°至合闸位置→SAC 的 1# 回路触点闭合，接通

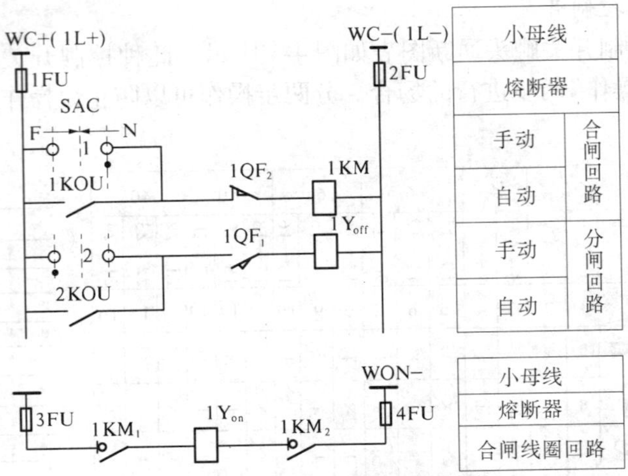

图 4-5 断路器分闸与合闸电路

合闸回路,合闸接触器 1KM 线圈带电动作→$1KM_1$、$1KM_2$ 动合触点闭合→接通合闸线圈回路,合闸线圈 $1Y_{on}$ 带电,发出合闸命令→断路器合闸→$1QF_2$ 动合触点断开,1KM 线圈失电,电路返回。

(2)分闸操作:逆时针扭转控制开关 SAC 手柄 45°→SAC 的 2[#]回路触点闭合,接通分闸回路,分闸线圈 $1Y_{off}$带电,发出分闸命令→断路器分闸→$1QF_1$ 动断触点断开,分闸线圈 $1Y_{off}$失电,电路返回。

2)自动操作过程

自动装置或继电保护出口继电器动作,1KOU 或 2KOU 动合触点闭合代替 SAC 触头接通合闸回路或分闸回路,其他同手动操作过程。

4.3.2.2 断路器的电气"防跳"闭锁电路

断路器在合闸过程中,出现合闸、分闸、再合闸、再分闸的现象,称为"跳跃"。

图 4-6 所示为用跳跃闭锁继电器实现"防跳"的断路器控制回路。

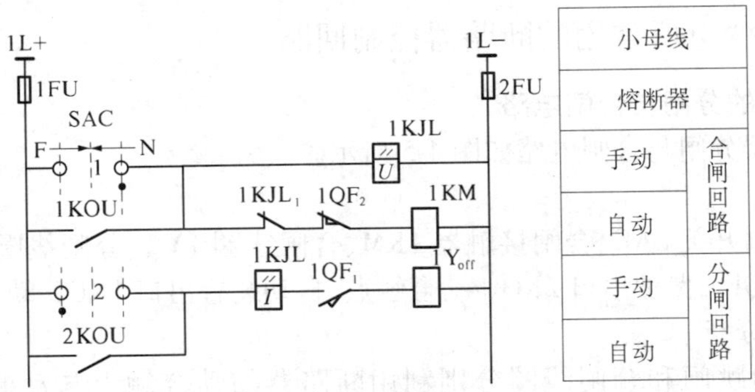

图 4-6 装设跳跃闭锁继电器的控制回路

1. 电路组成

该电路在断路器分闸与合闸电路的基础上增加了一个跳跃闭锁继电器 1KJL。

2. 电路功能分析

能实现手动操作和自动操作,保证合闸线圈和跳闸线圈短时带电,并能"防跳",但不具备电路完整性监视和位置指示功能。

3. 电路原理分析

手动操作和自动操作同前,不再重复,这里仅分析防跳原理。

顺时针旋转把手至合闸位置,手动发出合闸指令后,1QF 合闸,$1QF_1$ 触点闭合,若存在短路事故,保护立即动作,2KOU 触点闭合,或者 2KOU 被卡住,则分闸回路接通,跳跃闭锁继电器 1KJL 电流线圈和 $1Y_{off}$ 线圈同时带电,$1Y_{off}$ 发出跳闸命令,断路器跳闸;跳跃闭锁继电器 1KJL 动作,$1KJL_1$ 动断触点断开合闸回路,禁止第二次发出合闸命令。同时,1KJL 电压线圈实现自保持,直至松开控制开关 SAC,SAC 的 1# 回路断开,1KJL 电压线圈失电返回,电路复归。

4.3.2.3 具有灯光监视的控制电路

为了直接监视断路器的工作状态,往往在控制台(屏)上设红、绿灯指示断路器的位置,通过灯光信号反映断路器工作情况。根据灯光类型不同又分平光信号和闪光信号两种。

1. 具有平光信号的控制电路

具有平光信号的控制电路如图 4-7 所示。

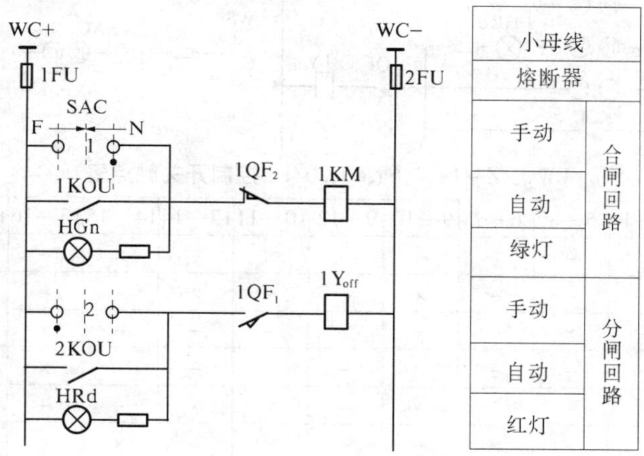

图 4-7 具有平光信号的控制回路

1)电路组成

该电路在断路器分闸与合闸电路的基础上增加两个信号灯:红灯 HRd 和绿灯 HGn。

2)电路功能分析

能实现手动操作和自动操作,保证合闸线圈和跳闸线圈短时带电,能监视电路的完整性和指示断路器位置,但不具备“防跳”功能。

3)电路原理分析

A. 红绿灯的意义

本电路中红灯和绿灯只发平光,不发闪光。

断路器处于分闸状态时,$1QF_2$ 动断触点闭合,接通绿灯回路,绿灯亮。这时 1KM 线圈也有灯光电流通过,但较小,不足以使衔铁动作,不会发出合闸命令。绿灯亮的意义:①断路器处于分闸位置;②合闸回路完好;③控制电路电源完好。

同理,断路器处于合闸状态时,红灯亮,$1Y_{off}$ 线圈带电,但不会发出分闸命令。红灯亮的意义:①断路器处于合闸位置;②分闸回路完好;③控制电路电源完好。

B. 合闸操作

控制开关 SAC 的 1#回路触头或 1KOU 动合触点闭合，短接绿灯回路，1KM 线圈全压带电动作→发出合闸命令，断路器合闸→$1QF_1$ 动合触点闭合，接通红灯回路，红灯亮；$1QF_2$ 动断触点断开，保证合闸线圈短时带电。

C. 分闸操作

类似地，用 SAC 2#回路触头或 2KOU 动合触点闭合，短接红灯回路，就会发出分闸命令，断路器分闸，绿灯亮。

2. 具有闪光信号的控制回路

具有闪光信号的控制回路如图 4-8 所示。

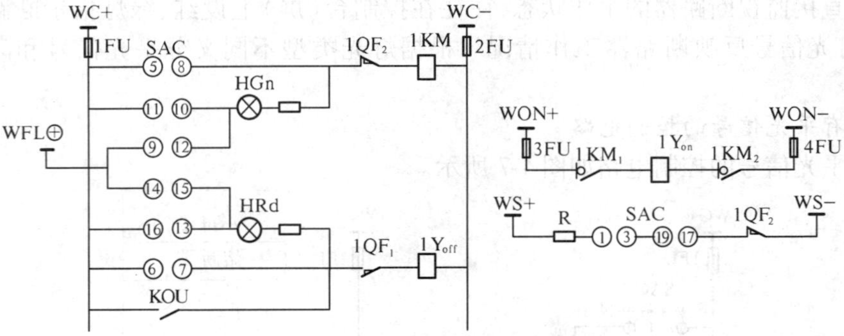

LW_2-Z-1a、4、6a、40、20/F8 控制开关触点表

触点号	1—3	2—4	5—8	6—7	9—10	9—12	10—11	13—14	14—15	13—16	17—19	17—18	18—20
跳闸后	−	×	−	−	−	−	×	−	×	−	−	−	×
预备合闸	×	−	−	−	×	−	−	×	−	−	−	×	−
合闸	−	−	×	−	−	×	−	−	−	×	×	−	−
合闸后	×	−	−	−	×	−	−	−	−	×	×	−	−
预备跳闸	−	×	−	−	−	−	×	×	−	−	−	×	−
跳闸	−	−	−	×	−	−	×	−	×	−	−	−	×

图 4-8　具有闪光信号的控制回路

1）工作原理分析

（1）分闸状态：SAC 手柄在“跳闸后”位置，控制开关 SAC⑩—⑪触点接通，绿灯回路接到直流电压小母线 WC + 上，绿灯发平光。

（2）合闸操作：顺时针方向扭转控制开关 SAC 手柄 90°至“预备合闸”位置，控制开关 SAC 的⑨—⑩触点接通，绿灯回路接到闪光电压小母线 WFL⊕上，绿灯发闪光。继续扭转控制开关 SAC 手柄 45°至“合闸”位置，控制开关 SAC⑤—⑧触点接通，接通合闸回路，合闸接触器 1KM 线圈全压带电，1KM 动作，发出合闸命令，断路器合闸，$1QF_2$ 断开合闸回路，绿灯熄灭，$1QF_1$ 触点闭合，红灯回路准备；此时，控制开关 SAC⑬—⑯触点也接通，红灯回路接到直流电压小母线 WC + 上，红灯发平光。

（3）合闸状态：松开手，控制开关 SAC 手柄自动回到“合闸后”位置，控制开关 SAC ⑬—⑯触点仍然接通，红灯维持平光。

（4）分闸操作：逆时针方向扭转控制开关 SAC 手柄 90°至“预备跳闸”位置，控制开关 SAC⑬—⑭触点接通，红灯回路接到闪光电压小母线 WFL⊕上，红灯发闪光。继续扭转手柄至“跳闸”位置，控制开关 SAC⑥—⑦触点接通，短接红灯回路，分闸线圈 $1Y_{off}$ 全压带电，发出跳闸命令，断路器跳闸，$1QF_1$ 触点断开跳闸回路，红灯熄灭，$1QF_2$ 触点闭合，绿灯回路准备；此时，控制开关 SAC⑩—⑪触点也接通，绿灯回路接到直流电压小母线 WC+上，绿灯发平光。

松开手，控制开关 SAC 手柄自动回到“跳闸后”位置，同分闸状态，绿灯维持平光。

(5)自动跳闸：保护动作，保护出口 KOU 触点闭合，跳闸回路接到直流电压小母线 WC+上，分闸线圈 $1Y_{off}$ 全压带电，发出跳闸命令，断路器自动跳闸，$1QF_1$ 触点断开跳闸回路，红灯熄灭，$1QF_2$ 触点闭合，绿灯回路准备。由于此时手柄仍在“合闸后”位置，SAC⑨—⑩触点接通，绿灯回路接到闪光电压小母线 WFL⊕上，绿灯发闪光；同时，控制开关 SAC①—③、⑰—⑲接通信号回路，发出音响告警。

将控制开关 SAC 手柄扭到“跳闸后”位置，音响解除。

2)灯光的意义

红灯、绿灯既能发平光，又能发闪光，发闪光有利于事故时迅速查找出分闸断路器。红、绿灯发平光与平光信号电路相同。红灯发闪光，指示断路器自动合闸，绿灯发闪光，指示断路器故障分闸。

闪光电路利用控制开关手柄位置和断路器位置“不对应”关系启动，即手柄处在“合闸后”(“分闸后”)位置，而断路器处在“分闸”(“合闸”)位置。只需将开关手柄扭至相应的位置，就可以消除闪光。

3)闪光装置

由闪光继电器构成的闪光装置如图 4-9 所示。

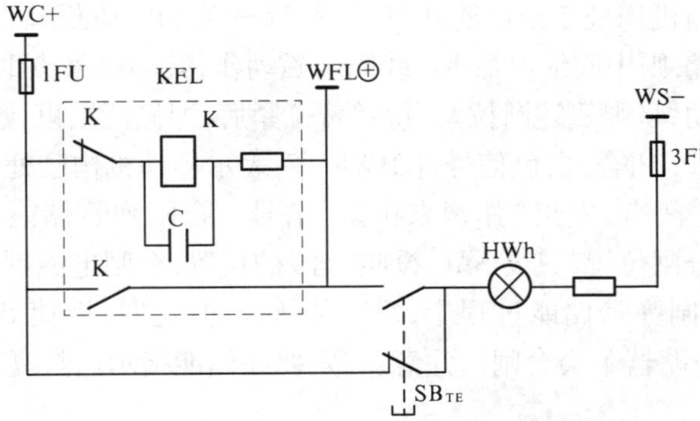

图 4-9　由闪光继电器构成的闪光装置

闪光继电器中电容器 C 充电时两端电压升高，达到中间继电器 K 的动作电压值时中间继电器 K 就动作，中间继电器 K 的动合触点闭合，短接 K 线圈和电阻，直流小母线 WC+电压直接加在小母线 WFL⊕上；同时中间继电器 K 的动断触点断开，电容 C 通过 K 线圈放电，电容 C 两端电压下降，至低于继电器 K 的返回电压时中间继电器 K 返回，电容 C 重新开始充电。电容 C 反复充放电、中间继电器反复动作—返回，使直流小母线 WFL⊕出现周期性变化的电压。

白色信号灯 HWh 的作用：①指示控制电源完好；②试验闪光装置能正常工作。

4.3.2.4　弹簧操动机构断路器的控制电路

弹簧操动机构断路器的控制电路如图 4-10 所示。

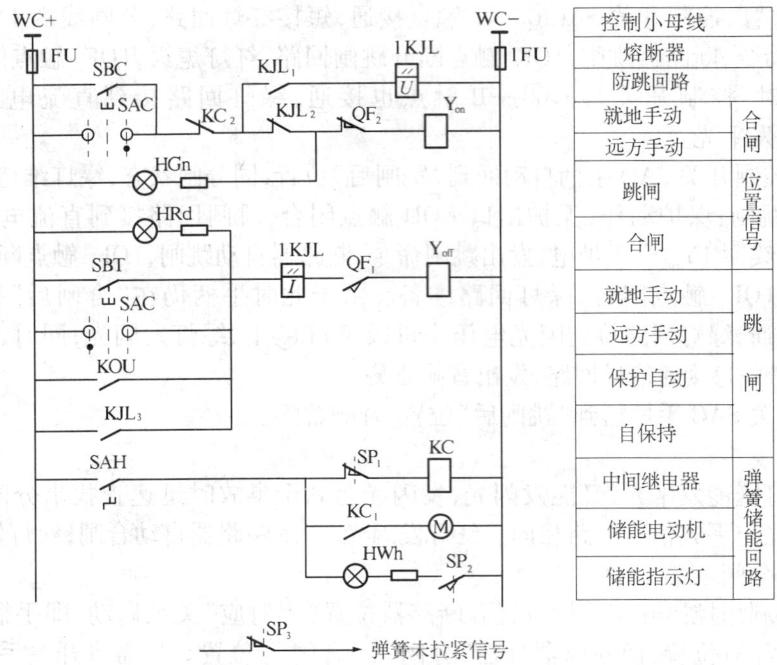

图 4-10　弹簧操动机构断路器的控制电路

合闸弹簧储能不足(弹簧未拉紧到位)时,不能合闸,否则不能保证合闸速度,甚至会导致合不到位。为此,引入继电器 KC 触点来闭锁合闸电路。

电路动作过程:当机构处于未储能状态时,行程开关 SP_1 动断触头闭合,如果组合开关 SAH 处在接通位置,则中间继电器 KC 线圈励磁动作,其动合触点 KC_1 闭合,电动机与电源接通,电动机启动,将弹簧逐渐拉紧,待弹簧拉紧后,即储能结束,这时 SP_1 断开,切断电动机电源。同时,SP_2 闭合,白色信号灯 HWh 亮,表示操动机构已处于储能状态。当弹簧未拉紧时,触点 SP_3 闭合,发出"弹簧未拉紧"信号。合闸弹簧储能结束后,KC_2 闭合。这时,如果机构处于分闸位置,只要 SAC 投向"合"的位置,合闸电磁铁线圈 Y_{on} 通电,机构进行合闸操作。在合闸弹簧储能过程中,KC_2 是断开的,这时,即使 SAC 投向"合"的位置,Y_{on} 也不能通电,断路器不会合闸。注意:一定要在储能指示白灯亮了以后才可以进行合闸操作。

电动机的控制电源可以用直流或交流电源。图 4-10 中采用的是直流电源。

手动跳闸过程同灯光监视控制电路,"防跳"原理如前所述,不再重复。

4.4　中央信号回路图的识读

对运行中的电气设备不仅要通过测量表计监测其工作状态,还要用各种信号来显示其运行的正常或异常。发生故障时,除保护装置作出相应反应外,信号系统应能及时告知值班员相关信息,以便及时处理。

通常用音响信号和灯光信号来反映故障与不正常工作状态, 前者用来引起值班人员的注意,后者用来表明故障和不正常工作状态的性质与地点。反映事故或异常的信号装置设在中央控制室，是全厂、全所、全站公用设备，所以称为中央信号系统。

采用计算机监控系统的，则由上位机发出事故或故障提示信息，包括发出语音信号，通知运行人员事故或故障方式和位置，并自动记录事故发生的时间和有关数据。

4.4.1 中央复归不重复动作的重要事故音响信号回路

中央复归不重复动作的重要事故音响信号回路图如图4-11所示。当发生某种事故或故障时，相关回路的保护动作，信号继电器动作掉牌，点亮光字牌1 ~ nH，显示事故或故障的性质或对象，并启动信号继电器KS，KS的一对触点闭合去接通音响回路，发出音响信号。值班人员听到音响信号后，按下音响解除按钮SB_{AR}，中间继电器KC启动，其动断触点断开音响信号回路，解除音响信号；同时KC一对动合触点闭合实现自保持，直至手动复归信号继电器KS，KC复归，整个信号回路也回复到起始状态。

在按下SB_{AR}至复归KS为止的这个时间段内，事故或预告音响信号不能重复动作。

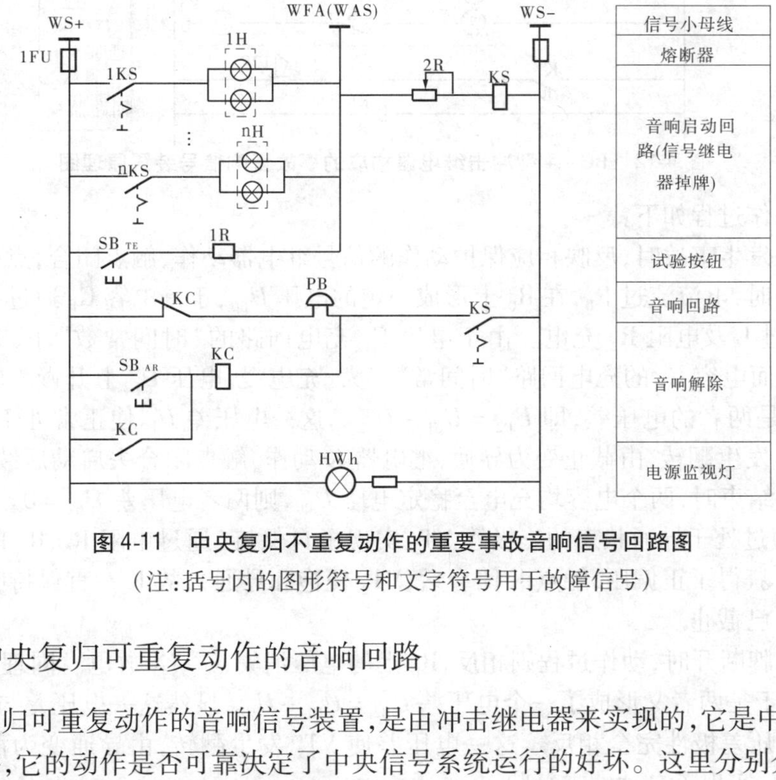

图4-11 中央复归不重复动作的重要事故音响信号回路图

（注：括号内的图形符号和文字符号用于故障信号）

4.4.2 中央复归可重复动作的音响回路

中央复归可重复动作的音响信号装置，是由冲击继电器来实现的，它是中央信号系统的关键元件，它的动作是否可靠决定了中央信号系统运行的好坏。这里分别介绍由BC－4型和JC－3型冲击继电器构成的事故音响信号装置的原理图。

4.4.2.1 BC－4型冲击继电器构成的事故音响信号装置

图4-12所示为采用BC－4型冲击继电器的事故音响信号装置原理图。BC－4型冲击继电器不是根据光字牌瞬时电流的变化而动作的，而是根据平均电流的变化而动作的，因此不容易受干扰因素的影响而拒动或误动。图4-12中电阻R_3、R_4，电容C_4、稳压管VS_1、VS_2组成简单的参数稳压电源；电阻R_0、R_2，电容C_1、C_2，电感L，电位器RP_1、RP_2组成量测部分；小型继电器K及三极管VT_1、VT_2等组成出口部分。

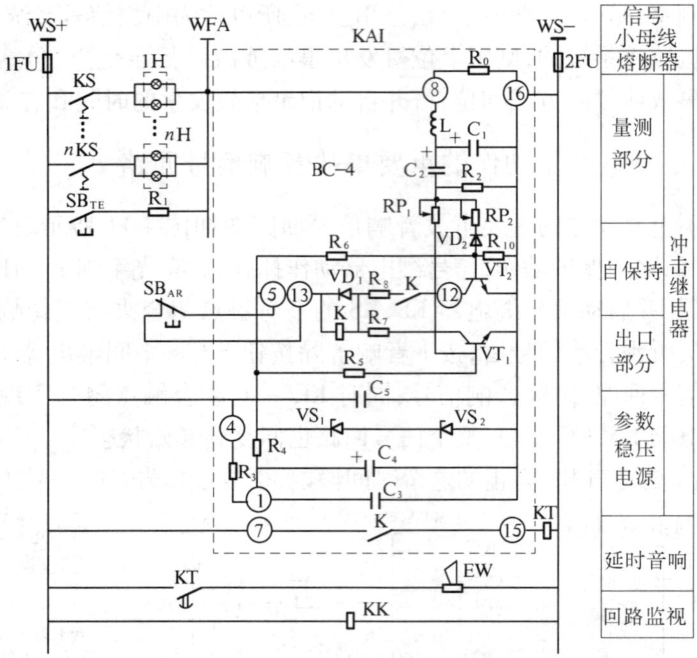

图 4-12　BC－4 型冲击继电器构成的事故音响信号装置原理图

装置动作过程如下：

当设备发生事故时，反映相应保护动作的信号继电器动作，触点闭合，点亮光字牌，当光字牌接通时，电流流过 R_0，在 R_0 上形成一定的电压 U_{R0}，于是电容 C_1 通过电感 L 充电，电容 C_2 通过 L 及电阻 R_2 充电。由于电容 C_1 充电回路的“时间常数”小，充电快，电压 U_{C1}上升快，而电容 C_2 的充电回路“时间常数”大，充电慢，电压 U_{C2}上升慢。电阻 R_2 上的压降 U_{R2}便是两者的电压差，即 $U_{R2}=U_{C1}-U_{C2}$。这一电压差 U_{R2}使正常处于截止状态的三极管 VT_1 发生翻转，由截止变为导通，继电器 K 动作，触点闭合去启动后续元件。当电容充电过程结束时，两个电容均充电至稳定电压 U_{R0}，则两者电压差 $U_{R2}=0$。但此时出口继电器 K 通过处于导通状态的三极管 VT_2 实现了自保持（通过电阻 R_6、R_{10}的固定分压，三极管 VT_2 获得了正偏压，触点 K 闭合后，VT_2 便饱和导通），故 K 一直保持吸合状态，尽管此时 VT_1 已截止。

当光字牌断开时，动作过程则相反，R_0 上的电压消失，C_1、C_2 放电。同理，C_1 放电快，C_2 放电慢，于是两者又形成了一个电压差 $U_{R2}=U_{C1}-U_{C2}$，显然这一电压差与上述光字牌接通时的电压差极性完全相反。这一电压差使 VT_2 发生翻转，由导通变为截止，出口继电器 K 返回，实现了自动冲击复归。

多个光字牌连续接通或断开时，继电器重复动作过程与以上所述类似。随着光字牌的连续接通或断开，流过 R_0 的平均电流和 R_0 上的平均电压 U_{R0}便发生阶跃式的递增或递减，而平均电压 U_{R0}每发生一次阶跃式递增或递减时，电容 C_1、C_2 则发生一次上述的充、放电过程，继电器便启动、复归。当光字牌数量不变时，平均电压 U_{R0}则不变，C_1、C_2 上的电压也稳定，于是，继电器的状态不改变，而不论此时已接通的光字牌数量有多少。

4.4.2.2　JC－3 型冲击继电器构成的事故音响信号装置

JC－3 型冲击继电器构成的事故音响信号装置原理图如图 4-13 所示。

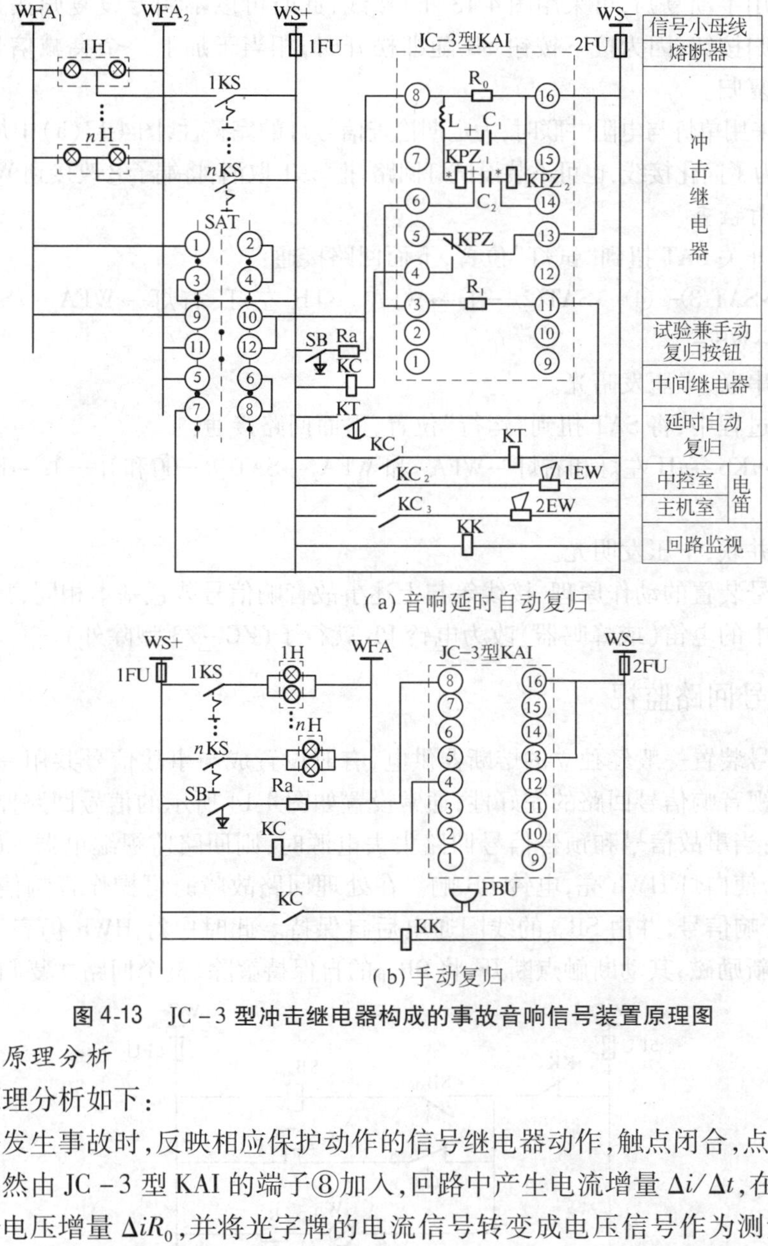

(a) 音响延时自动复归

(b) 手动复归

图 4-13　JC－3 型冲击继电器构成的事故音响信号装置原理图

1. *工作原理分析*

工作原理分析如下：

当设备发生事故时，反映相应保护动作的信号继电器动作，触点闭合，点亮光字牌，使信号脉冲突然由 JC－3 型 KAI 的端子⑧加入，回路中产生电流增量 $\Delta i/\Delta t$，在固定电阻 R_0 上得到一个电压增量 ΔiR_0，并将光字牌的电流信号转变成电压信号作为测量输入，该电压经电感 L 和极化继电器线圈 KPZ_1、KPZ_2 对电容 C_2 充电，由于充电电流而使极化继电器 KPZ 动作，触点闭合。当电容充电完毕后，充电电流消失，继电器触点保持在闭合状态，启动中间继电器 KC，KC 触点闭合接通电笛（或蜂鸣器），发出事故音响。同时 KC 另一副触点闭合启动时间继电器 KT，在整定的时间内 KT 触点闭合，通过极化继电器线圈的反向电流，迫使继电器 KPZ 在规定的时限内返回，解除音响信号。复归后，准备下一次重复动作。

若信号回路电流突然减小，同样在电阻 R_0 两端得到一个减量电压，此时电容器 C_2 经极化继电器线圈放电，使 KPZ 继电器返回。

如果采用手动复归，可采用图 4-13（b）接线，此时可以不用专设复归按钮，而由试验按钮兼作复归按钮，因为按下按钮 SB 随即松开时，相当于加上一个突减信号脉冲，继电器即可自行复归。

考虑到采用单灯与电阻并联时，为定期检查信号灯的完整性，图 4-13（a）中加装了试灯回路的接线。为了简化接线，也可不装设试灯回路，把 SAT 取消，将端子⑧改接到 WFA 即可。

2. 光字灯检查

将切换开关 SAT 扭到“试灯”位置，下面回路接通：

WS + →SAT③—④→SAT②—①→WFA_1→1H 左灯、右灯→WFA_2→SAT⑤—⑥→SAT⑧—⑦→WS -

光字灯串联，半压发暗光。

而运行过程中，将 SAT 扭到“运行”位置，下面回路接通：

WS + →*n*KS→*n*H 左灯和右灯→WFA_1 和 WFA_2→SAT⑨—⑩和⑪—⑫→KAI⑧—⑯→WS -

光字灯并联，全压发明光。

预告信号装置的动作原理、接线等与上述事故音响信号装置基本相同，只要将事故音响信号装置中的电笛（或蜂鸣器）改为电铃 PB 就行了（ZC - 23 型除外）。

4.4.3 信号回路监视

预告信号装置一般经独立的熔断器供电，有时设置成与事故信号共用一组熔断器供电。为了监视音响信号回路的完好性，通常设置如图 4-14 所示的信号回路监视装置。其工作原理为：当事故信号和预告信号回路失去电源时，则回路监视继电器 KK 动作，其动断触点闭合，使白灯 HWh 亮，电铃 PB 响。在处理回路故障时可操作音响信号解除按钮 SB_{AR}，消除音响信号，并由 SB_{AR}的线圈通电后自保持。此时白灯 HWh 仍亮，直到故障处理好，KK 重新励磁，其动断触点断开，将 SB_{AR}的自保持解除，整个回路才复归。

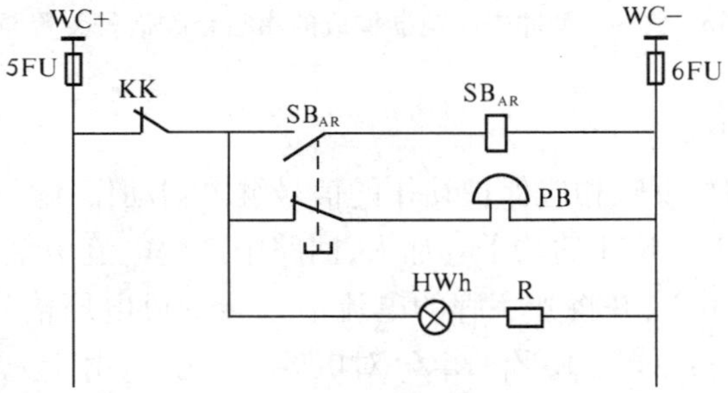

图 4-14　信号回路监视原理图

4.4.4 弱电信号系统

上述以冲击继电器为核心的中央信号属于强电信号系统，它有很多缺点，如反映信号不完善，动作次数有限，只能接收十几个信号，与计算机监控系统连接不方便等。下面介绍一种新型的弱电信号系统，这种装置均采用模块式结构，根据工程需要，可选几个或几十个灯光盒、一个或两个音响盒，组成不同规模的模块式中央信号系统。

图 4-15 是由集成电路和微型中间继电器构成的模块式中央信号系统。图 4-15 中二进制元件均为正逻辑约定，即高 H 电平对应逻辑 1 态，低 L 电平对应逻辑 0 态。

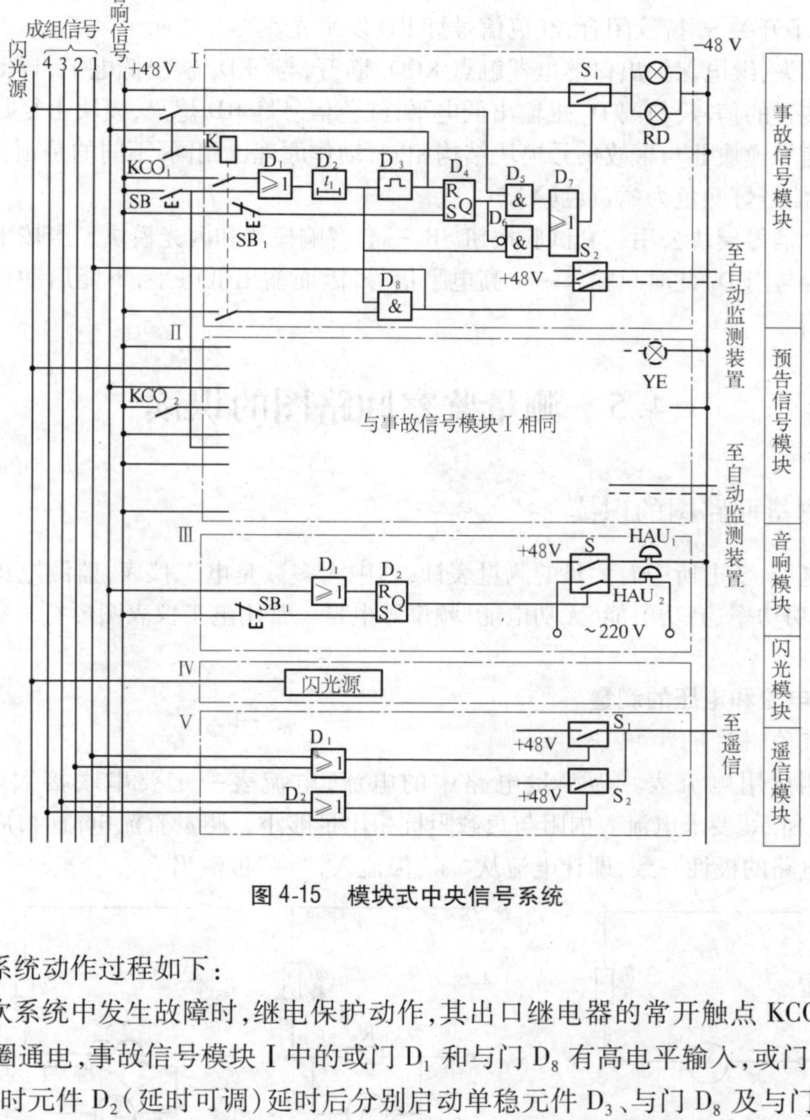

图 4-15　模块式中央信号系统

信号系统动作过程如下：

当一次系统中发生故障时，继电保护动作，其出口继电器的常开触点 KCO_1 闭合，继电器 K 线圈通电，事故信号模块 I 中的或门 D_1 和与门 D_8 有高电平输入，或门 D_1 输出高电平，经延时元件 D_2（延时可调）延时后分别启动单稳元件 D_3、与门 D_8 及与门 D_6。此时与门 D_8 输出高电平，S_2 的常开触点闭合，一方面启动自动监测装置（事件记录器），另一方面启动成组信号。D_3 输入高电平后立即翻转，输出的低电平一方面输入至双稳元件 D_4，另一方面启动音响信号模块，发出音响信号。

在音响信号模块Ⅲ中，或门 D_1 输出低电平，使双稳元件 D_2 输出高电平，使电子开关 S 闭合，启动蜂鸣器 HAU_1。事故信号模块 I 中，双稳元件 D_4 输入低电平翻转后，将其输出的高电平送至与门 D_5 并反相后，送至与门 D_6。与门 D_5 的另一输入端为闪光源，使其输出为间断信号，与门 D_6 输出为低电平，二者作为或门 D_7 的输入，使或门 D_7 输出为间断信号，从而使模块Ⅰ中的电子开关 S_1 时闭时断，使红色信号灯 RD 闪光。

按下模块Ⅲ中的音响解除按钮 SB_1，模块Ⅲ中启动音响的双稳元件 D_2 复归，电子开关 S 打开，音响停止；按下模块Ⅰ中的复归按钮 SB_1，Ⅰ中的双稳元件 D_4 复归，使其输出低电平，与门 D_5 也随其输出低电平。与门 D_6 因有两个高电平输入，则输出高电平，经或门 D_7 使电子开关 S_1 持续闭合，红色信号灯 RD 发平光。

事故消失，继电保护出口继电器触点 KCO_1 断开，与门 D_8 输出低电平，自动切除送往自动监测装置的信号，与门 D_6 也输出低电平，红色信号灯 RD 熄灭，模块Ⅰ复归。

预告信号模块Ⅱ与事故信号模块结构相同，动作原理也相同，不同的是预告信号模块延时较长，信号灯颜色为橘黄色（YE）。

若干个信号模块公用一套试验按钮 SB、一套音响模块和闪光模块。当按下试验按钮 SB 时，因为与门 D_8 此时只输入一个高电平信号，因而输出低电平，不能启动自动监测装置及发遥信。

4.5　测量监察回路图的识读

4.5.1　测量回路图的识读

在发电厂、变电所中有大量的测量表计，其中大多数是电工仪表，监测电压、电流、有功功率、无功功率、有功电能、无功电能、频率等电量。常用电工仪表图形符号和文字符号见附录 4。

4.5.1.1　电流和电压的测量

1. 电流的测量

电流测量用电流表。为测量电路中的电流，电流表一定要串联接入电路中，如图 4-16（a）所示。要求电流表内阻与负载阻抗相比足够小。测量直流电流时，应注意仪表的极性与电路的极性一致，即让电流从“+”极流入，“-”极流出。

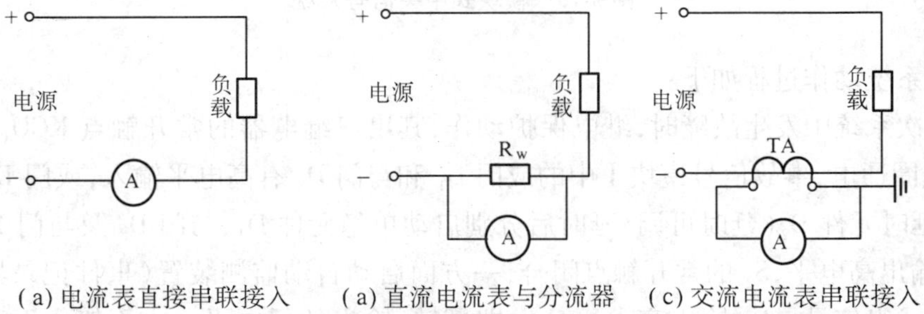

（a）电流表直接串联接入　（a）直流电流表与分流器并联后串联接入　（c）交流电流表串联接入电流互感器二次侧

图 4-16　电流测量基本电路

被测电流较大超出电流表量程时，应采取措施扩大量程。直流电流表通常采用分流器扩大量程，如图 4-16（b）所示。若电流表读数为 a，分流比为 K，则被测电流大小为

$$I = Ka$$

分流电阻大小为

$$R_w = \frac{R_0}{K-1}$$

式中 R_0——电流表的内阻。

交流电流表通常用电流互感器扩大量程，如图4-16(c)所示，将电流互感器的一次线圈串联接入被测电路中，电流表串联接入互感器二次回路中。若电流表的读数为a，电流互感器的变流比为K_{TA}，则被测电流大小为

$$I = K_{TA}a$$

与电流互感器配套的电流表，其量程均为5 A，其表面的刻度均以电流互感器的一次电流标定，因此可直接读出被测电流的大小。

2. 电压的测量

电压测量用电压表。为测量电路中的电压，电压表一定要并联接入电路中，如图4-17(a)所示。要求电压表内阻与负载阻抗相比足够大。测量直流电压时，应注意仪表的极性与电路的极性一致，即高电位端接电压表"+"极，低电位端接"-"极。

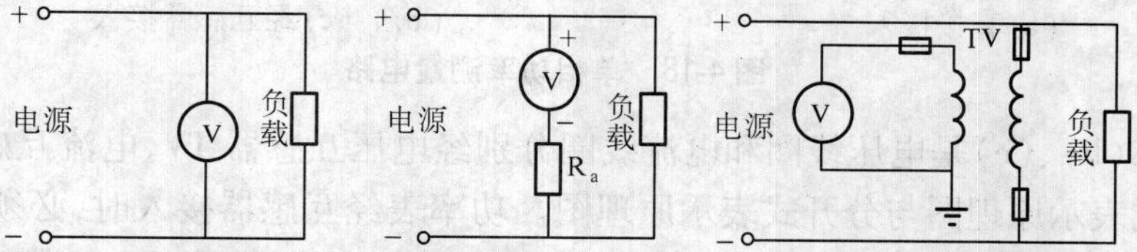

(a) 电压表直接并联接入　(b) 直流电压表经附加电阻接入　(c) 交流电压表通过电压互感器接入

图4-17　电压测量基本电路

被测电压较高超出电压表量程时，应采取措施扩大量程。直流电压表通常采用分压器扩大量程，如图4-17(b)所示。若电压表读数为b，分压比为n，则被测电压大小为

$$U = nb$$

分压电阻大小为

$$R_a = R_V(n-1)$$

式中 R_V——电压表的内阻。

交流电压表通常用电压互感器扩大量程，如图4-17(c)所示，将电压互感器的一次线圈并联接入被测电路中，电压表并联接入互感器二次回路中。若电压表的读数为b，电压互感器的变压比为K_{TV}，则被测电压大小为

$$U = K_{TV}b$$

与电压互感器配套的电压表，其量程均为100 V，其表面的刻度均以电压互感器的一次电压标定，因此可直接读出被测电压的大小。

4.5.1.2　功率的测量

测量功率的仪表为功率表。按所测电路功率性质不同，可分为有功功率和无功功率；按交流电路的相数不同，可分为单相和三相两种。

1. 单相电路有功功率的测量

测量单相电路有功功率的功率表接线原理图如图4-18所示。图4-18(a)为直接接入

法，功率表 PW 圆圈内的水平粗实线表示电流线圈，垂直细实线表示电压线圈。功率表指针的偏转方向由两组线圈里电流的相位关系所决定。改变任一个线圈的电流流入方向，表针都会向相反的方向偏转。为防止接线错误，通常在仪表的引出端钮上将电流线圈与电压线圈考定接电源同一极的一端标有“＊”、“·”或“+”等极性标志，称为发电机端。正确的接线是将电流线圈标有极性标志的一端接至电源侧，另一端接负载侧。电压线圈带有极性标志的一端与电流线圈带有极性标志的一端接于电源的同一极，另一端则跨接到负载的另一端。

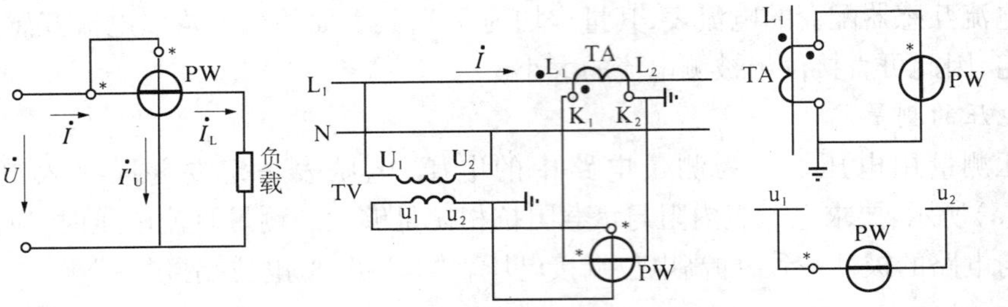

(a) 直接接入　　(b)、(c) 经互感器接入

图 4-18　单相功率测量电路

图 4-18(b)、(c)是电压线圈和电流线圈分别经电压互感器 TV、电流互感器 TA 接电路的集中式表示原理图与分开式表示原理图。功率表经互感器接入时，必须正确地标出互感器的极性和功率表的极性。只要接线无误，一般情况下，指针不会反偏。

2. 三相电路有功功率的测量

1) 三相四线制电路有功功率的测量(三表法)

图 4-19 为采用三只单相功率表测量三相有功功率的接线。这种接线方式不管三相负载是否对称，所测三相总功率为三只功率表的读数之和，即

$$P = P_1 + P_2 + P_3$$

经互感器的接线参考图 4-18(b)。

2) 三相三线制电路有功功率的测量(两表法)

图 4-20 为采用两只单相功率表测量三相有功功率的接线。不论电压是否对称，负载是否平衡，所测三相总功率为两只功率表读数之和，即

$$P = P_1 + P_2$$

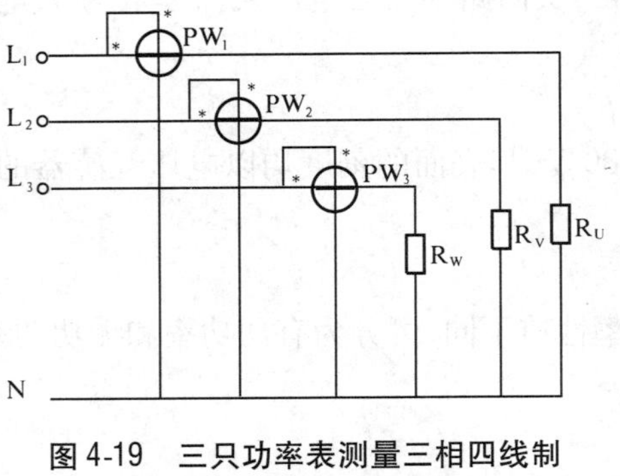

图 4-19　三只功率表测量三相四线制电路有功功率的接线

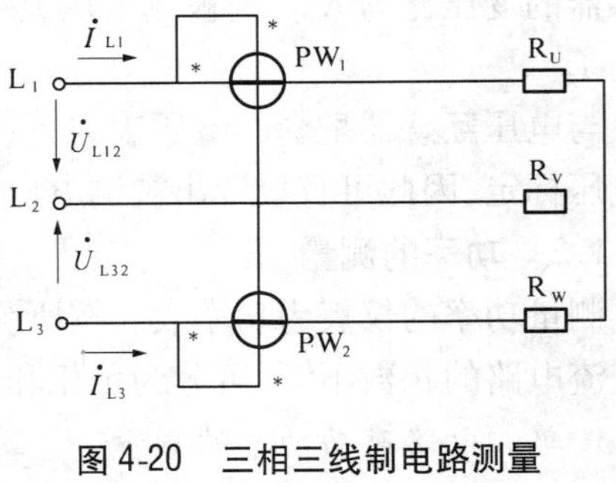

图 4-20　三相三线制电路测量有功功率接线

测量时，若出现一只功率表指针反偏，可将该表计的电压或电流线圈中的一个反接，功率表的指针就会正偏了，这时读数应记为负值。

实际上，测量三相电路有功功率时采用三相功率表，按上述原理，将两只功率表组合起来，使其动圈在机械上连接在一起，带动同一个指针，用以直接指示三相功率，这是常见的三相两元件功率表。图 4-21 所示为 1D1 - W、380/100V、5A 型三相功率表的连接法。

三角形联结负载的电路可采用如图 4-22 所示的人工中性点办法进行三相电路有功功率的测量，即利用两只与功率表内阻等值的电阻及功率表本身内阻分别接入三相，形成人工中性点 N′。功率表读数的三倍即为三相电路总功率。

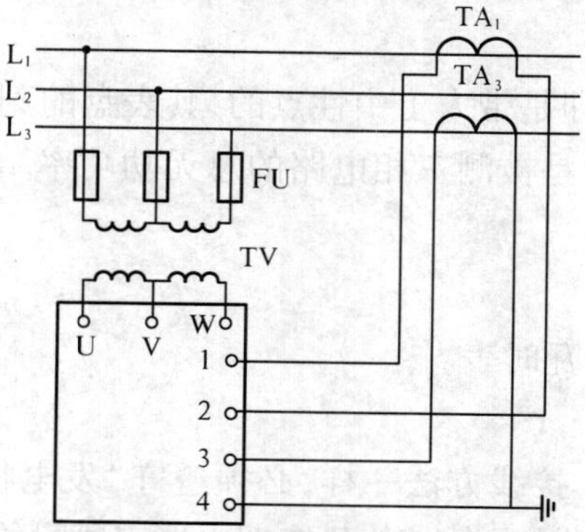

图 4-21　1D1 - W、380/100V、5A 型三相功率表连接法

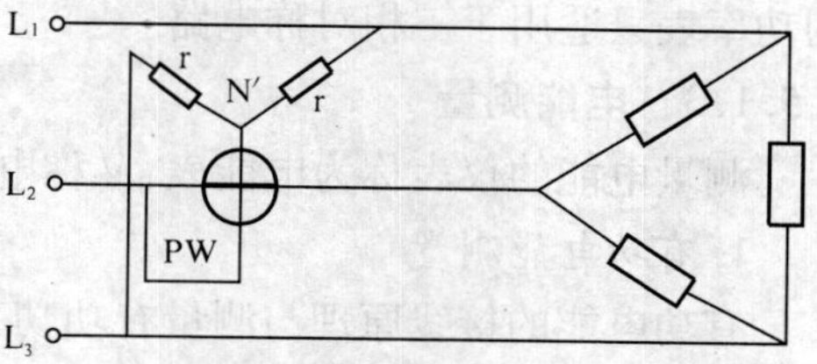

图 4-22　单相功率表测三角形联结负载三相电路功率

3. 三相电路无功功率的测量

三相电路无功功率的测量是用有功功率表来进行的。常用的两种接线方式为跨相 90°接线方式和利用人工中性点接线方式。

1）跨相 90°接线方式

所谓跨相 90°接线方式，是指利用有功功率表进行无功功率测量时，应将其电流线圈分别接入 L_1、L_2、L_3 三相电流回路中，而电压线圈的两端则应接在比 u_{L1}、u_{L2}、u_{L3} 相电压滞后 90° 的电压（即线电压 u_{L23}、u_{L31}、u_{L12}）上，如图 4-23 所示。三只单相功率表读数之和为$\sqrt{3}$倍的三相无功功率。

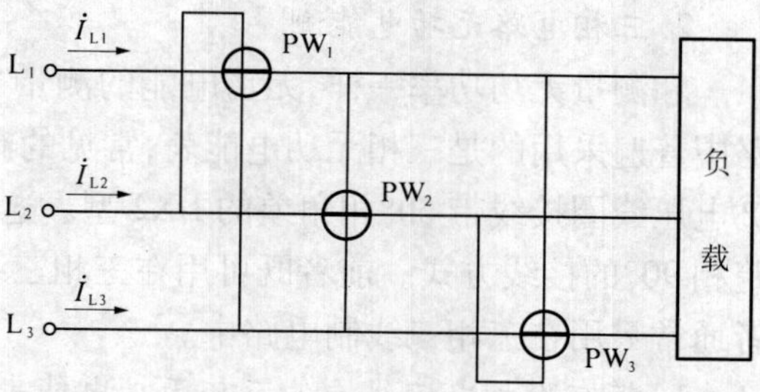

图 4-23　用跨相 90°接线法测量三相电路无功功率

国产 16D3 - VAR 型三相无功功率表，其内部接线即是采用跨相 90°的接线方式。其表盘的刻度已考虑了必要的乘数，所以测量时直接读出的读数就是被测三相电路的总无功功率。

在三相对称电路中，若用两只单相功率表 PW_1 和 PW_2 测量三相电路无功功率，则有

$$Q = \frac{\sqrt{3}}{2}(P_1 + P_2)$$

2）利用人工中性点接线方式

在三相三线制电路中，没有中性点，所以得不到相电压。若选取一个附加电阻 R_a，使

其电阻值正好等于每个功率表电压线圈的内阻，并将 R_a 与两只功率表的电压线圈接成如图 4-24 所示的星形接线，这就制造了一个人工中性点 N。PW_1 接入的电流为 i_{L1}，电压为 u_{L3}；PW_2 接入的电流为 i_{L3}，电压为 u_{L1}。在三相电路对称情况下，有

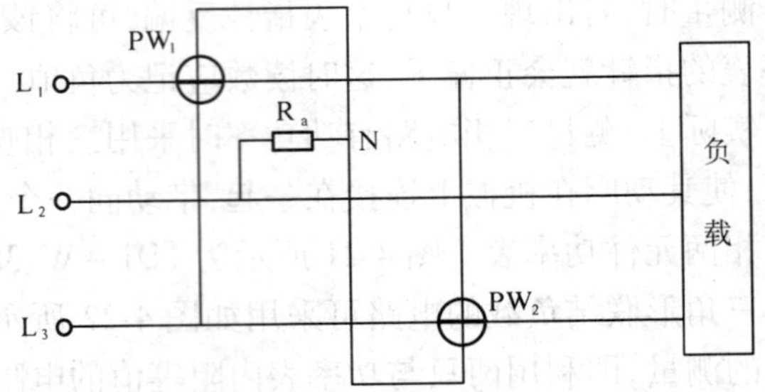

图 4-24　利用人工中性点接线测量三相电路的无功功率

$$Q = \sqrt{3}(P_1 + P_2)$$

国产 1D1 – VAR 型三相无功功率表内部接线即是带人工中性点的，其表盘的刻度已考虑了必要的乘数，所以测量时直接读出的读数就是被测三相电路的总无功功率。此无功功率表只适用于三相对称电路。

4.5.1.3　电能测量

测量电能的仪表称为电能表，又称电度表或千瓦时表。

1. 有功电能测量

有功电能的接线原理与测量有功功率时相同，接线方法一样，必须遵守"发电机端"原则。电能表用 PJ(kW · h 或 kVA · h)表示。电能表具体接线可参照电能表所附的接线图进行连接。图 4-25 所示为常用的几种电能表接线图。直接接入式电能表电能(发电量或用电量)计算是：本次抄表读数减去上次抄表读数得出的结果，即是两次抄表期间产生或消耗的电能。若电能表经互感器接入，则上述得到的数字还要再乘上互感器的变流比及变压比，才是实际产生或消耗的电能。若电能表表盘上注有倍率，且使用配套的互感器，则应改乘倍率，此后得到的数字才是实际产生或消耗的电能。

2. 三相电路无功电能测量

和测量无功功率一样，无功电能的测量也可按跨相 90°的接线方式进行。在三相电路中普遍采用的是三相无功电能表，常见的有两种类型：①带有附加电流线圈的 DX1 型；②电压线圈接线带 60°相角差的 DX2 型。这两种都是三相两元件的无功电能表，都采用跨相 90°的接线方式。前者既可用在三相三线制电路中，也可用在三相四线制电路中；后者通常只用在三相三线制电路中。

1)带有附加电流线圈的三相无功电能表

这种电能表的构造和三相两元件有功电能表相似，只是每个元件上的两个电流线圈应分别接入不同相别的电流回路中。其接线如图 4-26 所示。

通过积算机构，表计的计度器可直接指示出三相电路的无功电能。此种无功电能表，不论负载是否平衡，只要三相电压对称，都能正确地计量三相电路的无功电能。

2)带 60°相角差的三相无功电能表

这种三相无功电能表的结构与三相两元件或有功电能表相同。其特点是通过在电压线圈上串联接入电阻的方法，使电压线圈中流过的电流 i 滞后于电压 u 60°。接线如图4-27 所示。

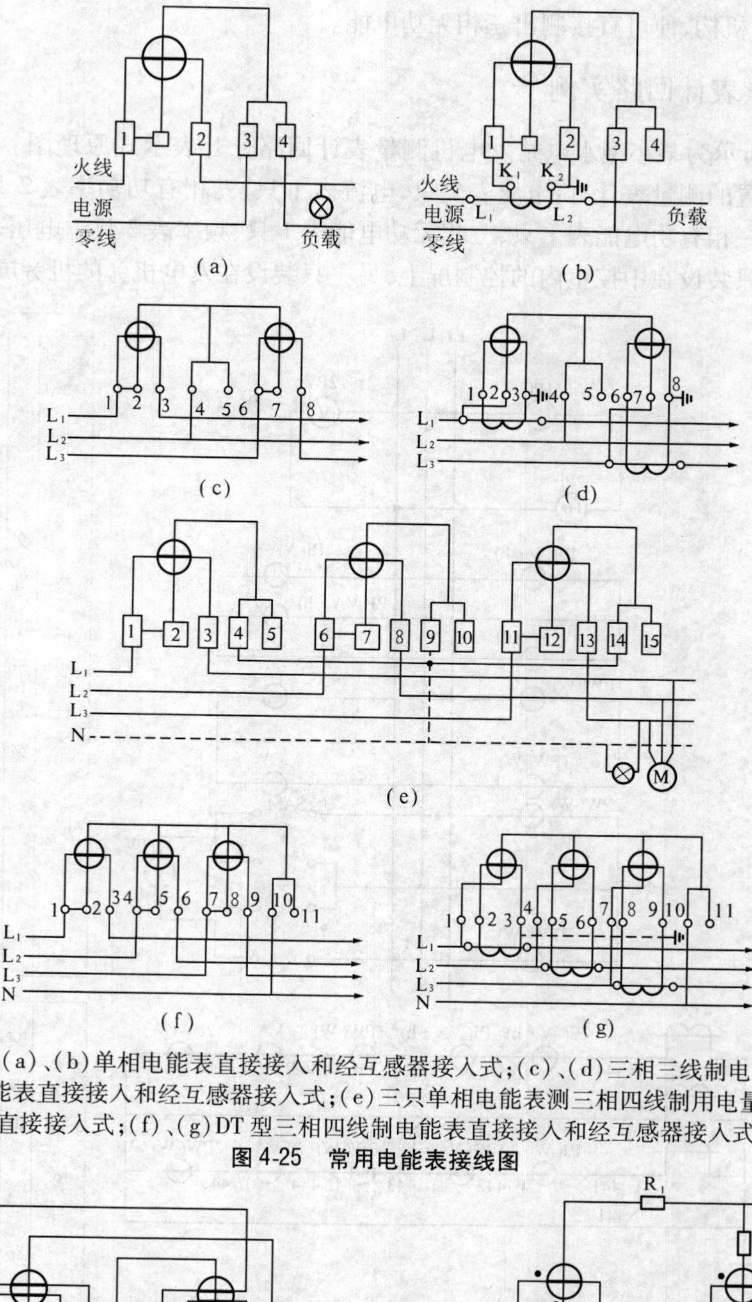

(a)、(b)单相电能表直接接入和经互感器接入式；(c)、(d)三相三线制电能表直接接入和经互感器接入式；(e)三只单相电能表测三相四线制用电量直接接入式；(f)、(g)DT型三相四线制电能表直接接入和经互感器接入式

图 4-25　常用电能表接线图

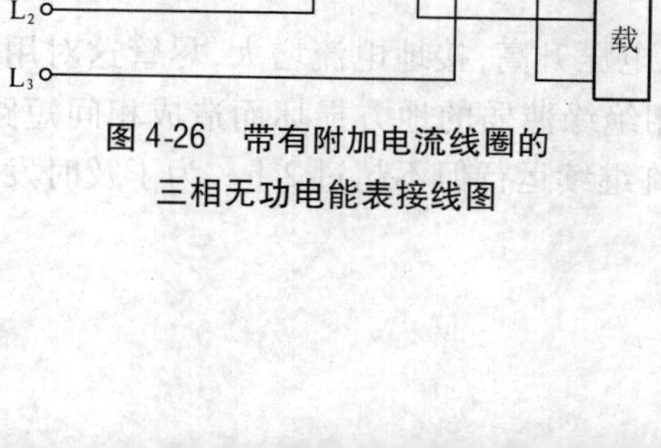

图 4-26　带有附加电流线圈的三相无功电能表接线图

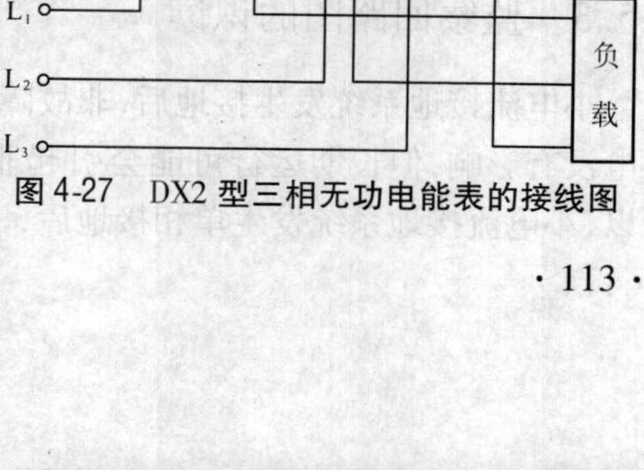

图 4-27　DX2 型三相无功电能表的接线图

通过积算机构，便可直接测出三相无功电能。

4.5.2 测量表计回路实例

图 4-28 所示为某小型水电站发电机测量表计回路分开表示式原理图。由图可以看出，发电机配置的测量表计有：电压表 2 只、电流表 1 只、三相有功功率表 2 只、三相无功功率表 1 只、三相有功电能表 1 只、三相无功电能表 1 只、频率表 2 只。电压表、有功功率表、频率表一只装设在中控室内的控制屏上，另一只装设在发电机旁的机旁屏上。

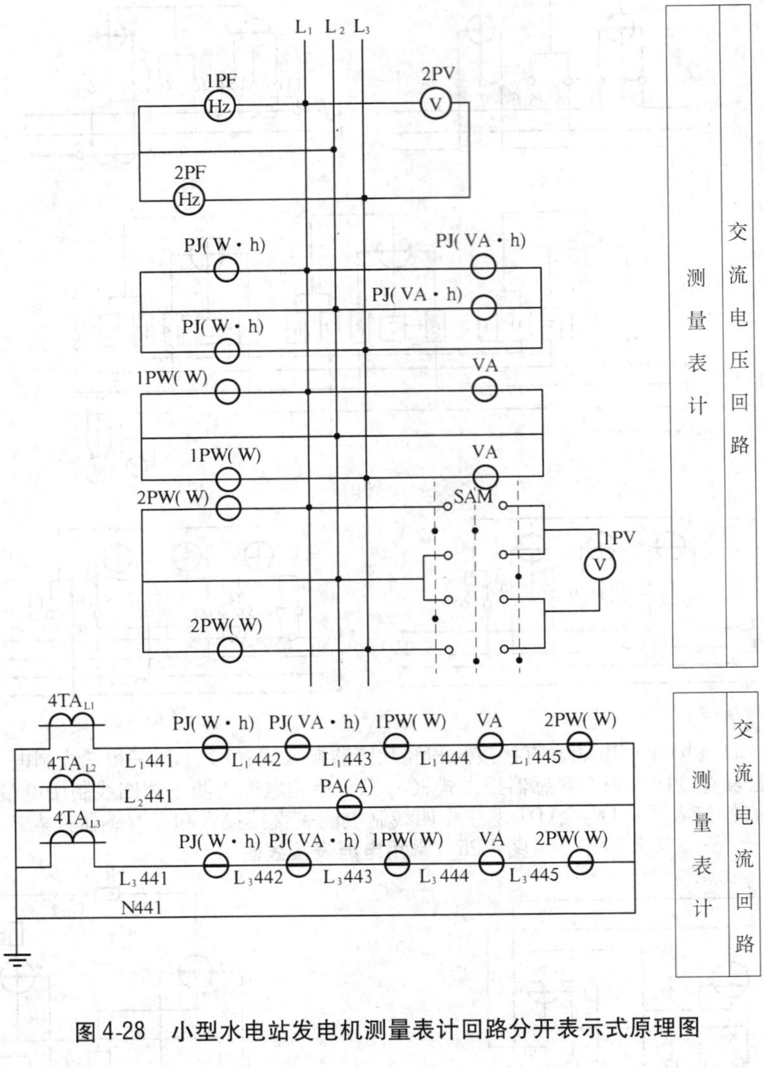

图 4-28 小型水电站发电机测量表计回路分开表示式原理图

4.5.3 监察回路图的识读

小电流接地系统发生接地后，非故障相对地电压升高，接地电流增大，尽管这对用户供电没有影响，但长期运行可能会引起非故障相绝缘薄弱的地方损坏而造成相间短路。所以，小电流接地系统发生单相接地后，一般允许继续运行但不超过 2 h。为了及时发现单相接地故障,在小电流系统中应装设专门的绝缘监察装置,在发生单相接地故障时发出信号,提醒运行人员及时采取措施。图 4-29 就是常用的交流绝缘监察原理接线图。

图 4-29 中 TV 是三个单相的电压互感器,这三个单相电压互感器的一次绕组接成 Y0 形(中性点接地),它们有两个副绕组:二次绕组和辅助绕组。其中,二次绕组接成 Y 形,用于测量、保护和同期;辅助绕组接成开口三角形,在开口端接电压继电器 KIM,用做绝缘监察。正常情况下,交流电网三相电压对称,开口三角形开口端无电压,电压继电器 KIM 不会动作。当电网某相完全接地时,三相对地电压就不再对称,开口三角形开口端就会出现约 100 V 的零序电压,导致电压继电器 KIM 动作,其动合触点闭合,接通预告信号回路,光字牌 H 带电发光并发出预告音响信号。

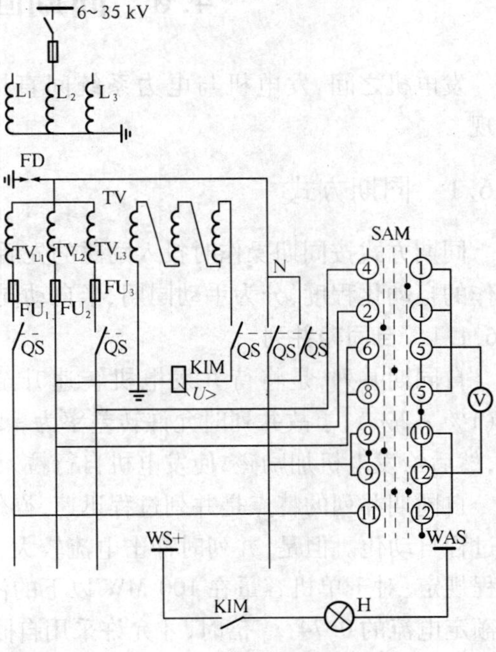

图 4-29　交流绝缘监察原理接线图

图 4-29 中电压互感器的高压侧装设了一组高压熔断器,低压侧也装设了一组低压熔断器 FU_1 ~ FU_3,在低压母线相间短路时保护二次绕组的安全。另外,该图中采用了二次侧 b 相接地的方式,这种方式可简化同期接线,是小型水电站普遍应用的方式。b 相的接地点设在 FU_2 之后,这样做的好处是当二次绕组的中性点发生接地时,二次侧 b 相绕组短路使 FU_2 熔断,从而保护了绕组。在 FU_2 熔断后,整个电压互感器的二次绕组失去了保护接地点,这对设备和人身都是不安全的。为了防止上述情况下一次绕组的高电压侵入二次绕组,威胁设备和人身的安全,在二次绕组中性点增加击穿保险器 FD 接地。FD 是一个火花间隙,正常时不放电,当加在间隙上的电压超过一定数值时,间隙被击穿而导通,起到保护接地的作用。

由辅助绕组构成的开口三角形回路一般不装设熔断器,这是因为电网运行时,开口三角形两端电压为零,如果开口端短路,熔断器也因无电而无法熔断,而且熔断时如未被发现,就会影响绝缘监察装置的正确动作;再者,根据运行经验,上述回路简单,不易发生故障,所以目前一般不装设熔断器。

为了防止在电压互感器停用或检修时由二次侧向一次侧反馈电压,造成设备和人身事故,除接地的 b 相外,其他各引出端都经电压互感器所在回路的隔离开关辅助触点 QS 引出。这样当电压互感器停用时,必须先打开隔离开关,于是和隔离开关联动的辅助触点 QS 也断开,电压互感器回路就完全断电。由于隔离开关的辅助触点有时接触不良,而中性点上的触点如果接触不良又难以发现,所以用两对触点并联,以增加可靠性。

图 4-29 中转换开关 SAM 和电压表 V 是监视电网电压用的,SAM 有五个位置,在不同位置时分别测量 L_1、L_2、L_3 相电压,L_1、L_2 两相间的线电压,处于"切开"位置时 V 中无

电压。

4.6 同期回路图的识读

发电机之间、发电机与电力系统间直接的并列运行必须借助同期（同步）装置来实现。

4.6.1 同期方式

同期方式按同期操作时投入励磁的先后顺序不同，分为准同期和自同期两类方式；按操作的自动化程度，分为手动同期、半自动同期和自动同期三种方式。

4.6.1.1 自同期并列

自同期并列，是将待并发电机转速升至接近同步转速（正常并列时转差率 S 等于 ±(1% ~2%)；事故并列时允许转差率为 ±5%，甚至更大些）时，就把待并发电机投入系统，然后给发电机加励磁，使发电机自行拉入同步。

自同期并列的特点是并列过程迅速，操作简单，减少了误操作的可能性，易于实现操作过程自动化。但是，并列时冲击电流较大，会引起电力系统电压暂时降低。因此，有关规程规定：对于单机容量在 100 MW 以下的汽轮发电机，当最大冲击电流周期分量 I 不超过额定电流的 $0.74/x_d''$ 倍时，才允许采用自同期并列；对于各种容量的水轮发电机和同步调相机，可采用自同期并列；两个系统之间的并列不能采用自同期并列。

4.6.1.2 准同期并列

准同期并列操作是将待并发电机转速升至接近同步转速后加励磁，当发电机（或待并系统）频率、电压相角、电压大小分别与运行系统（以下简称系统）频率、电压相角、电压大小接近时，把待并发电机（或待并系统）投入系统，即合上相应的断路器。

准同期并列的特点是并列时间较长，还可能由于操作人员失误，发生误操作，而造成非同期并列。但是由于此方式并列时冲击电流较小，不会引起系统电压降低，从而获得了广泛的应用。准同期并列不仅适用于发电机并入系统，而且也适用于两个系统之间的并列，所以变电站都采用准同期并列。

4.6.2 同期（同步）点的设置

当某一台断路器跳闸后，其两侧都有电源，且两侧电源有可能不同期，则这台断路器在进行合闸时就必须进行同期操作，也就是说该断路器必须设置同期点。

4.6.2.1 大型发电厂同期点的设置

如图 4-30 所示，大型发电厂的同期点有：

（1）发电机出口断路器（如 3 - QF3）及发电机—双绕组变压器组出口断路器（如 1 - QF1、4 - QF1、5 - QF1），都是同期点。因为各发电机的并列操作，通常均是利用各自的断路器进行的。

（2）母联断路器（如 6 - QF）都是同期点。它们是同一母线上的所有电源元件的后备同期点。

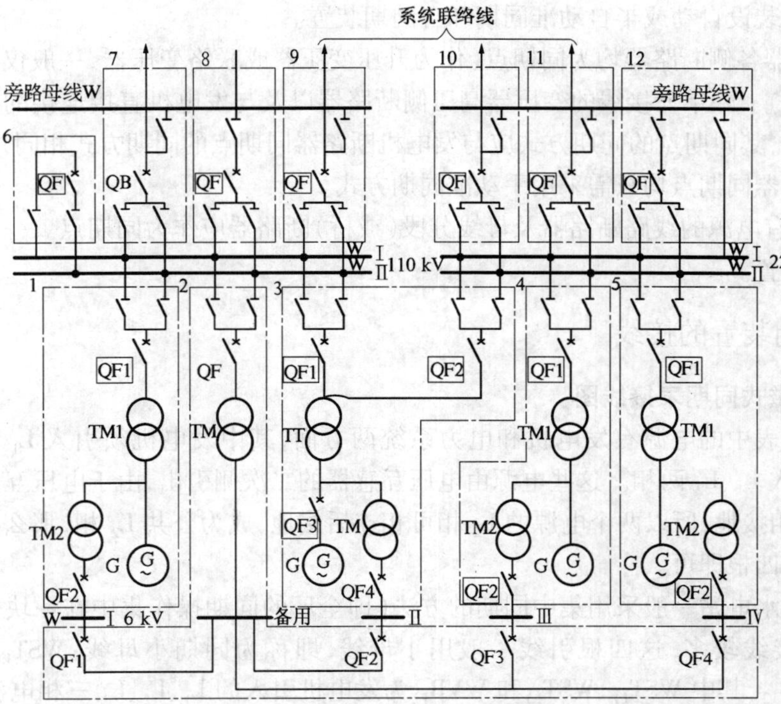

图 4-30　大型发电厂同期点的位置

(3)自耦变压器或三绕组变压器的三侧断路器(如 3 - QF1、3 - QF2、3 - QF3)都是同期点。这些同期点是为了减少并列时可能出现的倒闸操作,以保证事故情况下迅速可靠地恢复供电。

(4)系统联络线的线路断路器(如 9 - QF、10 - QF、11 - QF)都是同期点。

(5)旁路断路器(如 8 - QF、12 - QF)也是同期点。因为它可以代替联络线断路器进行并列。

(6)厂用 6 kVⅢ、Ⅳ段母线电源进线断路器也是同期点。这是因为发电机—变压器组接入 220 kV 系统,而备用变压器 TM 接入 110 kV 系统,即它们未接在同一系统。与此相反,厂用Ⅰ、Ⅱ段母线电源进线断路器不是同期点。

4.6.2.2　小型水电站同期点的设置

小型水电站同期点及同期方式选定见图 4-31。

(1)发电机断路器和发电机—变压器组的高压侧断路器均需作为同期点。在此同期点必须装设手动准同期装置,

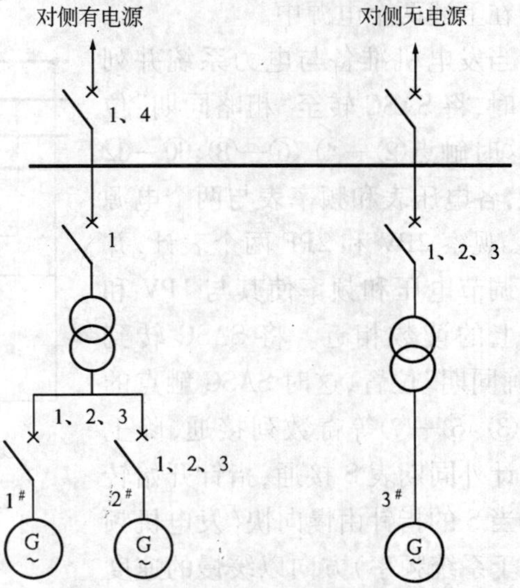

1—手动准同期;2—自动准同期;

3—自同期;4—检查同期重合闸

图 4-31　同期点及同期方式选定

根据需要还可装设自动或半自动准同期和自同期装置。

(2)变压器各侧断路器均为同期点(作为升压变压器或联络变压器,一般仅一侧断路器作为同期点)。除单元接线的变压器高压侧断路器以及与发电机直接连接的变压器低压侧的断路器,其同期点的同期方式应与发电机断路器同期点的同期方式相同外,其余变压器各侧断路器同期点均只需采用手动准同期方式。

(3)对侧有电源的线路断路器及母线分段(或桥)断路器应作为同期点。一般仅装设手动准同期装置。

4.6.3 同期装置的接线

4.6.3.1 电磁式同期表接线图

接在同期表中的电源有发电机和电力系统两方面,其中发电机须引入 L_1、L_2、L_3 三相,系统须引入 L_1、L_2 两相。这些电源由电压互感器的二次侧引出,由于电压互感器的二次侧一般 L_2 相接地,所以两个电源的 L_2 相可相连后接地,成为公共 L_2 相,那么接到同期表的引线仅需四根即可。

由于小型水电站一般采用集中同期的方法(即全厂的同期操作集中在一块公用屏上进行),同期接线较多,这四根引线一般用小母线,即称为同期小母线:WST_{L1}、WST_{L3}、WOS_{L1} 和 WVB_{L2},其中 WST_{L1}、WST_{L3} 和 WVB_{L2} 为发电机引入的 L_1、L_2、L_3 三相电源,WOS_{L1} 和 WVB_{L2} 为系统引入的 L_1、L_2 相电源。

图 4-32 为 1T1 – S 型电磁式同期表接线图。图中 SASC 为手动同期开关,型号为 LWZ – 2、2、2、2、2/F4 – 8x,它有“粗略同期”、“断开”及“精确同期”三个位置。图中还有两个电压表 1PV 和 2PV,两个频率表 1PF 和 2PF,它们分别接在发电机和系统两个电源中,用以监视两个电源的电压和频率。此外,还有同期检查继电器 KSY,它的两个线圈分别接在上述两个电源中。

当发电机准备与电力系统并列运行时,将 SASC 转至“粗略同期”位置,这时触点②—④、⑥—⑧、⑩—⑫接通,各电压表和频率表与两个电源接通,观察 2PV 和 2PF 两个表计,并手动调节电压和频率使其与 1PV 和 1PF 上的读数相近。将 SASC 转到“精确同期”位置,这时 SASC 触点的①—③、⑤—⑦等奇数列接通,除上述表计外同期表 S 接通,指针开始转动。当 S 的指针由慢向快(发电机频率低于系统频率)方向以缓慢的速度(3 ~4 rad/min)旋转至红线时,即可对断路器发出合闸脉冲,发电机和电力系统就可以并列运行。每次同期

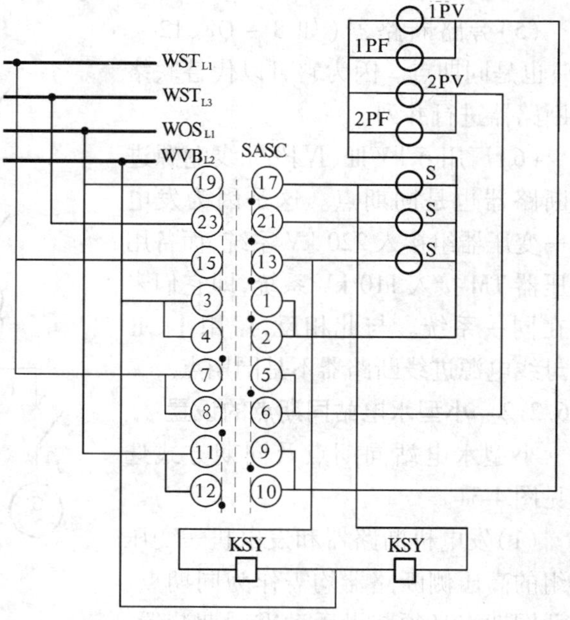

图 4-32 电磁式同期表接线图

操作时，都要用上1PV、2PV、1PF、2PF和S表，于是将上述5只表计装在一块小屏中，这就是“同期小屏”。

同期开关SASC在“粗略同期”时切开同期表S回路，其目的是保护同期表S，因为S表带电时间不能太长，否则有损坏的可能。再者，当两者频率相差太大时接通S表，S表的指针会抖动而不转，易引起操作人员的误会，以为两边频率已相等。

同期检查继电器KSY接入的作用是当两边电源在相角差较大时不能合上断路器，避免对发电机产生破坏作用。因KSY的触点接在断路器的控制闭锁回路里，若两电源相角差过大，则触点闭合的时间极短，断路器不可能瞬时合闸。

4.6.3.2 组合式同期表的接线

MZ－10组合式同期表由于体积小，较同期屏经济，可直接安装在控制屏上，目前广泛应用于新建的小型电站中。

图4-33为组合式同期表接线图，除MZ－10部分接线不同外，其余接线都同图4-31。MZ－10的接线端子A、B、C分别通过SASC接到WST_{L1}、WVB_{L2}和WST_{L3}上，A_0和A_0'分别通过SASC的触点，接到WOS_{L1}上，B_0和B_0'通过SASC的触点接到WVB_{L2}上。当发电机须与系统并列运行时，将SASC转至“粗略同期”位置，这时A_0、B_0回路接通，频率差表和电压差表接通，指针开始指示，反映出两边电源的频率差和电压差，当调节机组使频率差和电压差甚小时，将SASC转至“精确同期”位置，A_0'和B_0'回路接通，整步表投入工作，下面顺序就和电磁式同期表的一样。

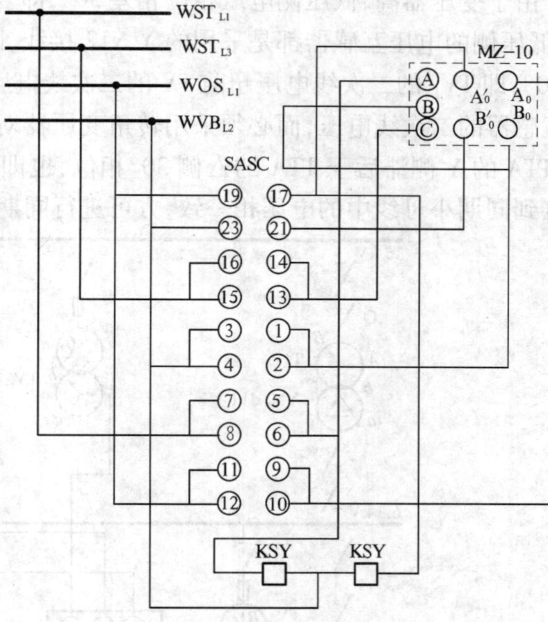

图4-33 组合式同期表接线图

4.6.3.3 同期闭锁接线

为了避免在较大的相角差下合闸，在手动准同期合闸回路中设有同期闭锁装置。

带有闭锁的断路器合闸回路如图4-34所示，在断路器QF的合闸回路中串入同期闭锁母线1WSC和2WSC，也就是串入同期检查继电器KSY的动断触点。当同期双方电压相位的差值超过整定值时，KSY的动断触点的闭合时间极短。这样，不管怎样操作SAC，QF都不能合闸，只有当同期双方电压相位的差值在整定范围内时，KSY的动断触点闭合时间较长，QF的合闸回路方可接通。与KSY的动断触点并联的有闭锁开关SAL，它的作用是当同期双方的某一方无电时（如系统事故后解列运行），这时已不需要同期，直接合上SAC即可操作，但KSY的两个线圈因一方无电，其动断触点不能闭合，此时只有手动操作闭锁开关SAL，使①—③接通，QF的控制回路才能接通，保证QF合闸。

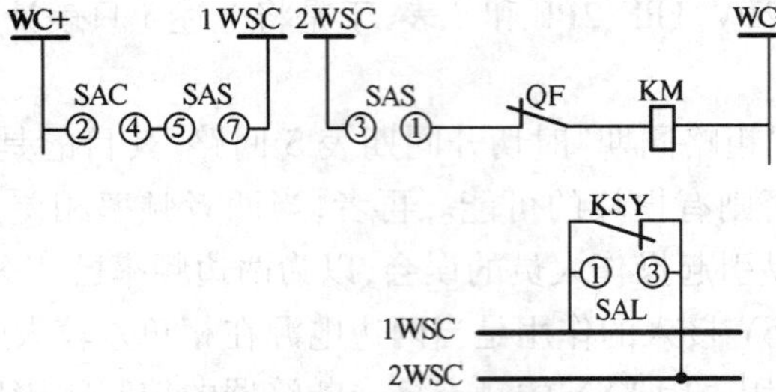

图 4-34　带有闭锁的断路器合闸回路

4.6.3.4　转角变压器

对于具有 Y,d11 接线的双绕组变压器，当利用低压三角形侧的断路器进行并列时，同步电压分别从其高、低压侧互感器引出，如图 4-35 所示。

由于变压器高、低压侧电压相位相差 30°，即三角形侧电压超前星形侧 30°，而变压器高、低压侧的电压互感器都是采用的 Y,y12 接线，因此 TV_1 和 TV 的二次侧电压的相位也差 30°，即 TV_1 的二次线电压超前 TV 的二次线电压 30°。所以，同步电压不能直接采用电压互感器的二次线电压，而必须采用转角变压器对此相位差进行补偿。接入转角变压器后，TTA 的 Y 侧滞后于 TTA 的△侧 30°相位，也即滞后于主变压器 T 的△侧 30°相位，所以接到同期小母线中的电压相一致，方可进行同期操作。

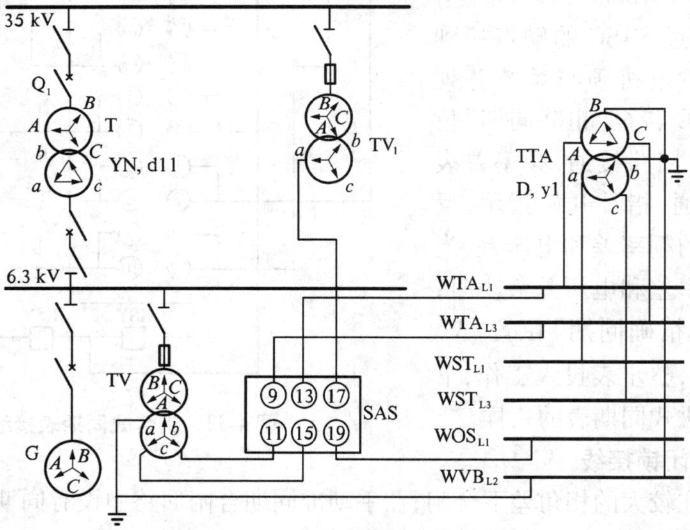

图 4-35　同期电压的引入接线图

4.6.4　小型水电站手动准同期系统图识读示例

图 4-36 所示为小型水电站手动准同期系统图。

图 4-36 中有四个同期点，其中主变压器的同期点设在低压侧。无需将电压进行转角补偿的同期点有 1QF、2QF、5QF；需要进行转角补偿的同期点是 3QF。

4.6.4.1　不需进行转角补偿的同期点

1. 发电机同期并列（以 2#发电机(2G)与 1#发电机(1G)并列为例）

(1)发电机开机、启动，调整电压、频率与运行系统基本相同。

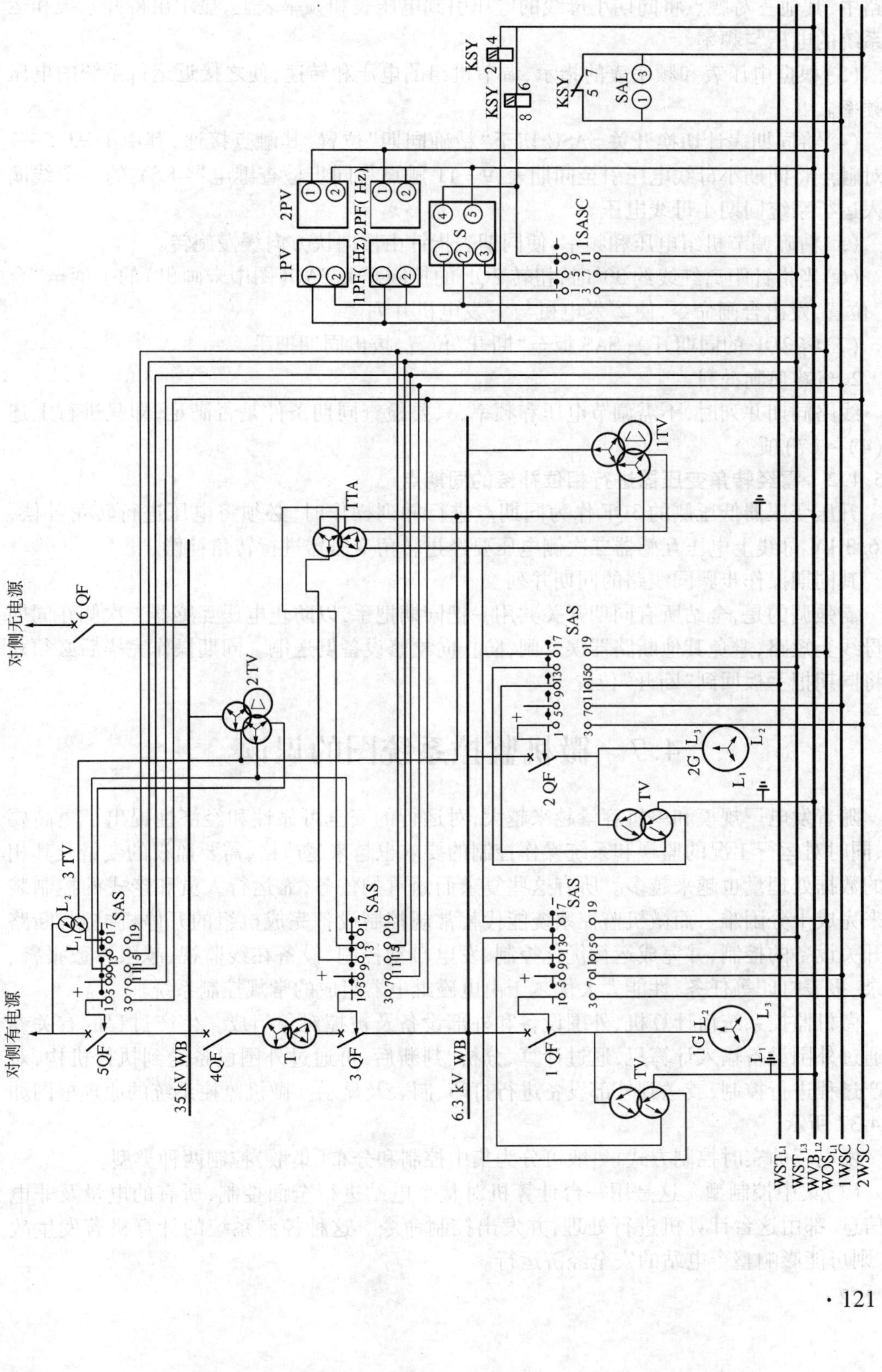

图 4-36 小型水电站手动准同期系统图

(2)将同期把手插入2QF的同期开关SAS中,并扳至“投入”位置,同期开关SAS的5对触点均接通,其中1—3、5—7这两对触点将同步检查继电器KSY的动断触点接入合闸回路中,其他三对触点将同期小母线的电压引到电压表和频率表上,显示出待并系统和运行系统的电压与频率。

(3)根据电压表和频率表的指示,调节机组的电压和转速,使之接近运行系统的电压和频率。

(4)将同期表计切换开关SASC切至“精确同期”位置,其触点接通,其中1—3、5—7两对触点将同期小母线电压引至同期表,9—11触点将同步检查继电器KSY的一个线圈接入运行系统同期小母线电压。

(5)精确调节机组电压和频率,使同期表指针由慢向快方向缓慢旋转。

(6)当指针距离红线约30°时,扭转2QF的控制开关SAC(图中未画出)的手柄至“合闸”位置,发出合闸命令,使2#发电机与1#发电机并列。

(7)将2QF的同期开关SAS扳至“断开”位置,拔出同期把手。

2. 线路同期并列

线路同期并列时,不需调节电压和频率,只要检查同期条件是否满足,即只进行上述的(4)~(7)项。

4.6.4.2 需经转角变压器进行相位补偿的同期点

升压变压器低压侧的3QF作为同期点进行并列操作时,必须将电压进行转角补偿,即6.3 kV母线上电压互感器二次侧电压要经过转角变压器进行转角补偿。

其同期操作步骤同线路的同期并列。

需强调的是,全站所有同期开关共用一把同期把手,以防止电压互感器二次侧在同期小母线上短路,避免其他断路器误合闸,防止向检修设备倒送电。同期操作完毕后必须立即将同期把手扳回到“断开”位置。

4.7 微机监控系统图的识读

随着发电厂规模和单机容量越来越大,对运行的安全可靠性和经济性提出了更高要求,同时对运行工况的监视和系统操作控制的要求也越来越严格,需要监视的变量及其相应的数据处理量也越来越多。所有这些复杂而繁重的任务,靠运行人员和老式的控制装置来完成十分困难。而微机监控系统能代替常规控制设备完成机组的开停机控制,断路器开关设备的控制,并完成运行优化控制、发电自动控制、设备在线监视、越限参数报警、记录、报表打印等任务,性能大大优越于由电磁继电器组成的常规控制系统。

微机监控系统由计算机、外围设备和外部设备及被控对象组成。生产过程的有关参数通过外围设备输入计算机,通过计算、分析、判断后,再通过外围设备送到执行机构,对生产过程进行控制,或送到外部设备进行打印、制表及显示。微机监控系统的原理框图如图4-37所示。

发电厂的实时控制方式,一般可分为集中控制和分布(集散)控制两种类型。

(1)集中控制型。这是用一台计算机对整个电站进行全面控制,所有的电量及非电量信息,都由这台计算机进行处理,并发出控制命令。这种控制系统的计算机若发生故障,则可能影响整个电站的安全经济运行。

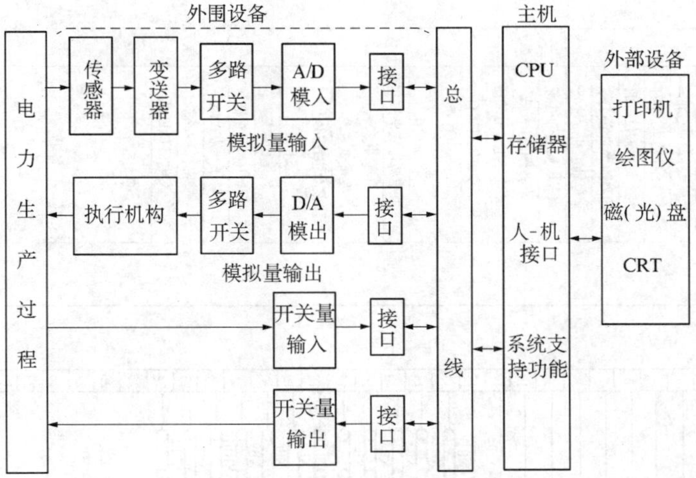

图 4-37 微机监控系统的原理框图

(2)分布控制型。它将整个电站的控制分为两级:全电站管理级和单元控制级。全电站管理级主要负责协调处理全面性的自动化功能,如经济运行、发电控制、安全控制、自动电压控制以及监测和发送报表等,一般采用高级微型机或小型计算机。基层的控制任务则由单元控制级来完成,它通常按控制对象设置,一般采用微型机。单元控制级能独立完成对控制对象的数据采集、运行监视、控制操作及稳定调节等任务。单元控制器是构成整个控制系统的基础,由于它具有一定的处理能力,能分担全电站管理级的部分处理任务,故可减少控制系统的信息流通量,降低对全电站管理级计算机在规模、速度和可靠性方面的要求。单元控制级接收全电站管理级命令,实行对控制对象的控制,而全电站管理级则对整个电厂的生产过程进行调度管理和监控。

图 4-38、图 4-39 所示为由可编程控制器 PLC 构成的水轮发电机组监控系统接线。以发电机电气事故为例,在图 4-37 中,事故信息经端子 X2—15 事故出口无压触点输入,经软件处理后,又经中间继电器线圈输出,去关导叶,跳灭磁开关、发电机出口断路器,发事故信号等。水轮发电机组控制的逻辑关系由 PLC 完成,继电器一般只作为中间继电器,而不是完成逻辑功能的。

由于水轮发电机组直接操作电压一般为 DC220 V,而 PLC 是 DC24 V 的,且输出模块不能直接对机组进行控制,加之 PLC 输出模块每路输出功率有限,因此在一般情况下,PLC 输出模块通过 DC24 V 的中间继电器的线圈启动来完成对机组的控制。例如发电机差动保护动作,中间继电器无电压触点接入 PLC 输入模块,由 PLC 软件完成逻辑功能后,再由 PLC 输出模块经 DC24 V 中间继电器线圈输出,它的触点在通过 DC220 V 的水轮机的关机回路和发电机出口断路器的自动跳闸回路时跳闸,并启动中央音响系统发事故信号,同时发出语音信号,将信号送至上位机。

图 4-40 为某水电站计算机监控系统配置图,该厂装机 21 台,总容量 271.5 万 kW。微机监控系统采用按功能划分和按控制对象划分相结合的分布式控制系统,大江电厂采用按控制对象分布处理方式,而二江电厂采用按功能划分的方案。大江电厂上位机采用两台 MICRO VAX－Ⅱ计算机,下位机用微处理机代替常规控制设备的功能。二江电厂监控系统采用 PDP－11/24 小型计算机系统加上一些监测、调节和显示记录装置。

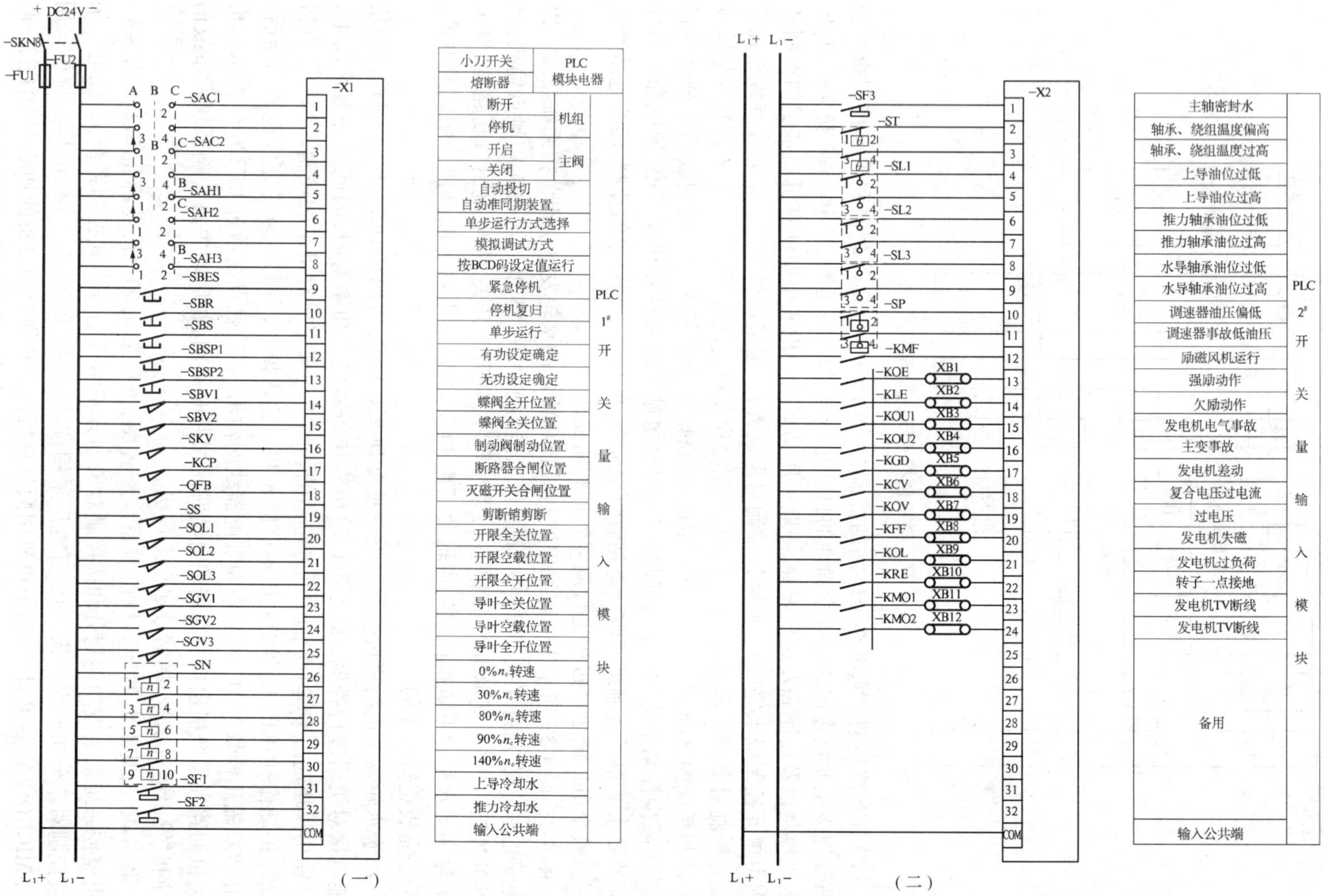

图 4-38 机组计算机监控系统接线输入原理图

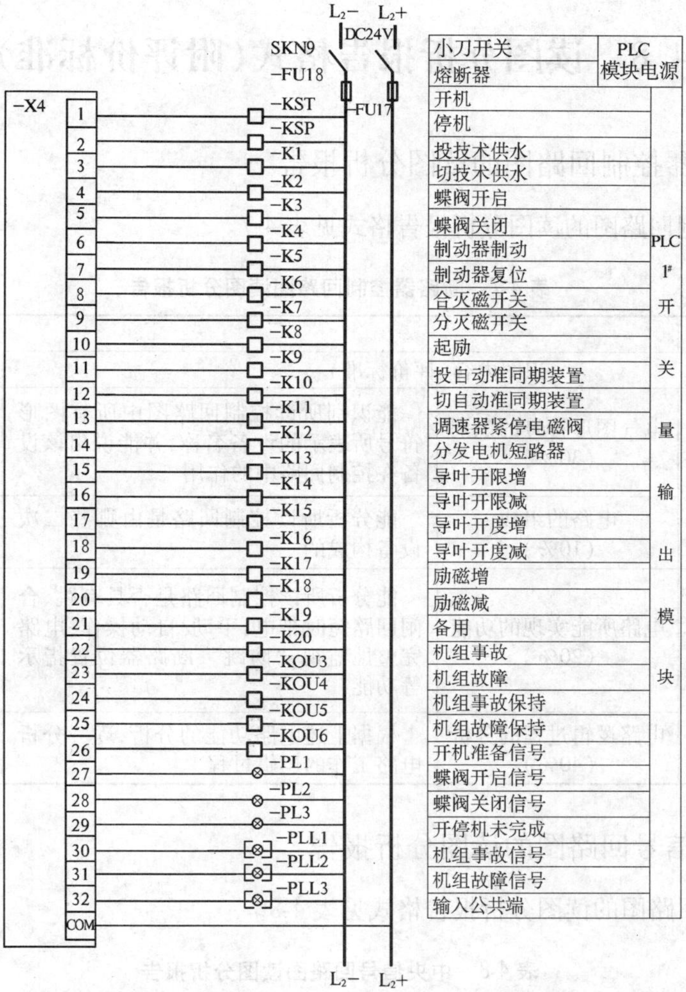

图 4-39　机组计算机监控系统输出原理图

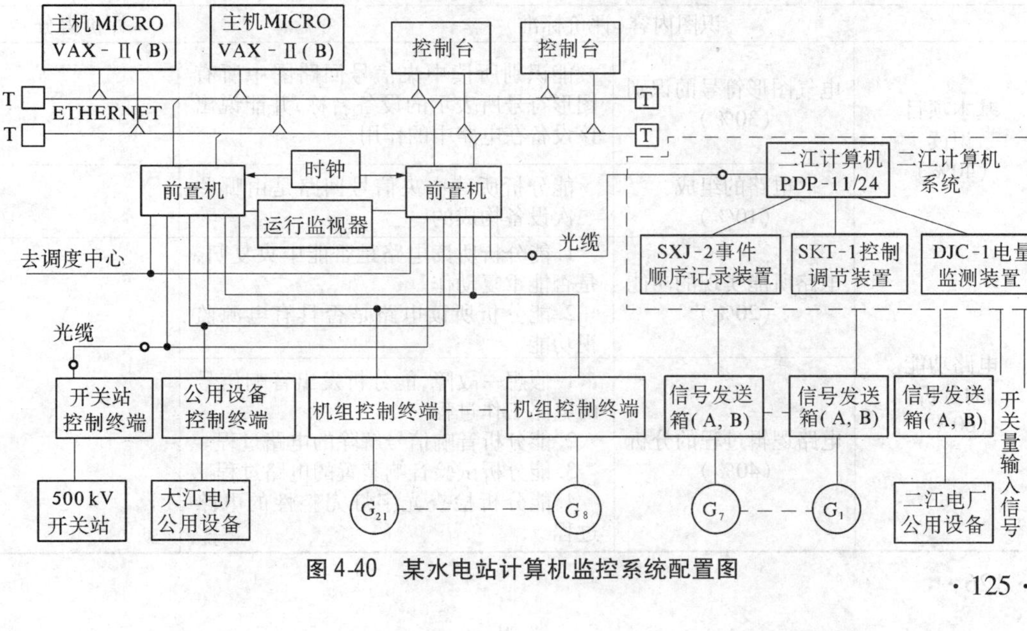

图 4-40　某水电站计算机监控系统配置图

4.8 读图分析报告格式(附评价标准)

4.8.1 断路器控制回路图的读图分析报告

断路器控制回路图的读图分析报告格式见表4-7。

表4-7 断路器控制回路图读图分析报告

图　名			
识图内容(评价标准)			评价得分
基本项目识读(40%)	电气图形符号的识别(30%)	能识别所读控制回路图中所有图形符号所表示的设备名称,并能说出该设备在控制回路中的作用	
	电路的组成(10%)	能分析所读控制回路是由哪些二次设备构成的	
电路功能的分析(60%)	电路所能实现的功能(20%)	能分析所读控制回路是否具有跳、合闸回路短时带电,手动/自动操作,电路完整性监视,"防跳",断路器位置指示等功能	
	电路逻辑过程的分析(40%)	根据上述电路功能的分析,逐一分析电路工作的逻辑过程	

4.8.2 中央信号回路图的读图分析报告

中央信号回路图的读图分析报告格式见表4-8。

表4-8 中央信号回路图读图分析报告

图　名			
识图内容(评价标准)			评价得分
基本项目识读(40%)	电气图形符号的识别(30%)	能识别所读中央信号回路图中所有图形符号所表示的设备名称,并能说出该设备在电路中的作用	
	电路的组成(10%)	能分析所读中央信号回路是由哪些二次设备构成的	
电路功能的分析(60%)	电路所能实现的功能(20%)	1. 能分析所读电路是否能中央复归,是否能重复动作。 2. 能分析所读电路是否具有电源监视功能	
	电路逻辑过程的分析(40%)	1. 假想一故障,能分析发出音响信号的电路工作过程。 2. 能分析音响信号解除的电路过程。 3. 能分析试验音响装置的电路过程。 4. 能分析检查光字灯完整性的电路过程	

4.8.3 测量回路图的读图分析报告

测量回路图的读图分析报告格式见表4-9。

表4-9 测量回路图读图分析报告

图　名			
识图内容(评价标准)			评价得分
基本项目识读(50%)	电气图形符号的识别(20%)	能识别所读接线图中所有图形符号所表示的设备名称	
	电路的组成(30%)	能分析所读回路图中配置了哪些仪表,每种仪表测量什么物理量	
仪表使用的分析(50%)	仪表的安装(30%)	1. 能根据电路图说出每种仪表是如何接入的。 2. 能指出每种仪表安装的位置	
	仪表的读数(20%)	能正确读出每种仪表的读数,确定被测量量的大小	

4.8.4 监察回路图的读图分析报告

监察回路图的读图分析报告格式见表4-10。

表4-10 监察回路图读图分析报告

图　名			
识图内容(评价标准)			评价得分
基本项目识读(40%)	电气图形符号的识别(30%)	能识别所读接线图中所有图形符号所表示的设备名称,并说出该设备的作用	
	电路的组成(10%)	能分析所读回路图由哪些二次设备组成	
电路功能的分析(60%)	电路功能的分析(30%)	1. 能分析装设绝缘监察装置的意义。 2. 假想发生单相接地故障,能分析装置动作的逻辑过程和动作的结果	
	装置动作的处理(30%)	能说出装置动作后处理的方法和步骤	

4.8.5 同期回路图的读图分析报告

同期回路图的读图分析报告格式见表4-11。

表 4-11　同期回路图读图分析报告

图　名			
识图内容(评价标准)			评价得分
基本项目识读(40%)	电气图形符号的识别(20%)	能识别所读接线图中所有图形符号所表示的设备名称,并说出该设备的作用	
	电路的组成(20%)	能分析所读回路图由哪些二次设备组成	
电路功能的分析(60%)	电路功能的分析(40%)	1. 能分析所读电路设置了几个同期点。 2. 能分析所读电路是否需要进行转角补偿。 3. 能分析每一个同期点的同期电压信号是如何引至同期装置的	
	同期操作的方法(20%)	拟出所读同期回路图中各同期点并列操作的步骤	

4.9　读图练习

(1)识读图 4-41 所示具有音响监视的断路器控制回路(一)。

(2)识读图 4-42 所示具有音响监视的断路器控制回路(二)。

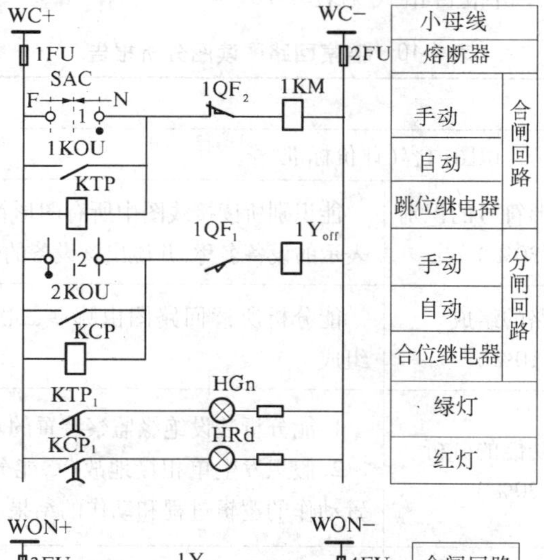

图 4-41　具有音响监视的断路器控制回路图(一)

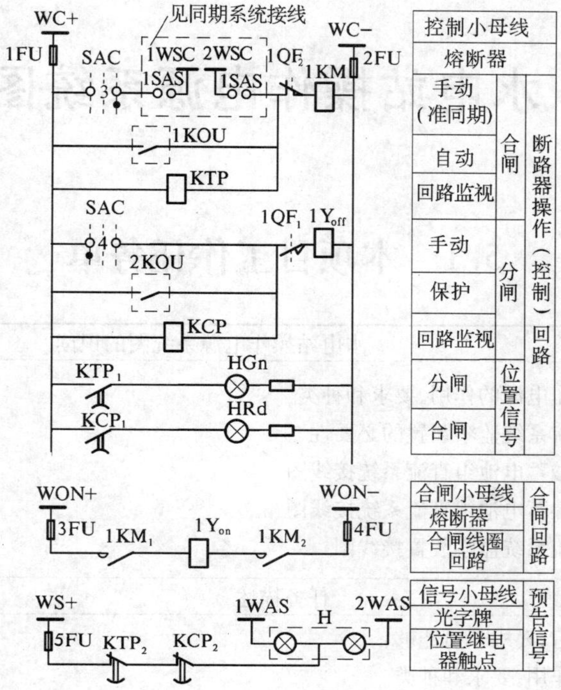

图 4-42　具有音响监视的断路器控制回路图(二)

项目5　水电站操作电源系统图的识读

5.1　本项目工作任务单

<table>
<tr><td>任务单</td><td>水电站操作电源系统图的识读</td></tr>
<tr><td>任务一
任务二
任务三
任务四
任务五</td><td>认知操作电源的作用、要求和种类
认知直流系统监察装置的必要性
识读铅酸蓄电池组直流系统接线图
识读镉镍蓄电池组直流系统接线图
识读直流系统监察装置接线图</td></tr>
<tr><td colspan="2">任务描述</td></tr>
<tr><td colspan="2">通过本学习项目的学习,要求学员能够:
1. 熟悉操作电源的作用、要求和种类。
2. 了解直流系统的组成,了解蓄电池组运行方式的特点。
3. 掌握直流系统监察装置的组成、作用。
4. 识读蓄电池组直流系统图,说明系统的组成和各组成部分(包括仪表)的作用,并指出蓄电池组充电回路、放电回路。
5. 识读直流监察装置电路图,说明装置的组成和各组成部分的作用,并掌握装置动作后的处理方法。</td></tr>
<tr><td colspan="2">引导文</td></tr>
<tr><td colspan="2">【基础知识的认知】
1. 什么是操作电源?对操作电源有什么基本要求?
2. 操作电源有哪些种类?
3. 蓄电池组直流系统的优点有哪些?
4. 蓄电池组有几种运行方式?
5. 为什么直流系统要装设绝缘监察装置?
6. 如何检查直流绝缘是否良好?
7. 直流发生接地后,如何判断接地极?
8. 为什么直流电压不能过高或过低?如何监视直流系统的电压?
9. 如何查找直流系统中的一点接地故障点?
【识图能力训练】
1. 铅酸蓄电池直流系统图的识读。
2. 镉镍蓄电池直流系统图的识读。
3. 直流系统监察装置图的识读。
4. 填写识图分析报告。</td></tr>
</table>

5.2　操作电源的基本知识

发电厂、变电所中各种电气设备的操作、控制、保护、信号及自动装置，都需要有可靠的供电电源，由于这种电源特别重要，所以一般都专门设置，通常又称其为操作电源。

5.2.1　对操作电源的基本要求

对操作电源的基本要求是：

(1)应保证供电的可靠性。最好装设独立的直流操作电源，以免因交流系统故障而影响操作电源的正常供电。

(2)应具备足够的容量。满足事故停电时，发电厂、变电所的直流电源负荷、最大冲击负荷及1 h事故照明等用电需要；且能保证直流母线电压在规定的额定值(正常运行时，操作电源母线电压波动范围不超过±5%额定值；事故时，操作电源母线电压不低于90%额定值；失去浮充电源后，在最大负荷下的直流电压不低于80%额定值)。

(3)波纹系数小于5%。

(4)在蓄电池充电或进行核对性放电时，应保证不影响对直流负荷的供电。

(5)使用寿命长、维护工作量小、投资少、占地面积小。

5.2.2　操作电源的分类

按电源性质的不同，操作电源分为直流操作电源和交流操作电源，以直流操作电源为主。直流操作电源(以下简称直流电源)又分为独立电源和非独立电源两种。独立电源是指不受外界影响的固定电源，如蓄电池组直流电源；非独立电源又分为复式整流和硅整流电容储能直流操作电源两种。按电压等级分为220 V、110 V、48 V和24 V等。

5.2.2.1　蓄电池直流电源系统

蓄电池直流电源是一种可多次充电使用的化学电源，由多节蓄电池组成一定电压的蓄电池组，作为与电力系统运行状态无关的独立可靠的直流操作电源，即使在全厂(站)交流系统全部停电的情况下，仍能在一段时间内可靠地给部分重要设备供电，是最稳定、最可靠的直流电源。蓄电池直流电源是发电厂、变电所常用的操作电源。

蓄电池组的电压通常采用110 V或220 V。

5.2.2.2　电源变换式直流电源系统

电源变换式直流电源是由220 V交流电源经可控硅整流变为48 V直流电源，供全厂(站)48 V操作用电，并对蓄电池进行浮充电，同时可经逆变装置将直流电源变为交流电源，再整流为220 V直流电源的多功能新型独立电源。在中、小型变电所中，电源变换式直流电源系统得到了广泛应用。

5.2.2.3　复式整流直流电源系统

复式整流直流电源是一种非独立式的操作电源，是以所用变压器、电压互感器的二次电压，电流互感器的二次电流等作为输入量的复合式整流设备。在正常运行状态下，由所用变压器或电压互感器的二次电压经整流后供电；在事故状态下，由电流互感器的二次短路电流，通过铁磁谐振稳压器变为交流电压，经整流作为事故电源，供保护装置、断路器跳闸等重要负荷使用。

复式整流直流电源系统可用于线路较多、继电保护较复杂、容量较大的变电站。

5.2.2.4　**硅整流电容储能直流电源系统**

硅整流电容储能直流电源系统是由硅整流设备和电容器组构成的。在正常运行时，发电厂、变电所用交流电源经硅整流设备变为直流电源，作为全所的操作电源并向电容器充电。在事故情况下，将电容器储存的电能向继电保护、自动装置及断路器跳闸回路供电，以确保继电保护及断路器可靠动作。

硅整流电容储能直流电源系统只适用于35 kV及其以下变电站，或用于继电保护较简单的110 kV及其以下电压等级的终端变电站。

5.2.2.5　**交流操作电源**

交流操作电源就是直接用交流电源作为二次接线系统的工作电源。采用交流操作电源时，一般由电流互感器供电给反映短路故障的继电器和断路器的跳闸线圈；由自用电变压器供电给断路器合闸线圈；由电压互感器（或自用电变压器）供电给控制与信号设备。这种操作电源接线简单、维护方便、投资少，但其技术性尚不能满足大、中型发电厂和变电站的要求。

5.3　蓄电池直流系统图的识读

5.3.1　蓄电池的种类

按电极材料和电解液不同，蓄电池可以分为酸性蓄电池和碱性蓄电池两种。

（1）酸性蓄电池。电解液为27%～37%的硫酸水溶液，电极以二氧化铅为正极板、绒状铅为负极板。其端电压相对较高（2.15 V），冲击放电电流大，很适用于断路器跳、合闸的冲击负荷。其主要缺点是寿命较短，充电时会有有害气体逸出，蓄电池室需做防酸和防爆的建筑处理。

过去常用的酸性蓄电池是GGF固定型防酸隔爆式铅酸蓄电池、GGM型密闭防酸隔爆式铅酸蓄电池。目前广泛应用于发电厂、变电所直流系统中的是免维护固体胶状铅酸蓄电池，除采用特制的固体状的硅凝胶电解质代替原来的硫酸电解液外，其他原理基本相同。胶体蓄电池具有电压高、容量大、稳定可靠，无渗液、无溢酸，寿命长，耐过充、过放性能好，耐热、耐寒性好，维护工作量小等优点，无需专门的蓄电池室布置，可直接布置在直流屏中。

（2）碱性蓄电池。电解液为20%的氢氧化钾水溶液，电极用氢氧化镍做正极板、用镉或铁做负极板，前者称之为镉镍蓄电池，后者称之为铁镍蓄电池。其具有体积小、寿命长、维护方便、无酸气腐蚀等优点，但事故放电电流小。发电厂、变电所常采用镉镍蓄电池。

5.3.2　蓄电池直流系统的运行方式

蓄电池直流系统的运行方式有两种：充电－放电运行方式和浮充电运行方式。目前，多数蓄电池直流系统采用的是浮充电运行方式。

(1)充电－放电运行方式。充电－放电运行方式就是将充好电的蓄电池组接在直流母线上对直流负荷供电,同时断开充电装置。当蓄电池放电到其容量的75%～80%时,为保证直流供电系统的可靠性,即自行停止放电。通常每运行1～2昼夜就要充电一次,操作频繁,蓄电池易老化,极板易损坏,所以这种方式很少采用。

(2)浮充电运行方式。浮充电运行方式就是将充好电的蓄电池组与浮充电整流器并联工作,平时由整流器供给直流负荷用电,并以不大的电流向蓄电池组浮充电,以弥补电池因漏电而使其电压下降的缺陷,使蓄电池处于充满电状态。浮充电运行的蓄电池组能承担短时冲击负荷(如断路器合闸电流)和事故负荷。浮充电运行方式既提高了直流系统的可靠性,又提高了蓄电池的使用寿命,所以得到了广泛应用。

5.3.3 铅酸蓄电池直流系统图的识读

蓄电池直流系统图如图5-1所示。

5.3.3.1 系统的组成

该直流系统是由2套充电设备U_1和U_2、蓄电池组、3只电压表PV、4只电流表PA、2套直流电压监察装置、2套直流绝缘监察装置、2套闪光装置、4组刀开关、2组直流母线、熔断器等组成的。

下面介绍充电设备、开关、仪表等的作用,电压和绝缘的监察在5.4节中详细介绍,闪光装置在本书项目4中已做介绍,这里不再重复。

5.3.3.2 各组成部分的作用

硅整流器U_1为充电设备,它在充电过程中,除向蓄电池组提供电源外,还可以担负母线上的全部直流负荷。在整流器U_1回路中装有双投开关QK_3,以便使整流器U_1既可对蓄电池进行充电(触点2—3、5—6接通),也可以直接接入母线上,直接接带直流负荷(触点1—2、4—5接通)。在其出口回路中,装有电压表PV_2和电流表PA_3,用以测量端电压和充电电流。为了便于蓄电池放电,整流器U_1宜采用能实现逆变的整流装置。

整流器U_2为浮充电设备,它在浮充电过程中,除接带母线上的经常性负荷外,同时以较小的电流(其值约等于0.03 $Q_N/36$A)向蓄电池浮充电,用以补偿蓄电池的自放电损耗,使蓄电池经常处于充满电状态。在整流器U_2的回路中装有双投开关QK_4,以便使整流器U_2既可接入母线(触点1—2、4—5接通),接带母线上经常性负荷和向蓄电池浮充电,又可对蓄电池进行充电(触点2—3、5—6接通)。在整流器U_2的出口回路中装有电压表PV_3和电流表PA_4,用以测量端电压和浮充电流。

在蓄电池回路中装有2组开关QK_1、QK_2,熔断器,2只电流表PA_1、PA_2和1只电压表PV_1。2组开关QK_1和QK_2可以将蓄电池切换至任一组母线上运行。熔断器用于短路保护。电流表PA_1为双向电流表,用以测量充电和放电电流。电流表PA_2用来测量浮充电电流,正常时被短接,测量时,可利用按钮SB使接触器KM的常闭触点断开后测读。电压表PV_1用来测量蓄电池端电压。

5.3.3.3 充电－放电运行方式的操作

结合图5-2说明蓄电池充电－放电运行方式的有关操作。

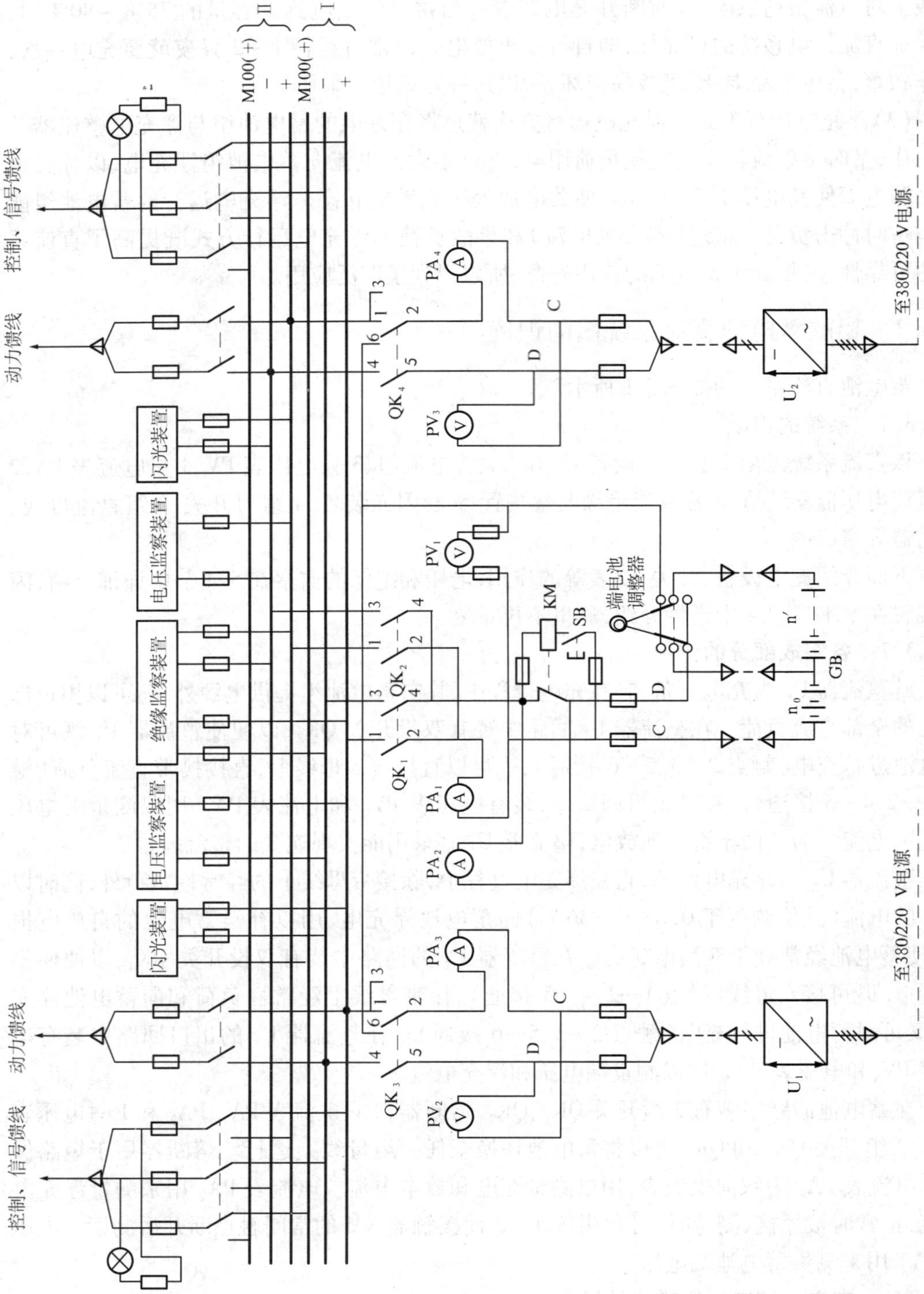

图 5-1　蓄电池直流系统图

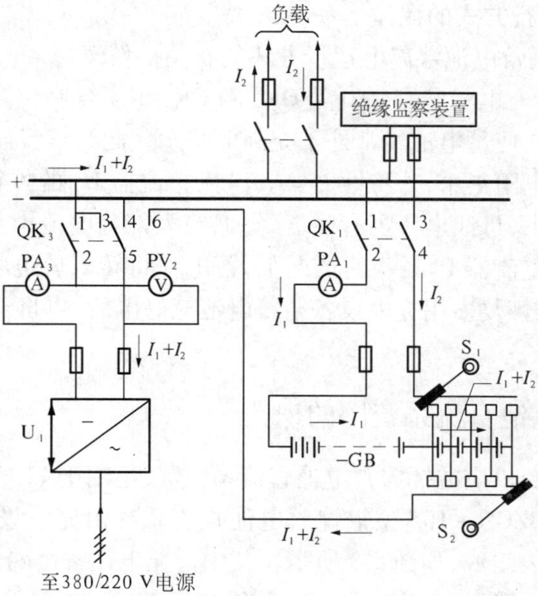

图 5-2　充电－放电运行方式的蓄电池系统

放电手柄 S_1 的作用是在蓄电池端电压变化时，调整蓄电池的接入数目，用以维持直流母线工作电压。充电手柄 S_2 的作用是在充电时，将已充好电的蓄电池提前停止充电。

在蓄电池放电的最初阶段，放电手柄 S_1 置于最左端（即端电池和基本电池之间），双投开关 QK_3 处于断开位置（其触点全部断开），开关 QK_1 置于接通位置（其触点 1—2、3—4 接通），则蓄电池接入母线，接带直流负荷。

在放电过程中，蓄电池的端电压会降低，为了保持母线电压恒定，要将放电手柄 S_1 逐渐右移到最右端，以增加接入蓄电池的个数。

准备充电时，放电手柄 S_1 已处于最右端位置，全部蓄电池都接入工作，同时将充电手柄 S_2 也放在最右端位置，让全部蓄电池都能得到充电。

充电开始时，首先将双投开关 QK_3 合至充电位置（其触点 2—3、5—6 接通），开关 QK_1 仍处于合闸位置，然后启动整流器 U_1，使其端电压略高于母线电压 1～2 V，将整流器 U_1 与蓄电池并联运行。稍提高整流器 U_1 端电压的目的是使整流器 U_1 接带母线上的全部负荷（I_2），同时还向蓄电池充电（充电电流为 I_1）。

在充电过程中，随着充电的进行，蓄电池端电压逐渐上升，充电电流逐渐减小，为了维持恒定的充电电流，需不断地提高整流器 U_1 的端电压；为了保持母线的正常工作电压，必须将放电手柄 S_1 向左逐渐移动，用以减少接入母线上的蓄电池数目。在放电手柄 S_1 左移后，流过接入两个手柄之间的蓄电池的充电电流增大为（I_1+I_2），而且这部分蓄电池接入放电时间较迟，放电较少，因此它们先充好电。为了防止蓄电池过充电，在充电过程中，应将充电手柄 S_2 逐渐向左移动，将充好电的蓄电池提前停止充电。

充电终止时，每个蓄电池的端电压约为 2.7 V，放电手柄 S_1 移到最左位置，此时接入母线上的蓄电池是不参加调节的基本电池。

5.3.3.4 浮充电运行方式的操作

结合图5-1说明蓄电池浮充电运行方式的有关操作。

正常运行(即浮充电状态)时,开关 QK_1 和 QK_2 置于合闸位置,QK_4 置于正常位置(触点1—2、4—5接通),使蓄电池经常处于充满电状态。此时整流器 U_2 与蓄电池并联运行,由于蓄电池自身内电阻很小,外特性 $U=f(I_L)$ 比整流器 U_2 的外特性平坦得多,因此在很大冲击电流的情况下,母线电压虽有些下降,但绝大部分电流由蓄电池供给。此外,在交流系统发生故障或整流器 U_2 断开的情况下,蓄电池将转入放电状态运行,承担全部直流负荷,直到交流电压恢复。用充电设备给蓄电池充好电后,再将整流器 U_2 投入运行,转入正常的浮充电状态。

5.3.4 镉镍蓄电池直流系统图的识读

国内制造厂成套供应的镉镍蓄电池直流系统屏,适用于110 kV及其以下电压等级的发电厂和变电站。BZGN－10S型镉镍蓄电池直流系统由充电设备、蓄电池、浮充电设备和相应的开关及仪表组成,如图5-3所示。其中浮充电设备由隔离变压器 T_1、单相桥式整流器 U_1、指示灯 HL_1、输出电压表 PV_3、中间继电器 K_2 和电压继电器KV组成。充电设备由隔离变压器 T_2、充电电流调整器T、单相桥式整流器 U_2、指示灯 HL_2、输出电压表 PV_1 和充电电流表 PA_1 组成。图5-3中设一组镉镍蓄电池GB由双投开关 QK_5 进行充电或浮充电切换。

5.3.4.1 蓄电池充电

蓄电池GB充电时,双投开关 QK_5 置充电位置,即2—3、5—6触点接通,使充电整流器 U_2 经限流电阻 R_{10} 向蓄电池GB充电,并利用电压表 PV_1 和电流表 PA_2 测量充电电压与充电电流,其大小可由充电电流调整器T和限流电阻 R_{10} 进行调节。

5.3.4.2 蓄电池浮充电运行

浮充电运行时,浮充电整流器 U_1 经电压调整器V和开关 QK_4 向控制母线供电,接带经常性负荷。电压调整器V由50只二极管(串联成5组,每组10只)、选择开关SA和中间继电器KC组成,可使输出电压得到35 V左右的调整。输出电压的调整有两种方法:

(1)手动调整。当输出电压低于希望值时,可根据输出电压降低的幅度,利用选择开关SA来短接相应数量的二极管,以达到提高输出电压的目的。

(2)自动调整。当输出电压(即控制母线电压)降低到一定值时,继电器 K_1 返回,其常闭触点闭合,启动中间继电器KC,KC的常开触点闭合,将电压调整器V中的二极管全部短接,输出电压是全电压(PV_3、PV_4 读数)。同时在手动开关 S_{10} 投入的情况下,启动电铃HAB发出音响信号。拉开 S_{10} 可解除音响。使用按钮SB复归中间继电器KC。

浮充电时,双投开关 QK_5 置于浮充电位置,即1—2、4—5触点接通,使浮充电整流器 U_1 经限流电阻回路 R_1、V_1 和电阻 R_{10} 向蓄电池GB浮充电。当浮充电整流器 U_1 失去交流电源时,继电器KV和 K_2 返回,继电器 K_2 的动断触点闭合,使控制母线无间断地转由蓄电池供电。同时,在手动开关 S_9 投入的情况下,低电压继电器KV的常闭触点启动电铃HAB,发出信号。拉开 S_9 可解除音响。

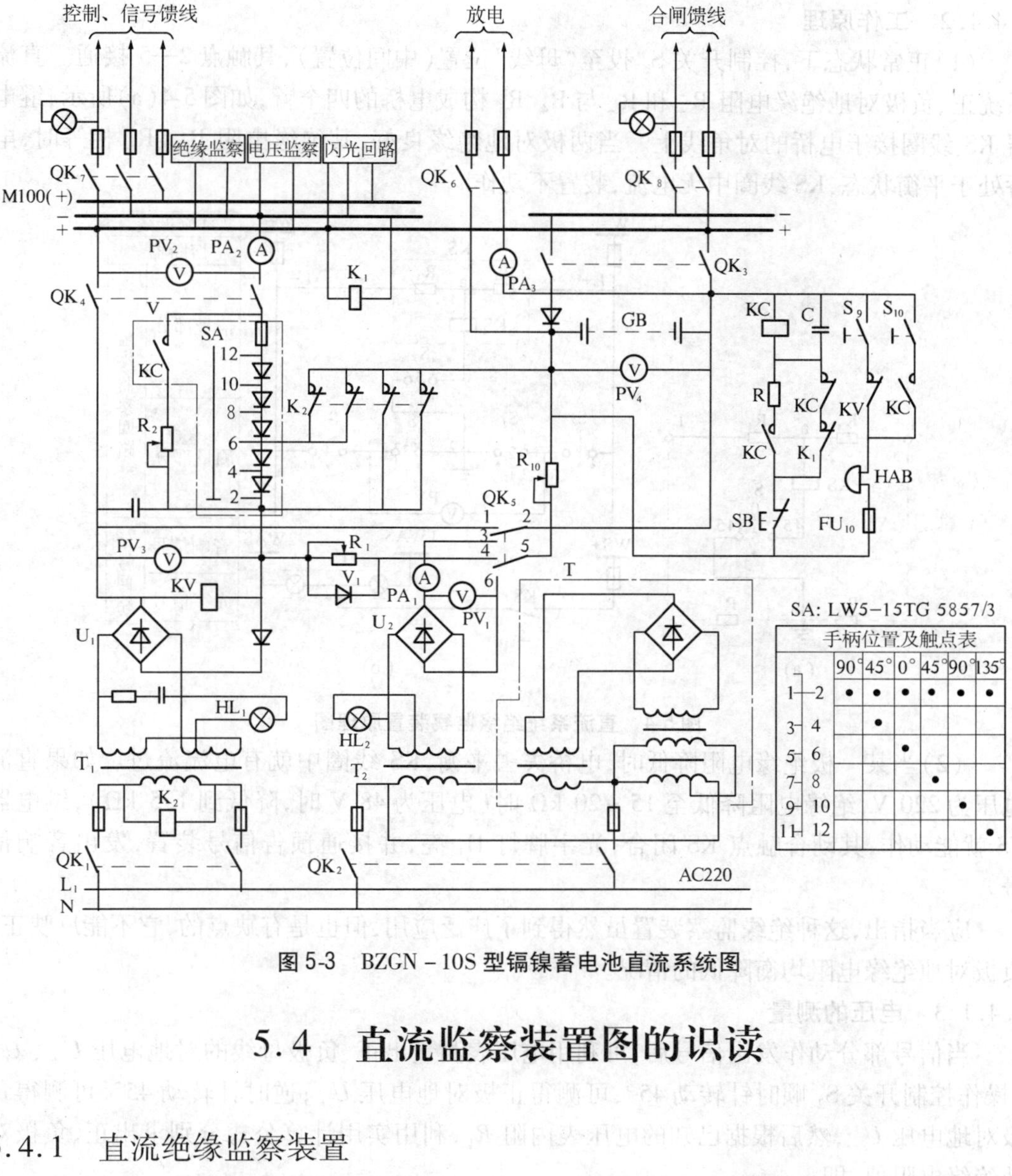

手柄位置及触点表

触点	90°	45°	0°	45°	90°	135°
1—2	•	•	•	•	•	•
3—4		•				
5—6			•			
7—8				•		
9—10					•	
11—12						•

图 5-3　BZGN－10S 型镉镍蓄电池直流系统图

5.4　直流监察装置图的识读

5.4.1　直流绝缘监察装置

发电厂、变电所的直流网络分布较广，工作环境条件较差，所以直流系统的绝缘容易老化。如果不装设直流系统绝缘监察装置，当直流系统绝缘水平降低，甚至发生绝缘损坏而接地时，熔断器不会熔断。若不能及早发现并处理，等发展到第二点又接地时，有可能造成保护误动或拒动，将造成严重后果。

图 5-4 所示为直流系统绝缘监察装置原理图。

5.4.1.1　装置的组成

直流系统绝缘监察装置由信号和测量两部分组成。信号部分由具有高灵敏度的高内阻信号继电器 KS、信号灯等组成，电阻 R_4、R_5 各为 1 kΩ，附于继电器内。测量部分由电压表 PV 和控制开关 S_2 组成。

5.4.1.2 工作原理

(1)正常状态下,控制开关 S_2 投至"母线"位置(中间位置),其触点 2—5 接通。直流系统正、负极对地绝缘电阻 R_+ 和 R_- 与 R_4、R_5 构成电桥的四个臂,如图 5-4(a)所示,继电器 KS 线圈接于电桥的对角线上。当两极对地绝缘良好,其绝缘电阻 R_+、R_- 相等时,电桥处于平衡状态,KS 线圈中无电流,装置不动作。

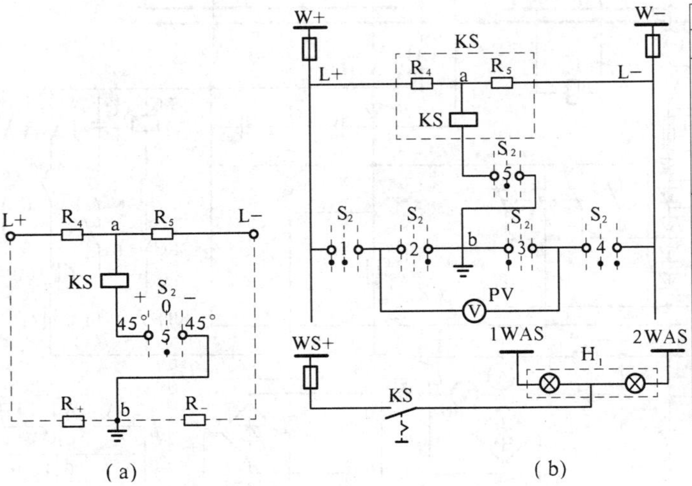

直流母线		
熔断器		
信号部分	绝缘监察回路	
测量部分		
音响信号	信号回路	
光字信号		

图 5-4　直流系统绝缘监察装置原理图

(2)当某一极绝缘电阻降低时,电桥失去平衡,KS 线圈中就有电流流过。如果直流电压为 220 V,绝缘电阻降低至 15 ~ 20 kΩ 时(电压为 48 V 时,降低到 1.5 kΩ),继电器 KS 就能动作,其动合触点 KS 闭合,光字牌灯 H_1 亮,并接通预告信号装置,发出音响信号。

应当指出,这种绝缘监察装置虽然得到了广泛应用,但也是有缺点的,它不能反映正、负极对地绝缘电阻均衡降低的情况。

5.4.1.3 电压的测量

当信号部分动作发出信号后,可利用电压表测量出正、负极母线的对地电压 U_+、U_-(操作控制开关 S_2 顺时针转动 45°,可测得正极对地电压 U_+;逆时针转动 45°,可测得负极对地电压 U_-,然后根据已知的电压表内阻 R_V,利用实用计算公式分别求出正、负极对地绝缘电阻值,即

$$R_+ = \left(\frac{U - U_+}{U_-} - 1\right) R_V$$

$$R_- = \left(\frac{U - U_-}{U_+} - 1\right) R_V$$

式中　U——母线电压;

R_+——正极对地绝缘电阻;

R_-——负极对地绝缘电阻;

U_+——正极对地电压值;

U_-——负极对地电压值;

R_V——电压表内阻。

5.4.1.4　**直流接地点的寻找**

1. 寻找接地点的方法

寻找接地点一般采用轮流短时切断直流供电回路的方法,即"瞬停法"。注意停电时间一般不得超出 3 s。

2. 寻找接地点的原则

(1)寻找接地点时应遵循"先次要负荷后重要负荷、先室外后室内"的原则检查各直流馈线,然后检查蓄电池、充电设备、直流母线。

(2)对次要的直流馈线(如事故照明、信号、合闸)采用瞬停法寻找;对不允许短时停电的重要馈线(如跳闸电源),应先将其负荷转移,然后用瞬停法寻找。

3. 寻找接地点的顺序

(1)判明接地极性和接地程度。

(2)检查检修设备或刚送电设备的直流馈线回路是否接地。

(3)检查直流照明和动力回路是否接地。

(4)检查闪光装置、直流绝缘监察装置回路是否接地。

(5)检查控制、信号回路是否接地(注意先停用有关保护)。

(6)检查充电装置和蓄电池是否接地。

(7)经上述检查未找出接地点,则为母线接地。

查出接地点后,应立即进行处理,必要时停电处理。

4. 寻找接地点时的注意事项

(1)停电前必须采取必要的措施,以防止直流失电可能引起保护及自动装置误动。

(2)禁止使用灯泡寻找接地点,必须使用高内阻仪表(220 V,$R_V \geqslant 20\ \text{k}\Omega$;110 V,$R_V \geqslant 10\ \text{k}\Omega$)。

(3)在寻找和处理直流接地点的过程中,不得造成直流系统短路或另一点接地。

5.4.2　直流电压监察装置

直流电压过高,将造成继电器、信号灯损坏或缩短使用寿命;而直流电压过低,可能导致继电保护装置和断路器的操动机构拒动,故有必要监视直流系统的电压。

直流系统的电压监察装置原理图如图 5-5 所示,由一只欠电压继电器 $KV_{1<}$ 和一只过电压继电器 $KV_{2>}$ 组成。两继电器的动作电压分别整定为 $0.75U_n$ 和 $1.25U_n$。当直流母线电压低于(或高于)其整定值时,相应的继电器动作,触点闭合,接通声、光信号回路,相应的光字牌亮,电铃响。

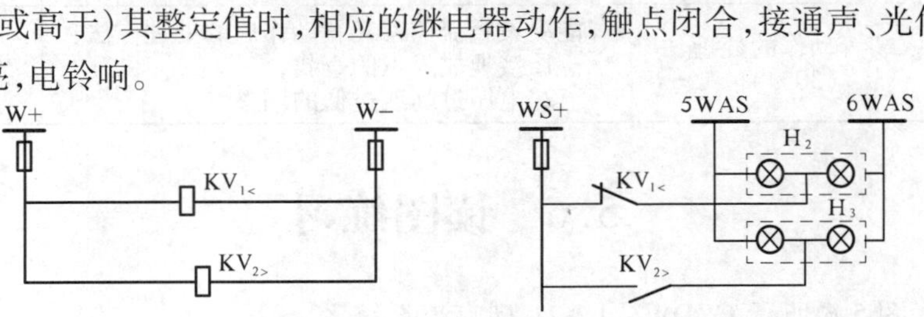

图 5-5　直流系统电压监察装置原理图

5.5　读图分析报告格式(附评价标准)

5.5.1　直流系统原理图的读图分析报告格式

直流系统原理图的读图分析报告如表5-1所示。

表5-1　直流系统原理图的读图分析报告(附评价标准)

图名			
识图内容		评价标准	评价得分
基本项目识读(20%)	电气图形符号的识别(20%)	能识别所读接线图中所有图形符号所表示的设备名称,并说出该设备的作用	
系统图识读(80%)	电路组成分析(30%)	能分析所读直流系统图是由哪几部分组成的,并能简述每部分的作用	
	电路功能分析(50%)	能分析所读直流系统图: 1. 系统的运行方式; 2. 充电的操作; 3. 放电的操作; 4. 浮充电的操作	

5.5.2　直流监察系统原理图的读图分析报告格式

直流监察系统原理图的读图分析报告如表5-2所示。

表5-2　直流监察系统原理图的读图分析报告(附评价标准)

图名			
识图内容		评价标准	评价得分
基本项目识读(20%)	电气图形符号的识别(20%)	能识别所读接线图中所有图形符号所表示的设备名称,并说出该设备的作用	
系统图识读(80%)	电路组成分析(20%)	能分析所读直流监察装置图是由哪几部分组成的,并能简述每部分的作用	
	电路功能分析(30%)	能分析所读直流监察装置图: 1. 绝缘监察的工作原理; 2. 绝缘监察装置动作的现象; 3. 电压监察装置	
	装置动作的处理(30%)	能决策直流监察装置动作后的处理方法: 1. 接地故障点的查找; 2. 电压过高或过低的调整	

5.6　读图练习

(1)识读图5-6所示GZDW－I－21型直流系统图。

(2)识读图5-7硅整流电容储能直流电源系统图。

(3)识读图 5-8 所示 BZG 型碱性镉镍蓄电池直流系统图。

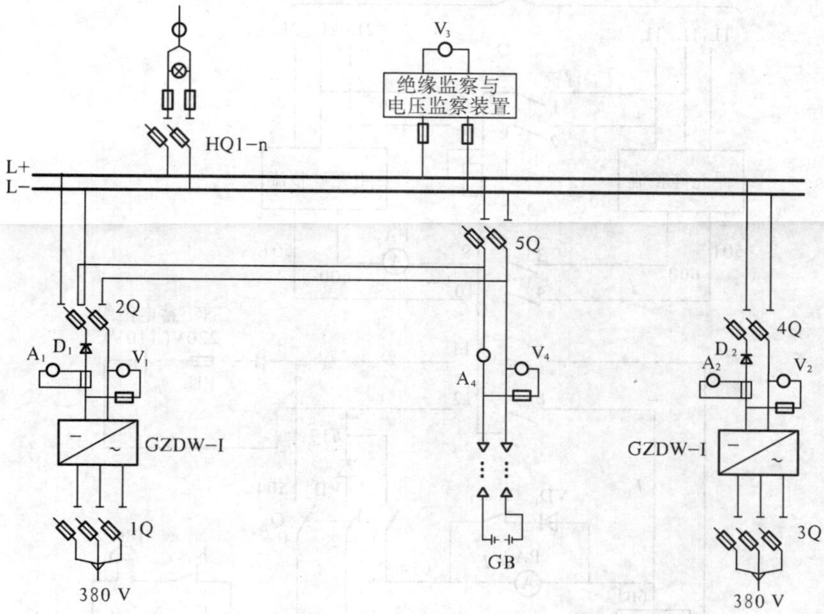

图 5-6　GZDW－I－21 型直流系统图

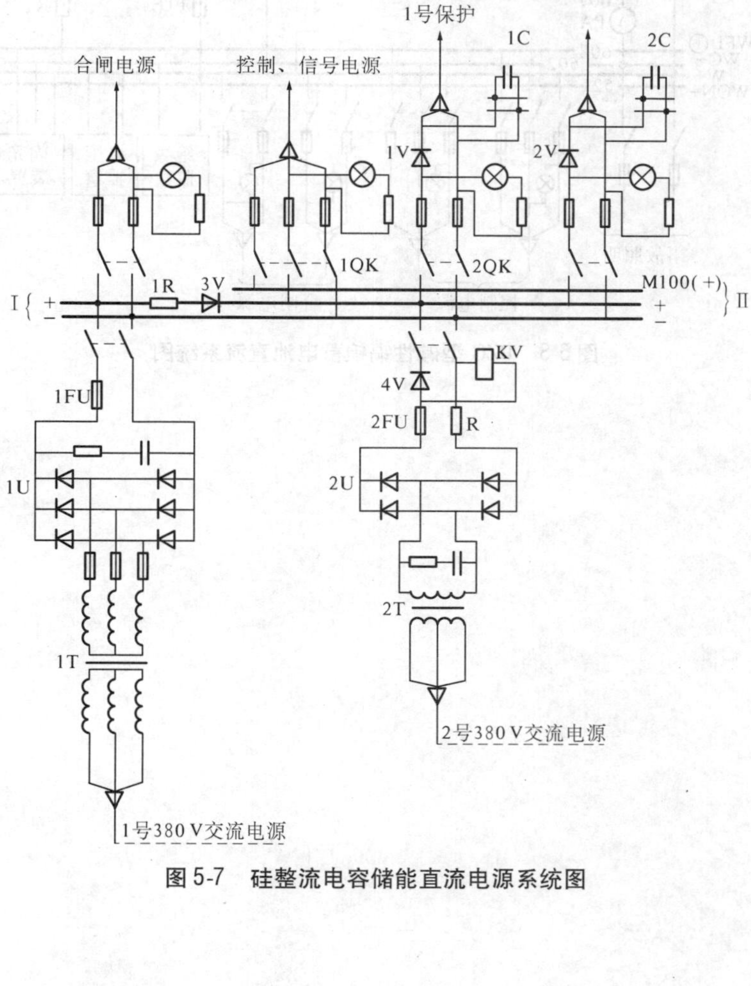

图 5-7　硅整流电容储能直流电源系统图

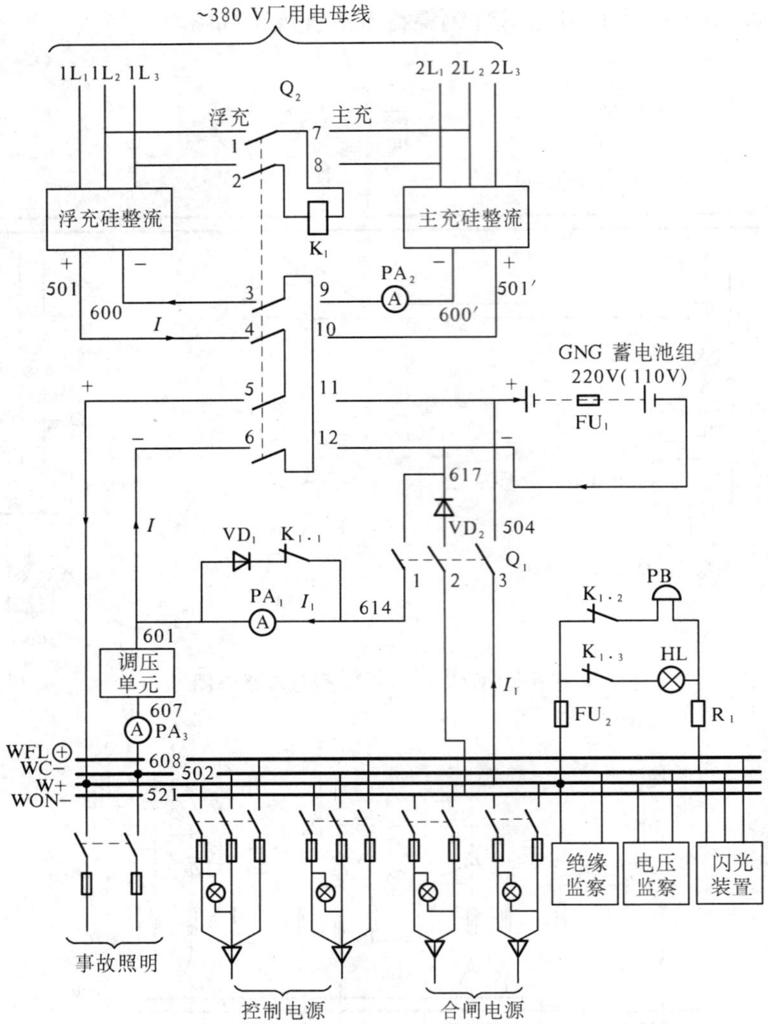

图 5-8　BZG 型碱性镉镍蓄电池直流系统图

项目6　水电站继电保护原理图的识读

6.1　本项目工作任务单

任务单	水电站继电保护原理图的识读
任务一 任务二 任务三 任务四	输电线路继电保护图的识读 变压器继电保护图的识读 发电机继电保护图的识读 微机保护装置图的识读
任务描述	
通过本学习项目的学习,要求学员能够: 1.熟悉输电线路、变压器、发电机等设备一般配置的保护; 2.阅读基本保护回路图,分析保护组成及各设备的作用、电路逻辑过程和结果; 3.分析继电保护全图中所配置的保护及其组成、动作过程、动作结果。	
引导文	
【基础知识的认知】 1.什么是继电保护? 2.对继电保护有什么要求? 3.电力线路常见的故障和不正常运行有哪些? 4.电力线路一般配置哪些保护? 5.什么是三段式电流保护?由哪些元件构成?保护动作结果是什么? 6.什么是方向电流保护?什么情况下需要装设方向保护?由哪些元件构成?保护动作结果是什么? 7.什么是欠电压启动的过电流保护?什么情况下需要装?由哪些元件构成?保护动作结果是什么? 8.什么是复合电压启动的过电流保护?什么情况下需要装?由哪些元件构成?保护动作结果是什么? 9.什么是距离保护?什么情况下配置距离保护?由哪些元件构成?保护动作结果是什么? 10.什么是接地保护?什么情况下配置接地保护?由哪些元件构成?保护动作结果是什么? 11.变压器常见的故障和不正常运行有哪些? 12.变压器一般配置哪些保护? 13.什么是瓦斯保护?保护动作结果是什么? 14.什么是纵联差动保护?由哪些元件构成?保护动作结果是什么? 15.什么是过负荷保护?由哪些元件构成?保护动作结果是什么? 16.发电机常见的故障和不正常运行有哪些? 17.发电机一般配置哪些保护?	

18. 什么是转子一点接地保护？由哪些元件构成？保护动作结果是什么？

19. 什么是低频低压解列保护？由哪些元件构成？保护动作结果是什么？

20. 微机保护装置的优点是什么？

21. 微机保护的一般组成有哪几部分？

【识图能力训练】

1. 电力线路三段式电流保护图的识读。

2. 35 kV 双绕组变压器保护全图的识读。

3. 110 kV 三绕组变压器保护全图的识读。

4. 小型水轮发电机保护全图的识读。

5. 微机保护装置图的识读。

6. 填写识图分析报告。

6.2 基本继电保护图识读

继电保护的主要任务是预防事故、及时切除故障设备、缩小事故范围和减少事故造成的损失，提高发电厂及电力系统运行的可靠性，最大限度地保证连续、安全地发电、供电。具体任务有以下两个：

(1)被保护设备发生故障时，继电保护能自动地、迅速地、有选择地使断路器跳闸，同时发出事故音响信号和相应的光字信号。

(2)被保护设备出现不正常运行状态时，继电保护发出预告音响信号和相应的光字信号，以引起运行人员的注意，及时消除不正常运行状态。

因此，要求继电保护具有选择性、速动性、灵敏性和可靠性。

要看懂并理解继电保护图，除熟悉图形符号和文字符号外，还必须熟悉常用继电器的工作特性，以及基本继电保护装置的组成、工作原理和逻辑过程。鉴于篇幅关系，本书仅对基本继电保护装置做扼要介绍，并以小型水电站的输电线路、变压器、发电机为例介绍继电保护图的识读方法。

6.2.1 电流保护

电流保护原则上适用于水轮发电机、电力变压器和输电线路等设备，可作为主保护和后备保护。

6.2.1.1 瞬时电流速断保护

瞬时电流速断保护主要用做 35 kV 以下线路的相间短路的主保护。图 6-1、图 6-2 为线路瞬时电流速断保护的集中式表示和分开式表示接线图。

(1)保护的任务：快速切除本线路首端部分的相间短路故障。

(2)保护的组成：1KA、2KA、KS、KOU 及 XB。

(3)保护的动作过程：当线路首端部分发生相间短路时，一次电流为短路电流，电流互感器二次电流增大，当达到或超过电流继电器的动作电流值时，电流继电器动作，下列回路依次接通:①“+”→1KA 或 2KA 动合触点 →KS 线圈 →XB →KOU →“-”,保护装置启动;②“+”→KOU 动合触点 →QF_1 触点 →Y_{off}→“-”,保护装置发出“跳闸”命令;③“+”→KS 触点 →信号,保护装置发出“事故信号”(包括音响信号和光字信号)。

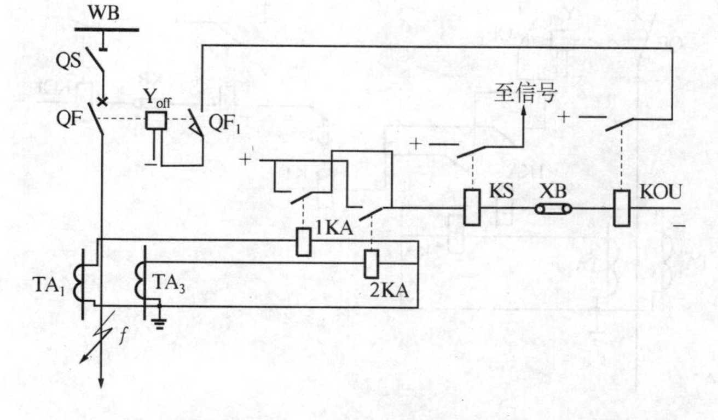

图 6-1　线路瞬时电流速断保护集中式表示接线图

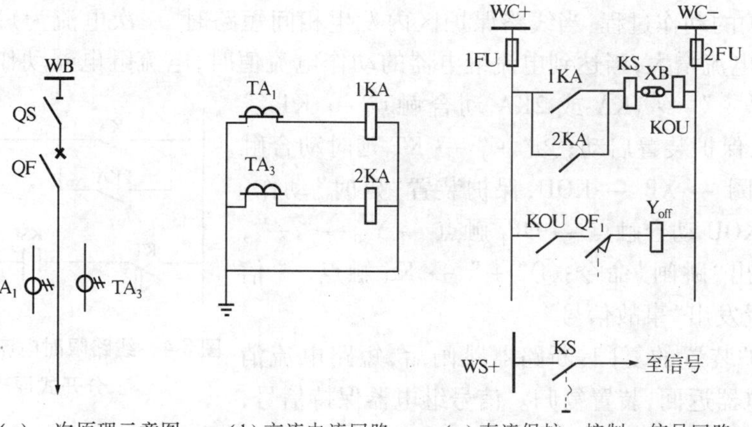

(a) 一次原理示意图　(b) 交流电流回路　(c) 直流保护、控制、信号回路

图 6-2　线路瞬时电流速断保护分开式表示接线图

(4)保护装置的复归:断路器跳闸后,短路电流消失,电流继电器返回,装置复归。信号继电器保持信号,需手动复归。

(5)KOU 的特点:①KOU 触点容量较大;②躲过瞬时相间短路;③三段式保护公用的一只出口继电器。

(6)XB 的作用:便于投入或退出该保护装置。

6.2.1.2　限时电流速断保护

图 6-3 为线路限时电流速断保护的集中式原理图,其分开式原理图中的一次接线示意图及交流回路图与瞬时电流速断保护相同,直流回路中仅保护回路不同(见图 6-4),其余部分也相同,在此不再重复。

(1)保护的任务:较快切除瞬时电流速断保护死区范围内的相间短路故障。保护范围为本线路全长，并延伸至下邻线路首端一小部分。

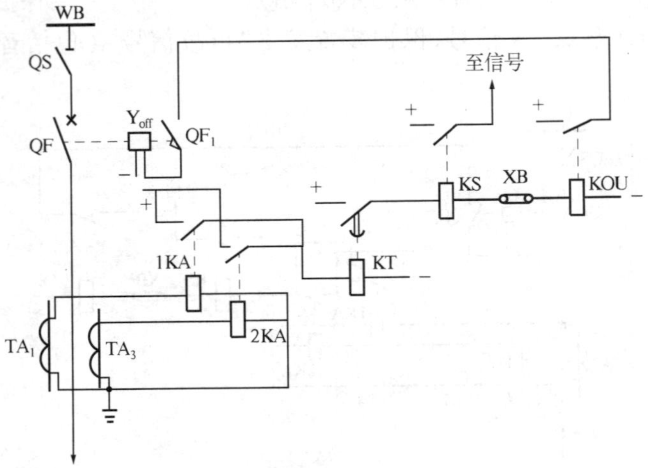

图 6-3　线路限时电流速断保护集中式原理图

（2）保护的组成：1KA、2KA、KT、KS、KOU 及 XB。

（3）保护的动作过程：当线路保护区内发生相间短路时，一次电流为短路电流，电流互感器二次电流增大，当达到电流继电器的动作电流值时，电流继电器动作，下列回路依次接通：①“+”→ 1KA 或 2KA 动合触点 → KT 线圈 →“-”，保护装置启动；②“+”→ KT 延时动合触点 → KS 线圈 → XB → KOU，保护装置“延时”动作；③“+”→ KOU 动合触点 → QF_1 触点 → Y_{off}→“-”，保护装置发出“跳闸”命令；④“+”→ KS 触点 → 信号，保护装置发出“事故信号”。

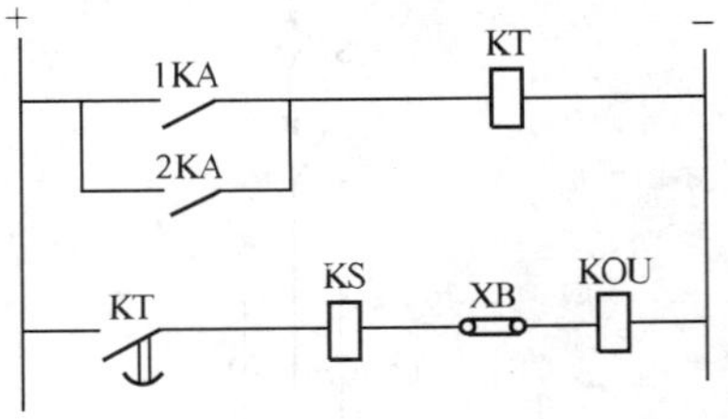

图 6-4　线路限时电流速断保护部分分开式原理图

（4）保护装置的复归：断路器跳闸后，短路电流消失，电流继电器返回，装置复归。信号继电器保持信号，需手动复归。

（5）与瞬时电流速断保护的配合：①动作电流小一些；②动作时间长一个时限级差。

6.2.1.3　定时限过电流保护

定时限过电流保护用做本线路的近后备保护和下邻线路的远后备保护。其接线方式和限时电流速断保护相同。

（1）保护的任务：当本线路的主保护或下邻线路保护拒动或断路器拒动时，动作跳开本线路断路器，防止事故扩大。

（2）保护的组成：同限时电流速断保护。

（3）保护的动作过程：同限时电流速断保护。

（4）保护装置的复归：同限时电流速断保护。

（5）与定时限电流速断保护的配合：①动作电流小一些；②动作时间更长。

6.2.1.4　电流保护的接线方式

所谓电流保护的接线方式，是指电流继电器与电流互感器二次绕组之间的接线方式。

电流保护常用的接线方式有星形(Y形)接线、两相两继电器不完全星形(V形)接线和两组一继电器电流差接线三种,分别如图6-5(a)、(b)、(c)所示。

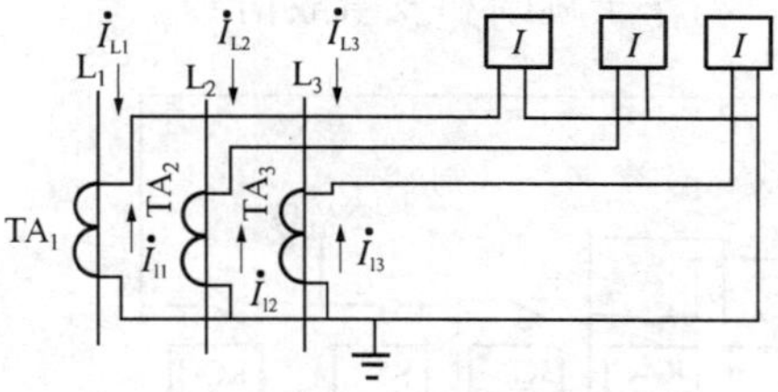

(a) 星形接线

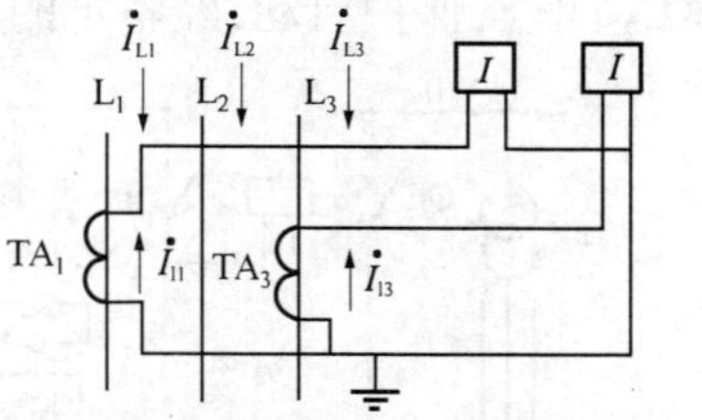

(b) 两相两继电器不完全星形接线

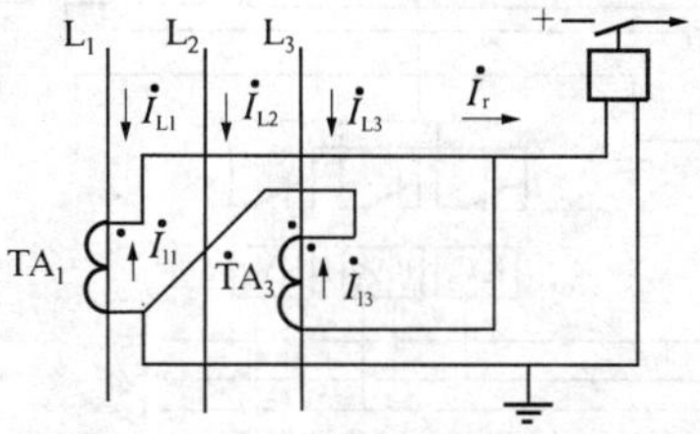

(c) 两相一继电器电流差接线

图6-5　电流保护的接线方式

6.2.2　电流电压闭锁(联锁)保护

电流电压闭锁保护通常可分为欠电压闭锁(或称启动)的过电流保护(简称欠电压过电流保护)和复合电压启动的过电流保护(简称复合过电流保护)两种。前者可用于线路、发电机、变压器保护,后者主要用于发电机、变压器保护。电流电压联锁速断保护又称电流闭锁电压速断保护,主要用于线路保护。

6.2.2.1　**欠电压闭锁的过电流保护**

为了防止过负荷时过电流保护误动,可用欠电压闭锁的过电流保护。过负荷时母线电压为正常电压,而短路时母线电压为残压,电压下降,欠电压继电器可以反映出来。欠电压闭锁的过电流保护的接线图如图6-6所示。

1. 保护的组成

该保护由KV_1、KV_2、KV_3、KC、KA_1、KA_2、KT_1、KS_1、KOU、XB等组成。

2. 保护的接线特点

(1)保护的闭锁通过欠电压继电器控制的中间继电器KC来实现。

(2)电压互感器二次回路断线时,欠电压继电器会动作,但是电流继电器未动作,整套装置并不会误动。

(3)该保护动作的条件:电流增大,电流继电器动作;同时电压下降,欠电压继电器动作。

3. 保护装置的工作情况

(1)正常情况:电流继电器和欠电压继电器均不动作。

(2)二次回路断线:只有欠电压继电器动作,其动断触点接通中间继电器KC,KC动作,动合触点KC_1闭合发出“预告信号”(包括音响信号和光字信号)。虽然动合触点KC_2也闭合,但是由于电流继电器KA_1和KA_2没有启动,整套装置不会误动。

(3)发生短路：电流增大，电流继电器 KA_1 或 KA_2 动作，其动合触点闭合；同时电压下降，欠电压继电器 KV_1 ~ KV_3 一个或几个动作，其动断触点闭合，接通中间继电器 KC，动合触点 KC_2 闭合，保护启动，经整定的延时后，动作于跳闸和发事故信号。

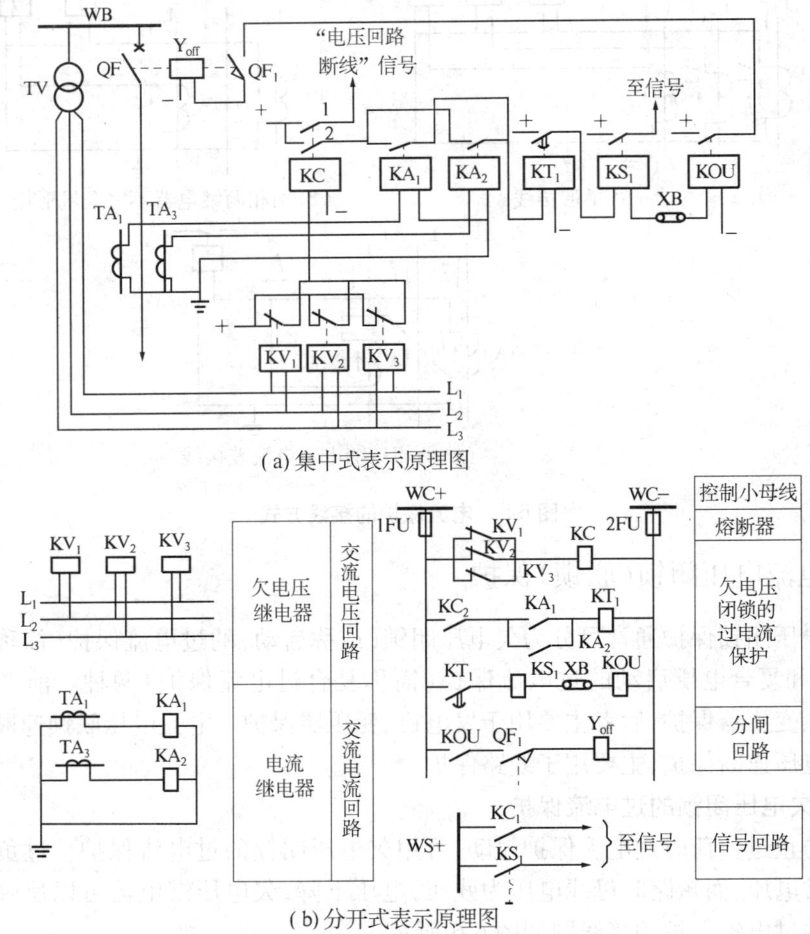

图 6-6　欠电压闭锁的过电流保护接线图

6.2.2.2　电流电压联锁速断保护

1. 保护的构成原理

电流电压联锁速断保护是根据短路时电流增大、电压降低这一基本特征来实现的。

如果没有电流电压联锁速断保护，那么母线上的任一线路发生短路时，连接在母线上的所有线路都会跳闸。

2. 保护原理图

电流电压联锁速断保护原理图如图 6-7 所示。

(1)保护的组成：KV_1、KV_2、KV_3、KC、KA_1、KA_2、KS_1、KOU、XB。

(2)保护装置的工作情况：基本与欠电压闭锁的过电流保护相同，不同的是保护启动后不经延时就直接发出“跳闸”命令和“事故信号”。

只有当瞬时电流速断保护的灵敏度不能满足要求时才采用电流电压联锁速断保护。

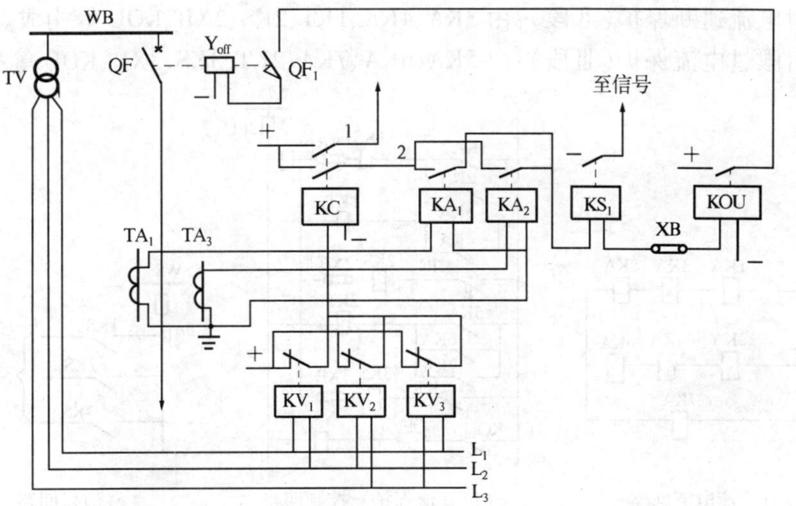

(a) 集中式表示原理示意图

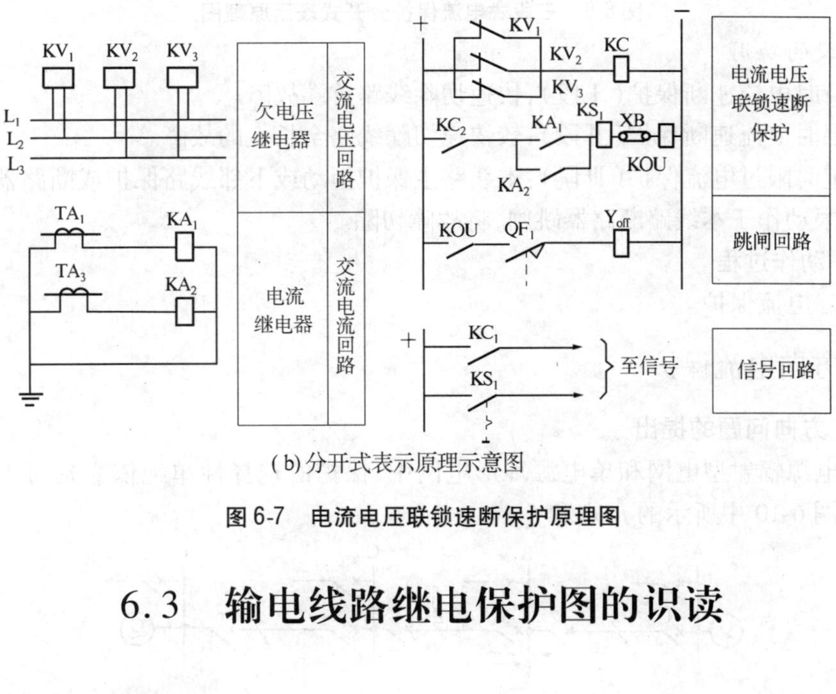

(b) 分开式表示原理示意图

图 6-7 电流电压联锁速断保护原理图

6.3 输电线路继电保护图的识读

6.3.1 三段式电流保护

6.3.1.1 接线

三段式电流保护分开式表示原理图如图 6-8 所示。

6.3.1.2 三段式电流保护的构成、各段的功用及时限特性

1. 构成

三段式电流保护由瞬时电流速断保护、限时电流速断保护、定时限过电流保护组成。

(1) 瞬时电流速断保护(Ⅰ段):由 1KA、2KA、1KS、1XB、KOU 等构成。其中 KOU 为三段保护共用。

(2)限时电流速断保护(Ⅱ段):由 3KA、4KA、1KT、2KS、2XB、KOU 等构成。

(3)定时限过电流保护(Ⅲ段):由 5KA、6KA、7KA、2KT、3KS、3XB、KOU 等构成。

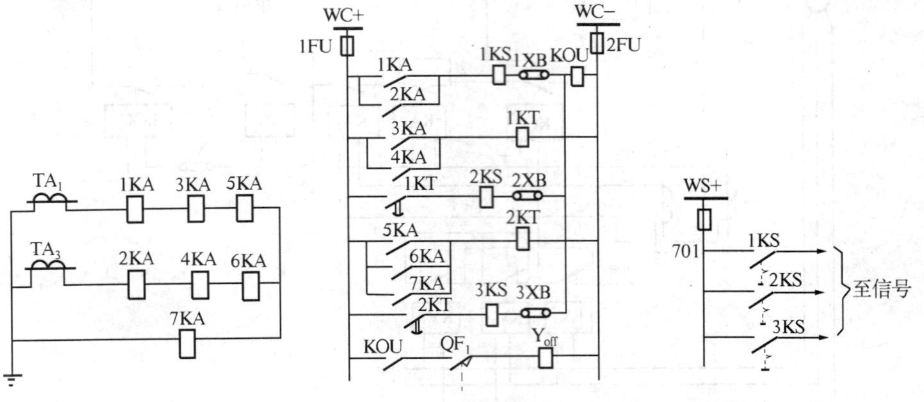

(a)交流电流回路　　(b)直流保护、控制回路　　(c)信号回路

图 6-8　三段式电流保护分开式表示原理图

2. 各段的功用

(1)瞬时电流速断保护(Ⅰ段):快速切除线路首端故障。

(2)限时电流速断保护(Ⅱ段):较快速切除线路全长上的故障。

(3)定时限过电流保护(Ⅲ段):本线路主保护拒动或下邻线路保护或断路器拒动时,以较长时限动作于本线路断路器跳闸,将故障切除。

6.3.1.3　动作过程

见前述电流保护。

6.3.2　方向电流保护

6.3.2.1　方向问题的提出

在双电源辐射型电网和单电源环形电网中,保护的选择性单纯依靠延时无法实现。如图 6-9、图 6-10 中所示的 f_1 点和 f_2 点。

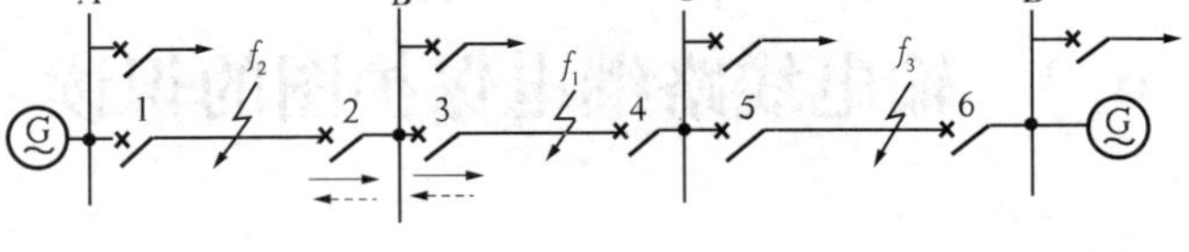

图 6-9　双电源辐射型电网

f_1 点和 f_2 点短路时,短路功率通过断路器 2、3 的方向不同:f_1 点短路时,通过断路器 3 的功率是从母线流出,而通过断路器 2 的功率是流入母线;f_2 短路时,通过断路器 2 的功率是从母线流出,而通过断路器 3 的功率是流入母线。由此设想,如果在两个保护上增设一个方向元件,能够判断电流是从母线流向线路,还是从线路流向母线,就可以解决选

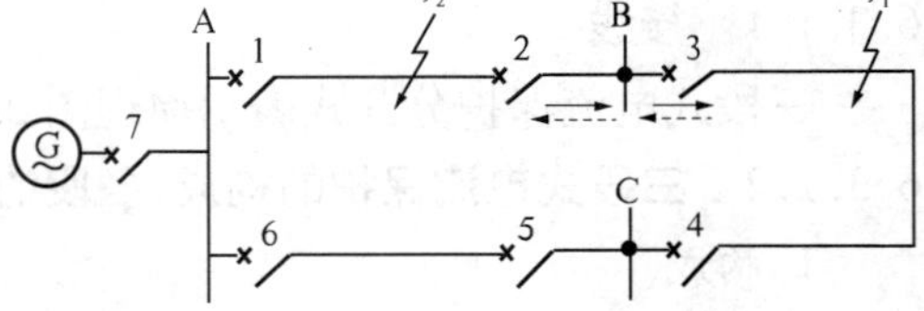

图 6-10　单电源环形电网

择性问题了。这个元件就是功率方向继电器，当短路功率从母线流向线路时，功率方向继电器动作；当短路功率从线路流向母线时，功率方向继电器不动作，将保护闭锁。此外，为保证动作选择性，还需动作时限做保证。

6.3.2.2 功率方向继电器

功率方向继电器的动作特性：当短路功率从母线流向线路时，功率方向继电器动作；当短路功率从线路流向母线时，功率方向继电器不动作。

功率方向继电器的 90° 接线方式如图 6-11所示。

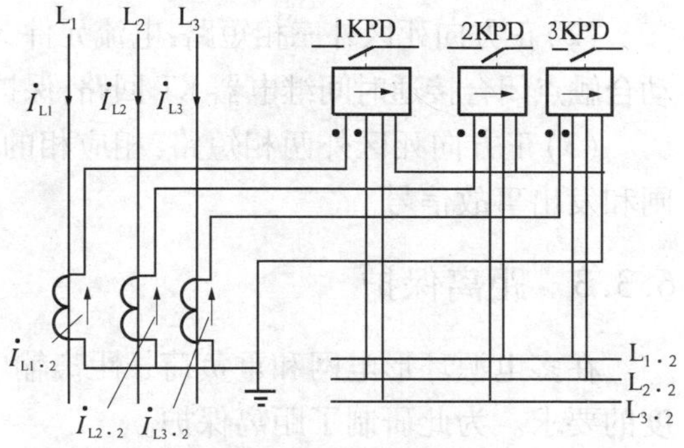

图 6-11 功率方向继电器的 90°接线方式

6.3.2.3 方向过电流保护

1. 原理接线图

两相式方向过电流保护的原理接线图如图 6-12 所示。

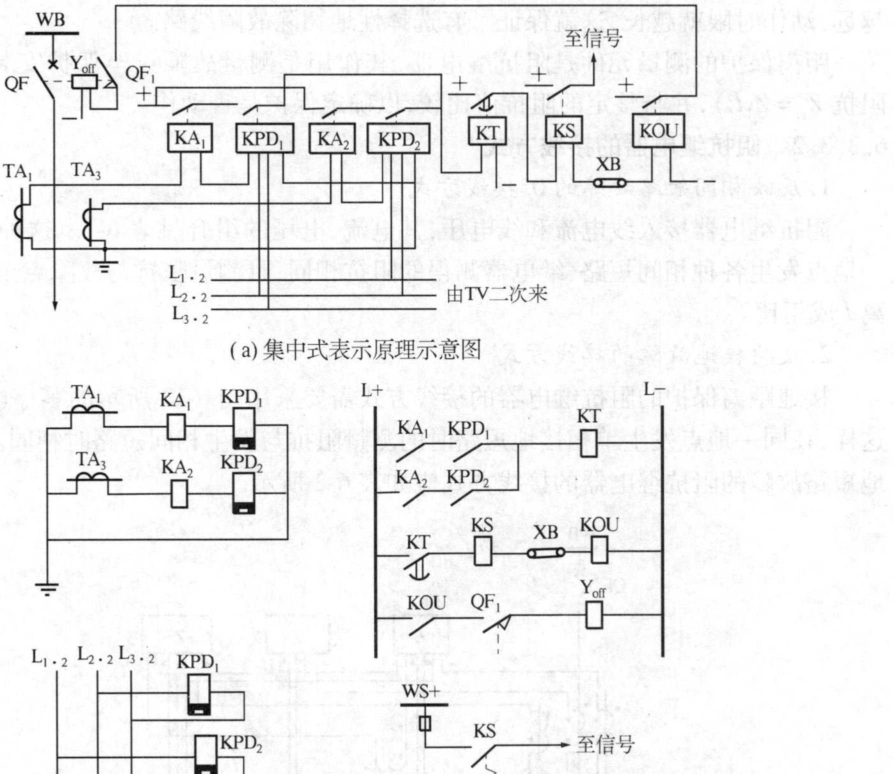

图 6-12 两相式方向过电流保护的原理接线图

2. 组成

方向过电流保护由 KA_1、KA_2、KPD_1、KPD_2、KT、KS、KOU、XB 等构成。其中：①电流元件 KA_1、KA_2，发生短路故障时启动整个保护装置；②方向元件 KPD_1、KPD_2，判断故障点是否在保护区。

3. 动作情况

(1)正常运行:电流启动元件因电流小于动作值而不动作。

(2)正方向死区外三相短路:电流元件 KA_1 和 KA_2、方向元件 KPD_1 和 KPD_2 均启动,其动合触点闭合接通时间继电器 KT 回路,保护经整定延时后动作于跳闸和发出事故信号。

(3)正方向死区外两相短路:相应相的电流元件和方向元件启动,保护延时动作于跳闸和发出事故信号。

6.3.3 距离保护

在多电源环形电网和重负荷长距离输电线路中,上述电流保护无法满足选择性、灵敏度的要求。为此研制了距离保护。

6.3.3.1 基本原理

所谓距离保护,就是指反映保护安装处至故障点的距离,并根据这一距离的远近而确定动作时限的一种保护装置。保护感受距离越近,动作时限就越短;反之,保护感受距离越远,动作时限就越长,这就保证了有选择性地切除故障线路。

距离保护的测量元件是阻抗继电器,其作用是测量故障点至保护安装处的距离(即阻抗 $Z_f = Z_1 l_f$),并与整定的阻抗值比较,以确定保护是否动作。

6.3.3.2 阻抗继电器的接线方式

1. 反映相间短路故障的 0°接线方式

阻抗继电器接入线电流和线电压,其电流、电压的组合见表 6-1。这种接线方式在同一地点发生各种相间短路,继电器测得的阻抗相同,且测量阻抗与故障点至保护安装处距离 l 成正比。

2. 反映接地故障的接线方式

接地距离保护的阻抗继电器的接线方式需要采用图 6-13 所示的零序电流补偿接线,这样,在同一地点发生单相接地短路时的测量阻抗与发生相间短路时相同。因此,反映接地短路故障的阻抗继电器的接线方式应如表 6-2 所示。

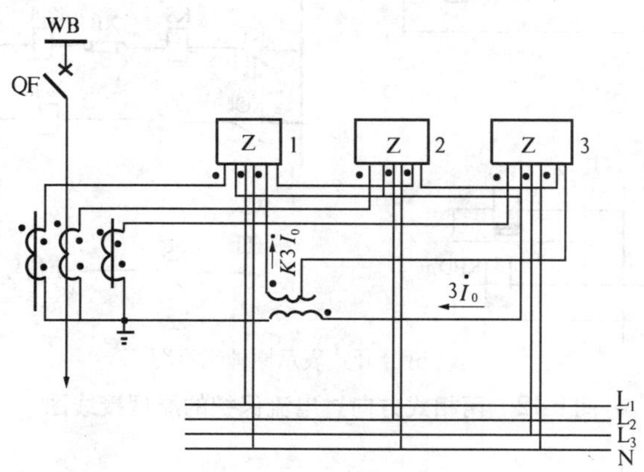

图 6-13 反映接地故障的阻抗继电器接线方式

表 6-1　0°接线方式时，电压、电流组合

继电器	$\dot{U}_K$	$\dot{I}_K$
1	$\dot{U}_{L12}$	$\dot{I}_{L1}-\dot{I}_{L2}$
2	$\dot{U}_{L23}$	$\dot{I}_{L2}-\dot{I}_{L3}$
3	$\dot{U}_{L31}$	$\dot{I}_{L3}-\dot{I}_{L1}$

表 6-2　反映接地短路故障的阻抗继电器接线方式组合

继电器	$\dot{U}_K$	$\dot{I}_K$
1	$\dot{U}_{L1}$	$\dot{I}_{L1}+K3\dot{I}_0$
2	$\dot{U}_{L2}$	$\dot{I}_{L2}+K3\dot{I}_0$
3	$\dot{U}_{L3}$	$\dot{I}_{L3}+K3\dot{I}_0$

注：$K=\dfrac{Z_0-Z_1}{3Z_1}$，其中：Z_0—零序阻抗；Z_1—正序阻抗。

6.3.3.3　三段式距离保护单相原理接线图

三段式距离保护单相原理接线图如图 6-14 所示。

1.组成

三段式距离保护由 1KA、2KPD、3KI、4KI、5KT、6KT、7KS、8KS、9KS、10KOU 组成，其中：①启动元件 1KA(电流继电器)，短路时启动整个保护装置，兼作第Ⅲ段的测量元件；②方向元件 2KPD(功率方向继电器，也可用带方向的阻抗继电器)，判断短路功率方向，防止反方向故障时保护误动作；③测量元件 3KI、4KI(阻抗继电器)，测量故障点至保护安装处的阻抗；④时间元件 5KT、6KT(时间继电器)，保证各段保护动作时限，注意 6KT 的延时整定要大于 5KT，以保证动作的选择性。

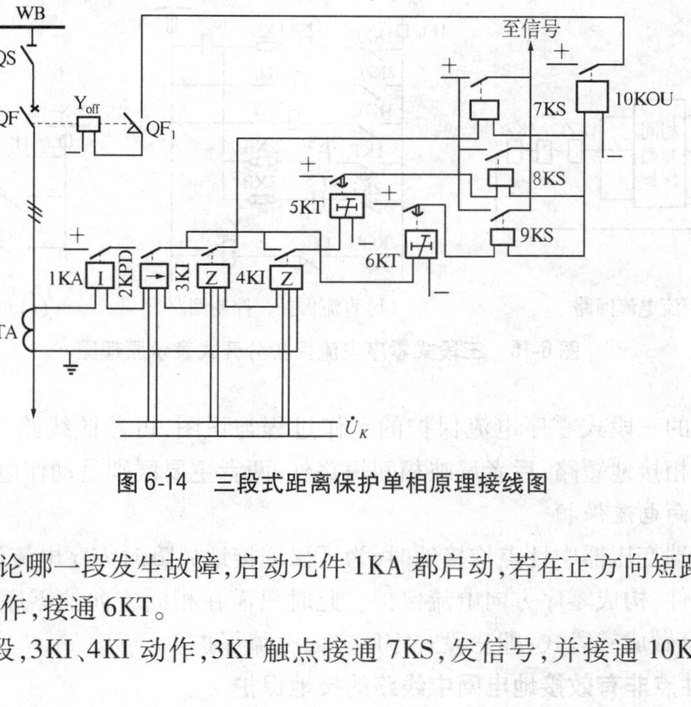

图 6-14　三段式距离保护单相原理接线图

2.工作原理

保护区内无论哪一段发生故障，启动元件 1KA 都启动，若在正方向短路，则方向元件也动作，2KPD 动作，接通 6KT。

(1)若在Ⅰ段，3KI、4KI 动作，3KI 触点接通 7KS，发信号，并接通 10KOU，动作于跳闸。

(2)若在Ⅱ段，3KI 不动作，4KI 动作，接通 5KT，经延时动作接通 8KS，发信号，并接通 10KOU，动作于跳闸。

(3)若在Ⅲ段，3KI、4KI 都不动作，6KT 经延时动作接通 9KS，发信号，并接通 10KOU，动作于跳闸。

6.3.4 接地保护

电力系统中性点的接地方式对继电保护有直接的影响。在我国,110 kV 及其以上的电网均采用中性点有效接地,而 3 ~35 kV 的电网通常均为中性点非有效接地。在线路发生单相接地时,前者形成单相短路,接地点流过很大的接地短路电流。后者(包括中性点不接地或经消弧线圈接地)未构成短路回路,故接地点只流过电容电流。

6.3.4.1 中性点有效接地电网中线路的接地保护

在中性点有效接地电网中,线路的接地保护常采用三段式不带方向或带方向的零序电流保护。当线路两端变压器中性点均接地时,才需装设带方向的零序电流保护,称为零序方向电流保护。三段式零序方向电流保护由零序瞬时方向电流速断(零序Ⅰ段)保护、零序限时方向电流速断(零序Ⅱ段)保护、零序方向过电流(零序Ⅲ段)保护组成。零序Ⅰ段和零序Ⅱ段共同构成反映本线路接地短路故障的主保护,零序Ⅲ段为后备保护。

1. 零序电流保护

由零序Ⅰ段、零序Ⅱ段、零序Ⅲ段构成的(不带方向)三段式零序电流保护的分开式表示原理图如图 6-15 所示。其中 KZC 为零序电流继电器。

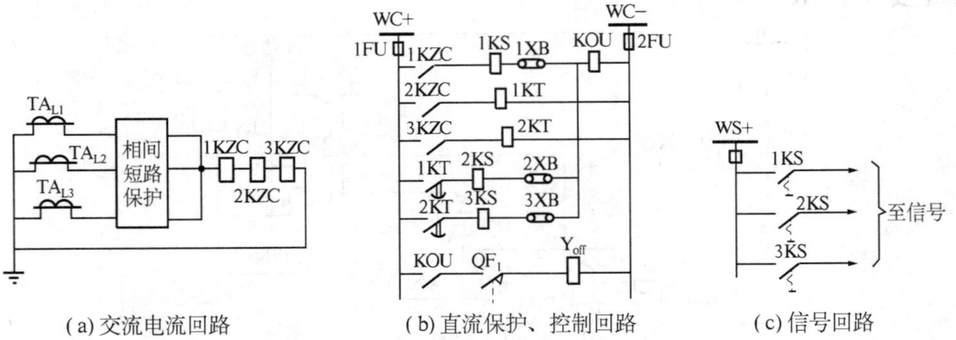

图 6-15 三段式零序电流保护分开式表示原理图

不带方向的三段式零序电流保护的动作过程与识图,可参照线路三段式电流保护。除前者反映单相接地短路,后者反映相间短路外,两者主要区别是动作电流的整定不同。

2. 零序方向电流保护

当线路两端变压器中性点均接地时,为了保证接地故障时零序电流保护的选择性,也应加装方向元件,构成零序方向电流保护。此时只需在相同方向的零序电流保护间进行配合,而且也可做成三段式,即三段式零序方向电流保护。

6.3.4.2 中性点非有效接地电网中线路的接地保护

1. 无选择性绝缘监视装置

利用中性点非有效接地系统单相接地时出现零序电压这一特点,可采用绝缘监察装置来进行接地保护。详见本书项目 4 中监察回路的有关介绍。

需要指出,这种装置只能分清故障类别和发出接地故障信号,却不能指示出故障所在的线路。当接地信号发出后,通常由值班人员采取依次分、合各条线路断路器的方法(简称“拉合法”)，来寻找故障线路。当被分断的是故障线路时，则表计及信号指示均立即恢复正常。为了缩短用上述方法寻找接地故障而引起的对用户停电的时间，目前广泛采用专设的接地试验按钮与自动重合闸装置AAR配合来查找接地线路，如图6-16所示。线路正常运行时，断路器的辅助触头$QF_{1.1}$闭合，$QF_{1.2}$断开；接地检查按钮SB_1，其触点①闭合、②断开；自动重合闸装置AAR处于准备动作状态。当需要对某条线路进行接地检查时，按下按钮SB_1，其动合触头②闭合，接通断路器分闸回路，使断路器分闸，QF_1分闸后，$QF_{1.2}$闭合，$QF_{1.1}$断开。手松开按钮SB_1，后，其触头①立即闭合(触头②同时断开)，AAR动作又将断路器合上，使线路迅速恢复供电。

2. 选择性零序电流保护

零序电流保护是利用接地故障线路的零序电流比非接地故障线路零序电流大这个特点而构成的有选择性的保护装置。用零序电流互感器构成的零序电流保护如图6-17所示。

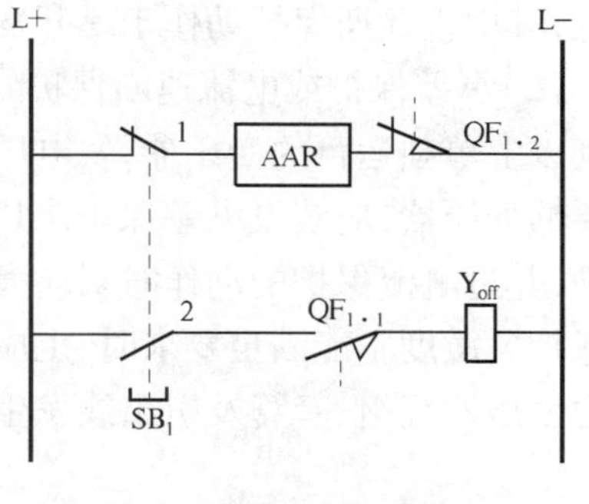

图6-16 利用自动重合闸装置AAR检查接地线路图

3. 零序方向保护

在引出线较少的情况下，故障线路的零序电流与非故障线路的零序电流的差别可能不大，采用零序电流保护后，其选择性和灵敏度都很难满足要求，这时可采用零序方向保护。该保护是利用故障线路和非故障线路零序电流方向不同的特点来获得选择性的，并将保护动作于发出信号。零序方向保护的原理图如图6-18所示。

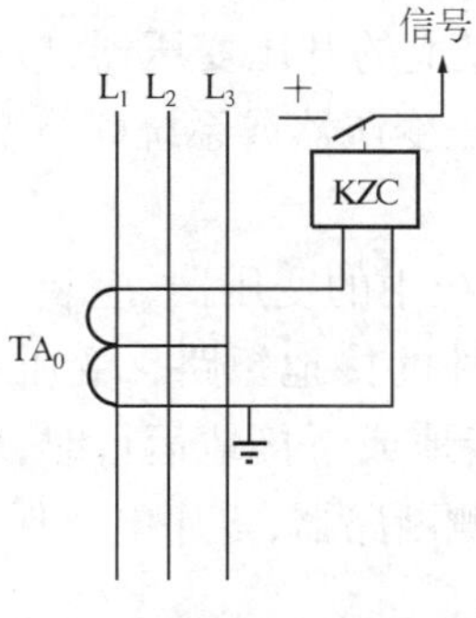

图6-17 用零序电流互感器构成的零序电流保护

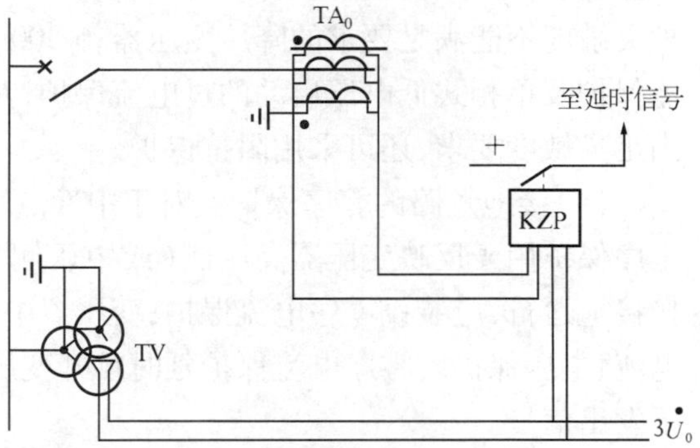

图6-18 零序方向保护原理图

6.4 变压器继电保护图的识读

变压器的内部故障可分为油箱内故障和油箱外故障两类。油箱内故障主要包括绕组的相间短路、匝间短路、接地短路，以及铁芯烧毁等。变压器油箱内的故障十分危险，由于油箱内充满了变压器油，故障时的短路电流使变压器油急剧地分解气化，可能产生大量的可燃性气体(瓦斯)，很容易引起油箱爆炸。油箱外故障主要是套管和引出线上发生的相间短路与接地短路。

电力变压器不正常的运行状态主要有外部相间短路、接地短路引起的相间过电流和零序过电流,负荷超过其额定容量引起的过负荷,油箱漏油引起的油面降低,以及过电压、过励磁等。

为了保证电力变压器的安全运行,根据《继电保护与安全自动装置的运行条例》,针对变压器的上述故障和不正常运行状态,电力变压器应装设以下保护。

(1)瓦斯保护。800 kVA 及其以上的油浸式变压器和 400 kVA 及其以上的车间内油浸式变压器,均应装设瓦斯保护。瓦斯保护用来反映变压器油箱内部的短路故障及油面降低,其中重瓦斯保护动作于跳开变压器各电源侧断路器,轻瓦斯保护动作于发出信号。

(2)纵差保护或电流速断保护。6 300 kVA 及其以上并列运行的变压器,10 000 kVA 及其以上单独运行的变压器,发电厂厂用工作变压器和工业企业中 6 300 kVA 及其以上重要的变压器,应装设纵差保护。10 000 kVA 及其以下的电力变压器,应装设电流速断保护,其过电流保护的动作时限应大于 0.5 s。对于 2 000 kVA 以上的变压器,当电流速断保护灵敏度不能满足要求时,也应装设纵差保护。纵差保护或电流速断保护用于反映电力变压器绕组、套管及引出线发生的短路故障,其保护动作于跳开变压器各电源侧断路器。

(3)相间短路的后备保护。相间短路的后备保护用于反映外部相间短路引起的变压器过电流,同时作为瓦斯保护和纵差保护(或电流速断保护)的后备保护,其动作时限按电流保护的阶梯形原则来整定,延时动作于跳开变压器各电源侧断路器。相间短路的后备保护的型式较多,过电流保护和低电压启动的过电流保护,宜用于中、小容量的降压变压器;复合电压启动的过电流保护,宜用于升压变压器和系统联络变压器,以及过电流保护灵敏度不能满足要求的降压变压器;6 300 kVA 及其以上的升压变压器,应采用负序电流保护及单相式低电压启动的过电流保护;对大容量升压变压器或系统联络变压器,为了满足灵敏度要求,还可采用阻抗保护。

(4)接地短路的零序保护。对于中性点直接接地系统中的变压器,应装设零序保护,零序保护用于反映变压器高压侧(或中压侧)及外部元件的接地短路。变压器中性点直接接地运行,应装设零序电流保护;变压器中性点可能接地或不接地运行时,应装设零序电流、电压保护。零序电流保护延时跳开变压器各电源侧断路器;零序电压保护延时动作于发出信号。

(5)过负荷保护。对于400 kVA 以上的变压器,当数台并列运行或单独运行并作为其他负荷的备用电源时,应装设过负荷保护。过负荷保护通常只装在一相,其动作时限较长,延时动作于发出信号。

(6)其他保护。高压侧电压为500 kV 及其以上的变压器,对频率降低和电压升高而引起的变压器励磁电流升高,应装设变压器过励磁保护。对变压器温度和油箱内压力升高,以及冷却系统故障,按变压器现行标准要求,应装设相应的保护装置。

6.4.1 35 kV 升压变压器保护全图的识读

图 6-19 为 35 kV 升压变压器保护全图。

6.4.1.1 该变压器配置的保护及保护的组成分析

1. 瓦斯保护

瓦斯保护由 KG、KS_3、XBC、KOU 组成。其中 KOU 为所有保护公共的出口继电器。

2. 温度保护

温度保护由 K_θ、KS_4、XB_3 组成。

3. 纵差保护

纵差保护由 $KD_1 \sim KD_3$、KS_2、XB_2、KOU 组成。

4. 复合电压启动的过电流保护

复合电压启动的过电流保护由 $KV_{2>}$、$KV_<$、KC、$KA_1 \sim KA_3$、KT_1、KS_1、XB_1、KOU 组成。

5. 过负荷保护

过负荷保护由 KA_4、KT_2 组成。动作于发信号。

6. 零序电压保护

零序电压保护由母线上的电压互感器开口三角形回路组成(图中未画出)。

6.4.1.2 各保护工作过程

1. 瓦斯保护

当变压器内部发生轻微故障,产生的气体使继电器内部油面下降,或因油箱漏油而油面下降时,瓦斯继电器的一对动合触点 KG_1 闭合,接通预告信号装置发出预告信号(包括音响信号和光字信号)。

当变压器内部发生严重故障时,强烈的油流使瓦斯继电器的另一对动合触点 KG_2 闭合,接通重瓦斯保护回路,通过 KOU 跳开变压器两侧的断路器;同时通过 KS_3 接通事故信号装置发出事故信号。

切换片 XBC 在试验、换油、地震时切换到“2”位置,防止瓦斯保护误动跳闸。

2. 温度保护

通过温度继电器 K_θ 测量比较油温,当温度上升到 55 ℃时,K_θ 动作,其动合触点接通温度回路,通过 KS_4 动合触点闭合动作于发出信号或启动冷却风扇;当温度降到 45 ℃时,K_θ 返回。

3. 纵差保护

保护区内故障时,差动继电器 $KD_1 \sim KD_3$ 一个或几个动作,其动合触点 $KD_1 \sim KD_3$ 闭合接通纵差保护回路,通过 KOU 跳开变压器两侧的断路器;同时通过 KS_2 接通事故信号装置发出事故信号。

4. 复合电压启动的过电流保护

1)正常运行时

正常运行时,母线电压为工作电压,电流为负荷电流,$KA_1 \sim KA_3$ 不会启动;电压对称,$KV_{2>}$不会动作,其动合触点 $KV_{2>}$ 闭合,使加在 $KV_<$ 线圈上的电压为正常电压,$KV_<$ 不会启动,其动断触点断开中间继电器 KC 线圈回路,其动合触点 KC_1、KC_2 断开,整个保护都保持不动。

2)过负荷时

过负荷时,最大负荷电流超过 $KA_1 \sim KA_3$ 整定值,$KA_1 \sim KA_3$ 动作。但是由于过负荷是对称的，不会出现负序电压，因此 $KV_{2>}$ 不会动作。如上所述，动合触点 KC_2 断开，闭锁保护，不会误动。

3）对称短路时

对称短路时，母线电压为残压，电流为短路电流，使 $KA_1 \sim KA_3$ 动作，启动整个保护装置。对称短路时无负序电压，$KV_{2>}$ 不会动作，使加在 $KV_<$ 线圈上的电压为残压，$KV_<$ 动作，其动断触点闭合接通中间继电器 KC 线圈回路，动合触点 KC_2 闭合，接通 KT_1 线圈，经 KT_1 整定延时后，通过 KOU 跳开变压器两侧的断路器；同时通过 KS_1 去接通事故信号装置发事故信号。

4）不对称短路时

不对称短路时，电压会出现负序分量，电流为短路电流，使 $KA_1 \sim KA_3$ 动作，启动整个保护装置。负序电压使 $KV_{2>}$ 动作，$KV_{2>}$ 动断触点断开，使 $KV_<$ 线圈失压，$KV_<$ 动作，其后电路过程如上所述。

5）TV 断线时

TV 断线使 $KV_<$ 线圈失压，$KV_<$ 动作，其动断触点闭合，接通中间继电器 KC 线圈回路，动合触点 KC_1 闭合，接通预告信号装置发出预告信号。动合触点 KC_2 虽然也闭合，但是由于 $KA_1 \sim KA_3$ 未启动保护，故保护不会误动。

5. 过负荷保护

过负荷时，电路电流达到或超过 KA_4 整定值，KA_4 动作，其动合触点接通过负荷保护回路，经 KT_2 整定延时后，发出预告信号。

6.4.2 三绕组变压器保护全图的识读

三绕组升压变压器保护分开式原理接线图如图 6-20 所示。

1. 纵差保护

纵差保护由 1KD、2KD、3KD、1KS、XB、KOU（KOU 为保护公用出口，下面各保护不再重复）组成，作为变压器绕组及引出线的主保护。动作于瞬时跳开三侧的断路器。

2. 瓦斯保护

瓦斯保护由 KG、2KS、XBC 组成，轻瓦斯动作于延时发信号，重瓦斯动作于瞬时跳三侧断路器。

3. 过电流保护

过电流保护作为外部相间短路的远后备保护和内部相间短路的近后备保护，三侧均设过电流保护（双绕组变压器只在主电源侧设过电流保护）。

1）110 kV 侧采用复合电压启动的过电流保护

该保护由 $1KV_<$、$1KV_{2>}$、1KVM、1KA、2KA、3KA、2KT、5KS、5XB 组成。保护范围内故障时动作于延时跳开高压侧断路器。

2）35 kV 侧采用复合电压启动的过电流保护

该保护包括带方向的过电流和不带方向的过电流两套保护。不带方向的过电流保护由 $2KV_<$、$2KV_{2>}$、2KVM、4KA、5KA、6KA、3KT、3KS、1KC、2KC、2XB 组成。带方向的过电流保护由 1KPD、2KPD、$2KV_<$、$2KV_{2>}$、2KVM、4KA、5KA、6KA、4KT、6KS、6XB 组成。不带

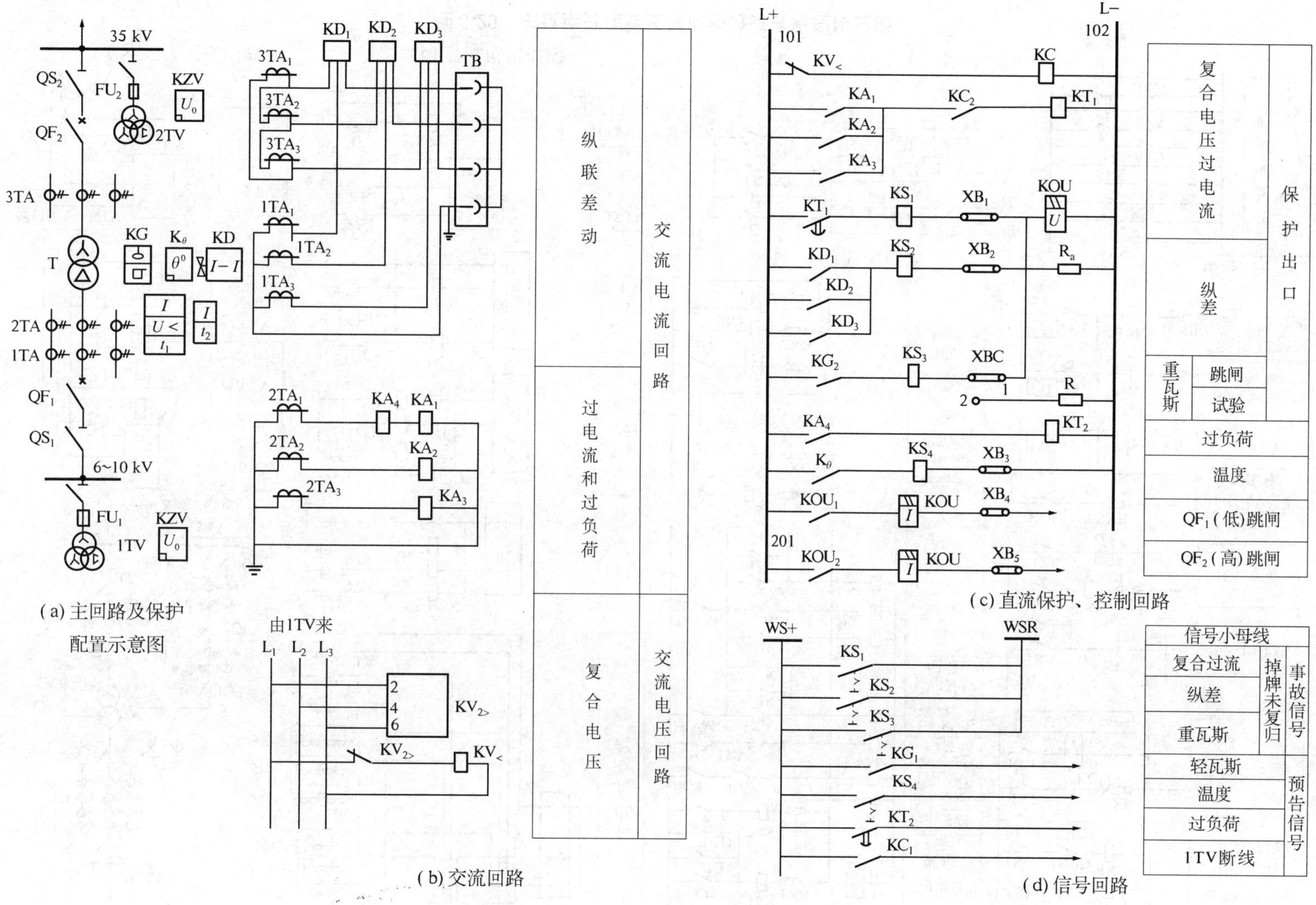

图 6-19　35 kV 升压变压器保护全图

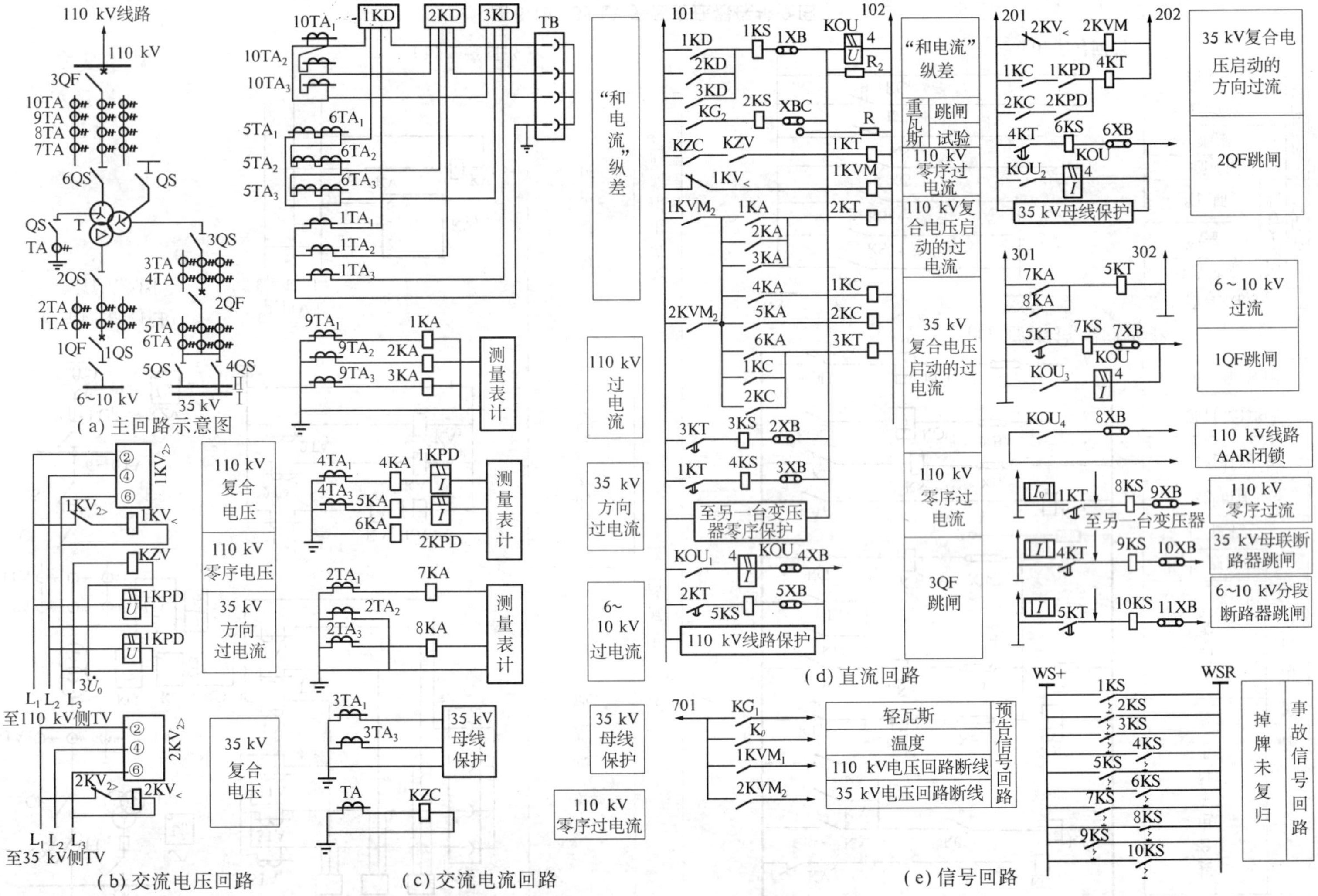

图 6-20　三绕组升压变压器保护分开式原理接线图

方向的过电流保护作为变压器内部短路而差动保护拒动时的后备保护，经 3KT 延时动作于跳三侧断路器。3KT 的延时大于 2KT、4KT、5KT 中的最大值。带方向的过电流保护作为 35 kV 侧的后备保护，保护范围内故障时动作。4KT 有两段延时，第一段延时跳开 35 kV 母联断路器；若故障仍存在，则经过第二段延时，跳开变压器中压侧的断路器。

3)6 ~ 10 kV 侧装设过电流保护

该保护由 7KA、8KA、5KT、7KS、7XB 组成，作为变压器低压侧外部故障和内部故障的后备保护。5KT 带两段延时，第一段延时跳开 6 ~ 10 kV 母线分段断路器，第二段延时跳开变压器低压侧断路器。

4. 接地保护

接地保护由 KZC、KZV、1KT、4KS、8KS、2XB、9XB 组成，作为变压器 110 kV 侧系统接地短路的后备保护。若两台变压器并联运行，一台中性点接地，另一台中性点不接地，发生单相接地故障时，应先跳开不接地的变压器，后跳开接地的变压器，由 1KT 的两段延时来实现。

5. 温度保护

温度保护由温度继电器组成，动作于发出信号。

6. 过负荷保护

变压器三侧均应设过负荷保护（但此图中未画出），动作于发出信号。

此外，110 kV、35 kV 电压互感器断线时应发出信号。

6.5 发电机继电保护图的识读

6.5.1 发电机可能发生的故障及其相应的保护

6.5.1.1 发电机定子绕组相间短路

定子绕组相间短路会产生很大的短路电流，严重损坏发电机，甚至引起火灾。应装设纵联差动保护。

6.5.1.2 发电机定子绕组匝间短路

定子绕组匝间短路会产生很大的环流，引起故障处温度升高，使绝缘老化，甚至击穿绝缘发展为单相接地或相间短路，扩大发电机损坏范围。

6.5.1.3 发电机定子绕组单相接地

定子绕组单相接地是发电机易发生的一种故障。单相接地后，其电容电流流过故障点的定子铁芯，当此电流较大或持续时间较长时，会使铁芯局部熔化，给修复工作带来很大困难。因此，应装设能灵敏反映全部绕组任一点接地故障的 100% 定子绕组单相接地保护。

6.5.1.4 发电机转子绕组一点接地和两点接地

转子绕组一点接地，由于没有构成通路，对发电机没有直接危害，但若再发生另一点接地，就造成两点接地，则转子绕组一部分被短接，不但会烧毁转子绕组，而且由于部分绕组短接会破坏磁路的对称性，造成磁势不平衡而引起机组剧烈振动，产生严重后果。因此,应装设转子绕组一点接地保护和两点接地保护。

6.5.1.5 发电机失磁

转子绕组断线、励磁回路故障或灭磁开关误动等原因,将造成转子失磁。失磁故障不仅对发电机造成危害,而且对电力系统安全也会造成严重影响,因此应装设失磁保护。

6.5.2 发电机的不正常工作状态及其相应的保护

(1)由外部短路、非周期合闸及系统振荡等原因引起的过电流,应装设过电流保护,作为外部短路和内部短路的后备保护。对于50 MW及其以上的发电机,应装设负序过电流保护。

(2)负荷超过发电机额定值,或负序电流超过发电机长期允许值会造成对称或不对称过负荷。针对对称过负荷,应装设只接于一相的过负荷信号保护;针对不对称过负荷,一般在50 MW及其以上的发电机应装设负序过负荷保护。

(3)发电机突然甩负荷会引起过电压,特别是水轮发电机,因其调速系统惯性大和中间再热式大型汽轮发电机功频调节器的调节过程比较缓慢,在突然甩负荷时,转速急剧上升从而引起过电压。因此,在水轮发电机和大型汽轮发电机上应装设过电压保护。

(4)当汽轮发电机主汽门突然关闭而发电机断路器未断开时,发电机由从系统吸收无功而过渡到同步电动机运行状态,汽轮发电机叶片特别是尾叶可能因过热而损坏。因此,应装设逆功率保护。

为了消除发电机故障,其保护动作于跳开发电机断路器的同时,还应作用于自动灭磁开关,断开发电机励磁电流。

6.5.3 小型水轮发电机保护接线全图的识读

6.5.3.1 小型水轮发电机保护配置图

图6-21所示为小型水轮发电机保护配置图,由图可以看出,水轮发电机配置的保护有:①纵差保护;②复合电压启动的过电流保护;③过电压保护;④零序电流保护;⑤低频低压解列保护;⑥失磁保护;⑦过负荷保护;⑧转子一点接地保护。其中保护①动作于"三分"(即跳开发电机出口断路器、发电机灭磁开关,并停机),保护②~⑥动作于"二分"(跳开发电机出口断路器和灭磁开关),保护⑦、⑧动作于延时信号。

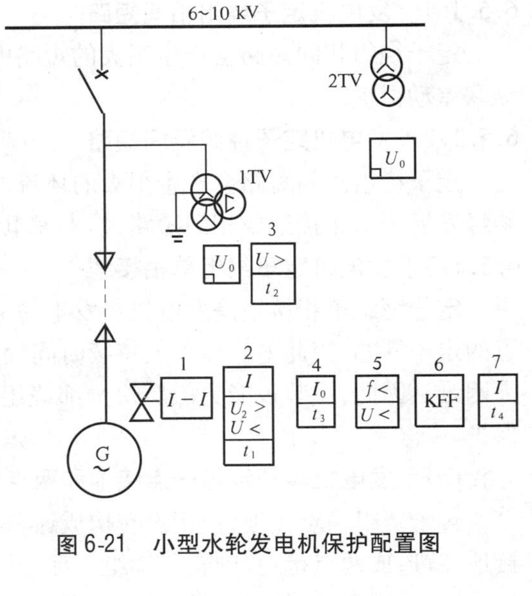

图6-21 小型水轮发电机保护配置图

6.5.3.2 小型水轮发电机保护分开式表示原理接线全图

小型水轮发电机保护分开式表示原理接线全图如图6-22所示。

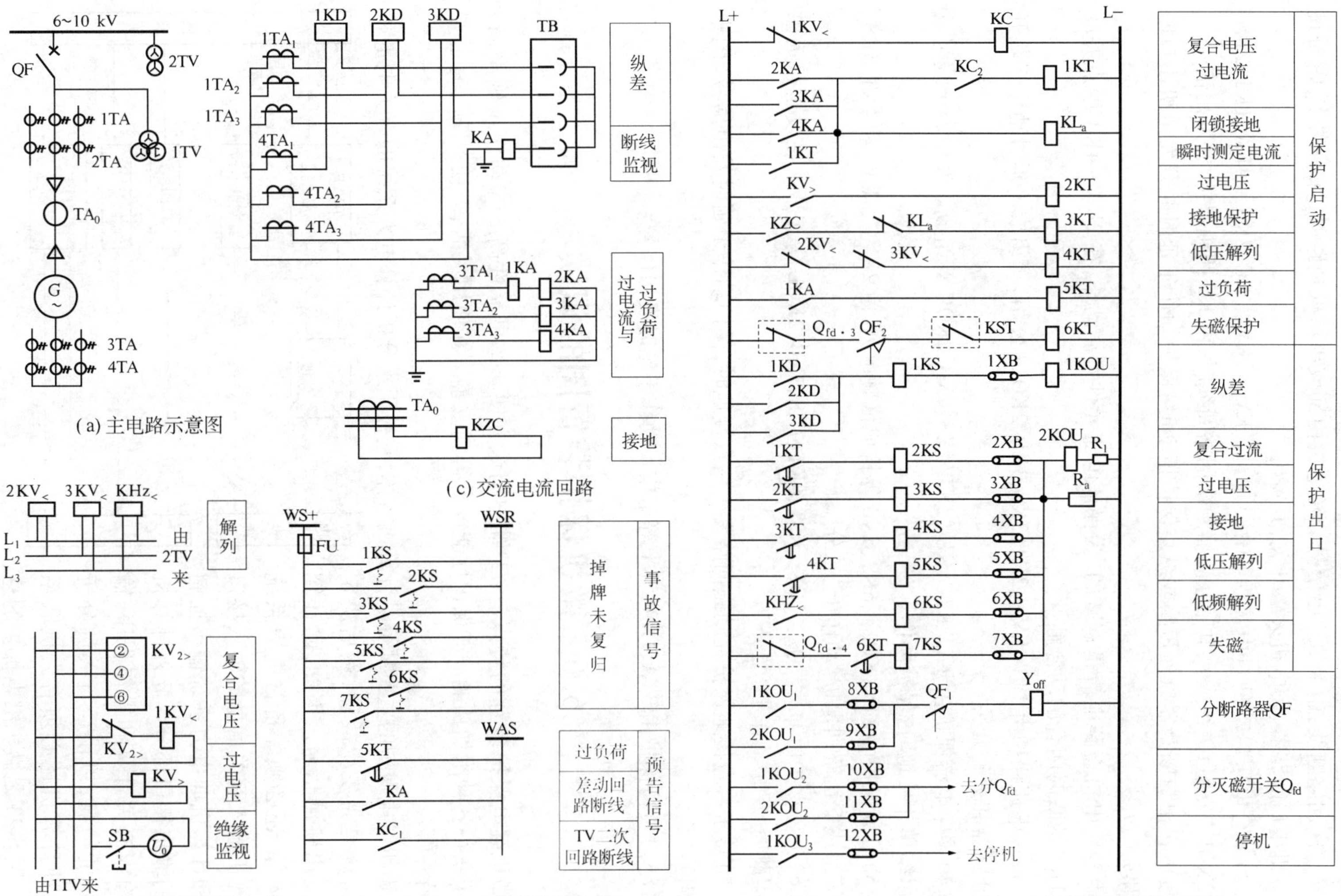

(a) 主电路示意图

(b) 交流电压回路

(c) 交流电流回路

(e) 信号回路

(d) 直流保护, 控制回路

图 6-22　小型水轮发电机保护分开式表示原理接线全图

(1)纵差保护由 $1TA_{1\sim3}$、$4TA_{1\sim3}$、1KD、2KD、3KD、KA、1KS、1KOU、1XB 等组成。电流互感器二次回路断线，由 KA 发出信号。发电机内部或出口处短路时，保护动作，瞬时跳开发电机出口断路器、发电机灭磁开关，并停机。

(2)复合电压启动的过电流保护由 $3TA_{1\sim3}$、$KV_{2>}$、$KV_{<}$、KC、2KA～4KA、1KT、2KS、2XB、2KOU(公用)等组成。电压互感器二次回路断线时，由 KC 闭锁保护，并发出信号。

发电机出口断路器以外短路或纵差保护拒动时，保护动作于延时跳开发电机出口断路器和灭磁开关。

由于发电机短路电流是衰减的，为保证电流元件可靠动作，在 2KA～4KA 触点并联一对 1KT 的瞬时闭合的动合触点。

(3)过电压保护由 1TV、$KV_{>}$、2KT、3KS、3XB、2KOU(公用)等组成。延时动作于跳开出口断路器和灭磁开关。

(4)零序电流保护由 TA_0、KZC、KL_a、3KT、4KS、4XB、2KOU 等组成。发生定子绕组及其引出线单相接地时，保护动作于"二分"。

(5)解列保护由 2TV、$KHz_{<}$、6KS、6XB 等构成低频解列，由 $2KV_{<}$、$3KV_{<}$ 和 4KT、5KS、5XB 等组成低压解列保护，动作于"二分"。

(6)失磁保护由 $Q_{fd\cdot3}$、$Q_{fd\cdot4}$、QF_2、KST、6KT、7KS、7XB、2KOU 等组成。在发电机灭磁开关误跳时，保护动作于"二分"。

(7)转子一点接地保护在励磁回路发生一点接地时，保护动作于延时发出信号(图中未画出)。

(8)过负荷保护由 3TA、1KA、5KT 等组成。动作于延时发出信号。

6.6 微机保护装置图的识读

微机继电保护装置的特点有：①维护调试方便。②可靠性高。③动作正确率高。④易于获得各种附加功能。⑤保护性能容易得到改善。⑥使用灵活、方便。⑦具有远方监控特性等。

微机继电保护的主要部分是计算机本体，它被用来分析计算电力系统的有关电量和判定系统是否发生故障，然后决定是否发出跳闸信号。因此，除计算机本体外，还必须配备自电力系统向计算机输入有关信息的输入接口部分和计算机向电力系统输出控制信息的输出接口部分。此外计算机还要输入有关计算和操作程序，输出记录的信息，以供运行人员分析事故，即计算机还必须有人机联系部分。图 6-23 是微机继电保护的总框图，从图中可以看出微机继电保

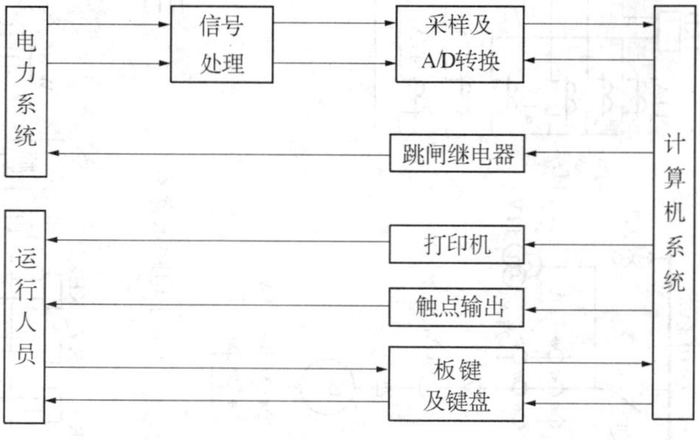

图 6-23　微机继电保护的总框图

护的基本构成。

本书以许继电气股份有限公司的 WXH－822 型微机线路保护测控装置为例，说明微机保护原理图的识读方法。

WXH－822 型微机线路保护测控装置保护配置如下：①三段经电压闭锁的方向过电流保护；②零序过电流保护/网络小电流接地选线；③三相一次重合闸；④过负荷保护；⑤低频减载保护；⑥前后加速保护；⑦TV 断线告警；⑧控制回路异常告警；⑨装置故障告警；⑩遥测、遥信、遥控及遥脉功能；⑪录波；⑫GPS 对时；⑬网络打印；⑭网络通信。

6.6.1　三段式电流电压方向保护

WXH－822 装置设三段式电流电压方向保护，各段保护的电压闭锁元件及方向元件均可单独投退，通过分别设置保护压板控制这三段保护的投退。

(1)三段式电流电压方向元件采用 90°接线，按相启动，同时为消除死区，方向元件带有记忆功能。

(2)低电压元件在三个线电压中的任意一个低于低电压定值时动作，开放被闭锁保护的元件。利用此元件，可以保证装置在电机反充电等非故障情况下不出现误动。

(3)装置实时计算并进行三段过电流判别。各段判别逻辑一致。三段式电流电压方向保护原理框图如图 6-24 所示，其动作条件如下：

①实测相电流大于 n 段电流定值。

②经一定的延时 $T_n(n=1,2,3,\cdots)$，图 6-24 中 T_n 为 n 段过电流保护时限。

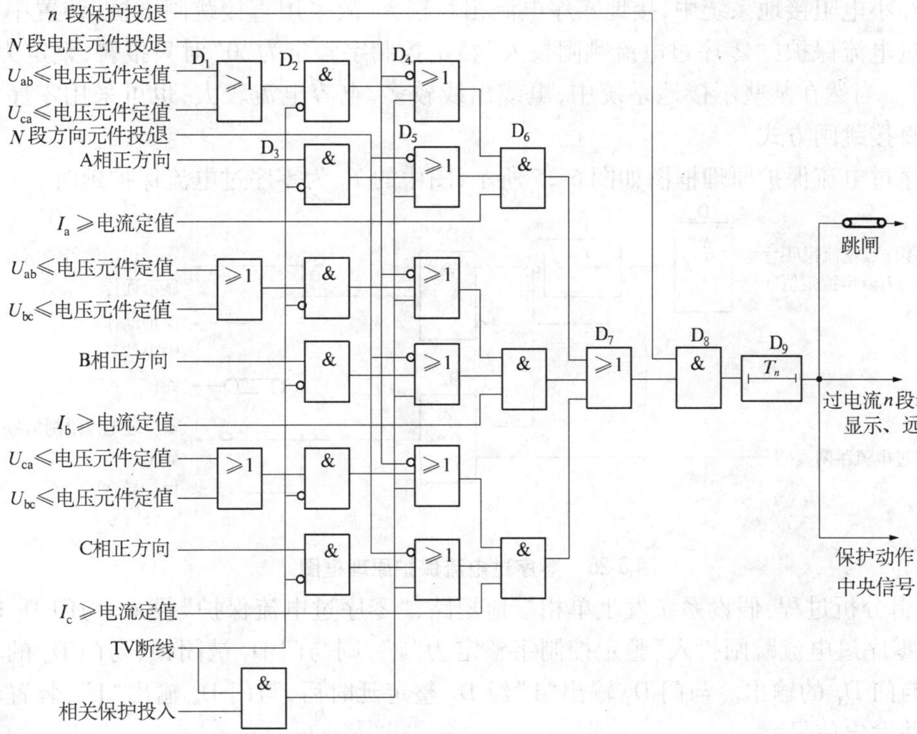

图 6-24　三段式电流电压方向保护原理框图

③相应于过电流相的方向条件及低电压条件满足(若需要)。

假设在Ⅰ段保护区内发生A、B相间短路,Ⅰ段保护投入,电压元件投入,TV正常,相关保护投入。下面以A相模块的逻辑过程分析为例,说明微机保护原理图的识读方法。其他保护的原理图识读由读者仿此自行分析。

根据假设,TV正常,相关保护投入,与门D_2的输出取决于或门D_1的输出,或门D_4的输出取决于D_2的输出,与门D_8的输出取决于或门D_7的输出。故障点在保护区内,与门D_3输出“1”,或门D_5输出“1”,与门D_6的输出取决于D_4的输出和A相电流是否达到定值。

A、B两相间的线电压为残压,小于电压元件定值,或门D_1输出“1”,与门D_2输出“1”,或门D_4输出“1”;A相电流为短路电流,达到或超过A相电流定值,与门D_6输出“1”,或门D_7输出“1”,与门D_8输出“1”,经D_9整定延时后,保护装置动作跳闸、发出信号。

若TV断线,与门D_2输出“0”,闭锁保护装置。

6.6.2 零序过电流保护/网络小电流接地选线装置

设有一段零序过电流保护,通过设置保护压板控制投退。

由于装置应用于不接地或小电流接地系统,在系统中发生接地故障时,其接地故障点零序电流基本为电容电流,且幅值很小,用零序过电流继电器来保护接地故障很难保证其选择性。在本装置中接地保护实现时,由于各装置通过网络互联,信息可以共享,故采用网络小电流接地选线的方法来获得接地间隔,并通过网络下达接地试跳命令来进一步确定接地间隔。

在经小电阻接地系统中,接地零序电流相对较大,故采用直接跳闸方法,装置中设一段零序过电流保护(“零序过电流跳闸投入”整定控制字整定为“0”时只报警,整定为“1”时跳闸)。当然在某些不接地系统中,电缆出线较多,电容电流较大,也可采用零序电流继电器直接跳闸方式。

零序过电流保护原理框图如图6-25所示,图中的T_0为零序过电流保护延时。

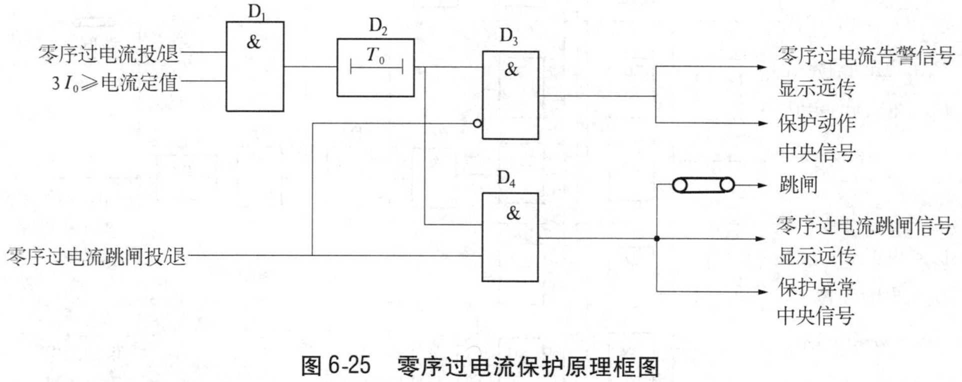

图6-25 零序过电流保护原理框图

逻辑分析过程:假设系统发生单相接地短路,“零序过电流保护”投入,与门D_1输出“1”。“零序过电流跳闸投入”整定控制字整定为“1”,则与门D_3被闭锁,与门D_4的输出取决于与门D_1的输出。与门D_1输出“1”经D_2整定延时后,与门D_4输出“1”,装置动作于跳闸并发出信号。

6.6.3　三相一次重合闸

该功能是在原线路保护的基础上,利用资源共享的原理,不增加任何硬件,采用软件方式实现无压或同步检定方式的三相一次重合闸。

装置设有三相一次重合闸功能,通过设置重合闸压板控制投退。三相一次重合闸原理框图如图6-26所示,图中的T_{ar}为重合闸时限。

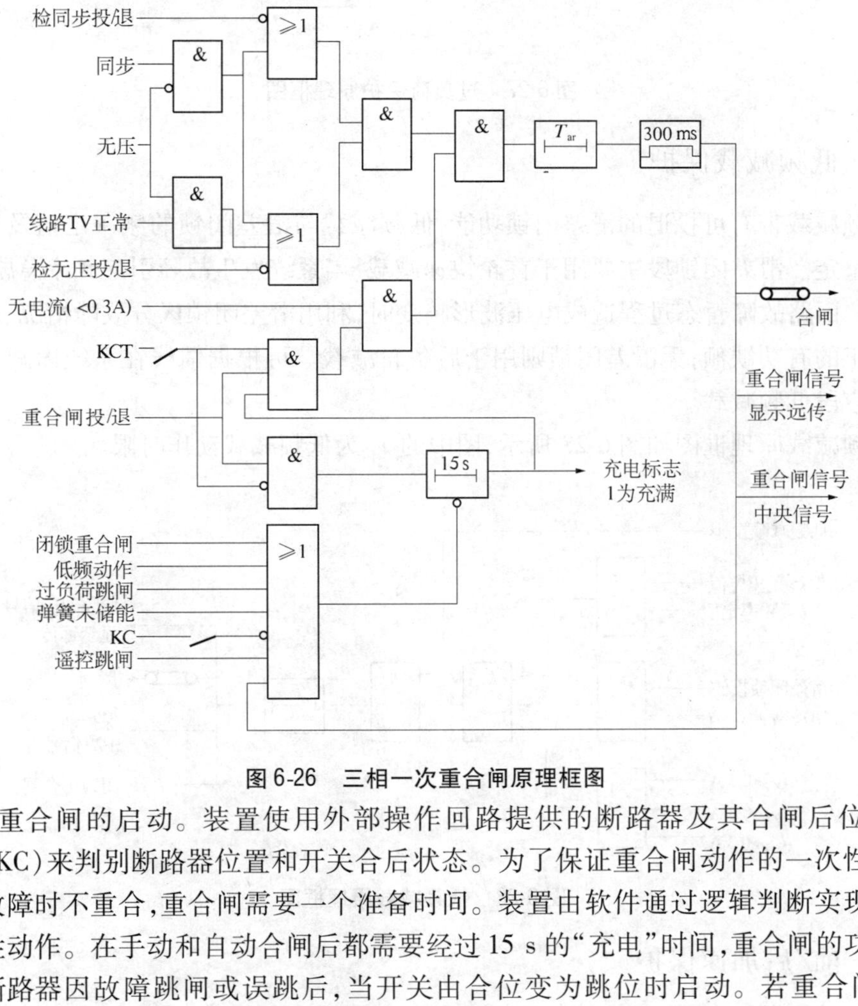

图6-26　三相一次重合闸原理框图

(1)重合闸的启动。装置使用外部操作回路提供的断路器及其合闸后位置触点(KCT、KC)来判别断路器位置和开关合后状态。为了保证重合闸动作的一次性和手动合闸于故障时不重合,重合闸需要一个准备时间。装置由软件通过逻辑判断实现重合闸的一次性动作。在手动和自动合闸后都需要经过15 s的"充电"时间,重合闸的功能方才有效。断路器因故障跳闸或误跳后,当开关由合位变为跳位时启动。若重合闸已"充电",则重合闸启动。当跳位启动后,若10 s内不满足重合闸条件则放电。

(2)重合闸的闭锁。重合闸的闭锁条件有:①合后继电器KC返回;②过负荷跳闸;③低频减载动作;④控制回路异常;⑤弹簧未储能;⑥闭锁重合闸;⑦遥控跳闸。

6.6.4　过负荷保护

装置设有过负荷保护。动作条件是各相电流均大于电流定值。过负荷可通过控制字定值选择动作于跳闸或告警;投跳闸时,跳闸后闭锁重合闸。过负荷保护原理框图如图6-27所示,图中的T_L为过负荷保护延时。

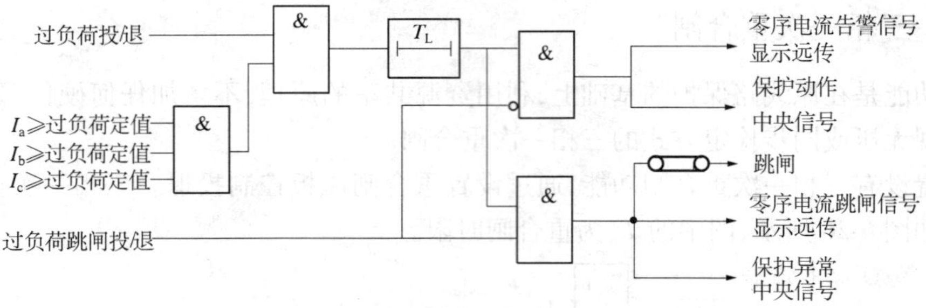

图 6-27　过负荷保护原理框图

6.6.5　低频减载保护

低频减载带有可投退的滑差闭锁功能，低频减载与滑差闭锁的频率定值及动作时限可单独整定。滑差闭锁段主要用于首轮快速减载，当系统发生故障引起频率急剧下降，或系统、TV 回路故障暂态过程造成电压波形畸变时，利用滑差闭锁区分故障情况、电机反充电和真正的有功缺额；无滑差闭锁则用于后备轮减载。可根据馈线在系统内减载的轮次投入相应段低频减载。

低频减载原理框图如图 6-28 所示，图中的 T_f 为低频减载动作时限。

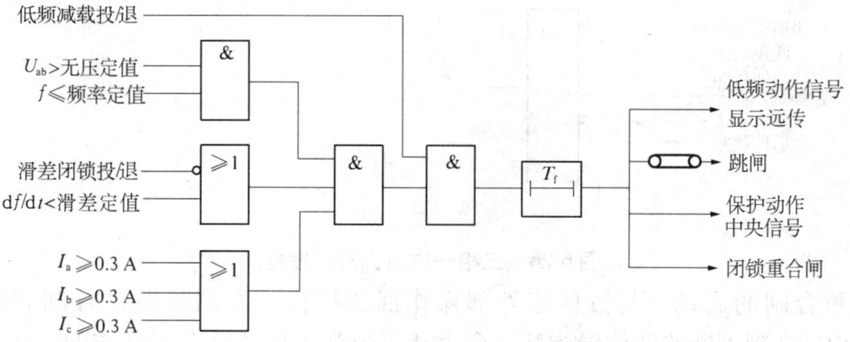

图 6-28　低频减载原理框图

6.6.6　前/后加速保护

装置设置了独立的加速保护段，可选择前加速或后加速。考虑到重合闸动作后可能不立即发生故障，加速保护时间定值可适当延长，但不应超过 3 s，如果没有发生故障就整组复归。装置的手合加速回路不需由外部手动合闸把手的触点来启动，此举主要是考虑到目前许多变电站采用综合自动化系统后，已取消了控制屏，在现场不再安装手动操作把手，或仅安装简易的操作把手。前/后加速保护原理框图如图 6-29 所示，图中 T_{acc} 为加速保护时限。

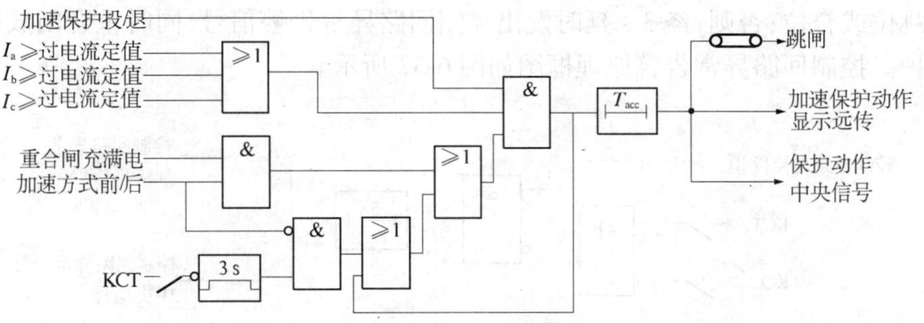

图 6-29 前/后加速保护原理框图

6.6.7 TV 断线告警

(1)母线 TV 断线告警。母线 TV 断线后将告警,同时可根据电压(及其组合)、电流的数值判断 TV 断线的情况:三相失压、两相 TV 断线或是单相 TV 断线。待电压恢复正常(线电压大于 80 V),保护返回。母线 TV 断线原理框图如图 6-30 所示。

(2)线路 TV 断线告警。对于含可检无压或可检同步要求的线路,装置在断路器处于合闸位置时,检查线路抽取电压幅值大于无压值(30 V),否则发出线路 TV 断线告警。线路 TV 断线原理框图如图 6-31 所示。

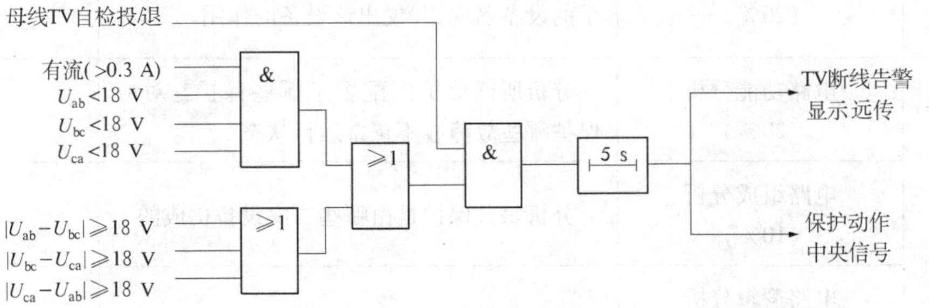

图 6-30 母线 TV 断线原理框图

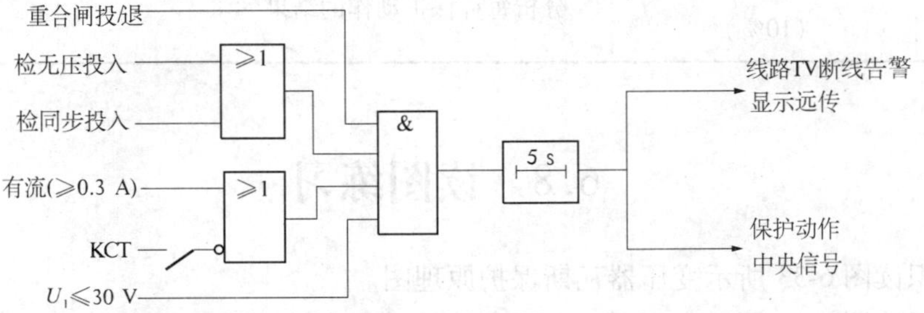

图 6-31 线路 TV 断线原理框图

6.6.8 控制回路异常告警

装置采集断路器的跳位和合位。当控制电源正常、断路器辅助触点正常时,必有且只有一个跳位或合位;否则,经 3 s 延时发出控制回路异常告警信号,同时重合闸放电,但不闭锁保护。控制回路异常告警原理框图如图 6-32 所示。

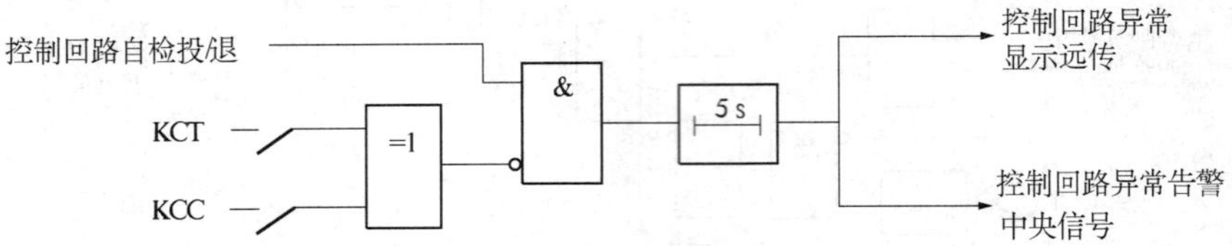

图 6-32　控制回路异常告警原理框图

6.7　读图分析报告格式(附评价标准)

读图分析报告如表 6-3 所示。

表 6-3　读图分析报告(附评价标准)

图名			
识图内容		评价标准	评价得分
基本项目识读(20%)	电气图形符号的识别(20%)	能识别所读接线图中所有图形符号所表示的设备名称,并说出该设备的作用	
保护图的识读(80%)	电路功能分析(20%)	分析所读保护图配置了哪些保护?对应保护哪些故障或不正常运行状态	
	电路组成分析(10%)	分析每种保护是由哪些二次设备构成的	
	电路逻辑分析(40%)	分析每种保护动作的逻辑过程	
	动作结果分析(10%)	分析每种保护动作的结果	

6.8　读图练习

(1)识读图 6-33 所示变压器瓦斯保护原理图。

(2)识读图 6-34 所示变压器欠电压启动的过电流保护原理图。

(3)识读图 6-35 所示变压器复合电压启动的过电流保护原理图。

(4)识读图 6-36 所示发电机差动保护原理图。

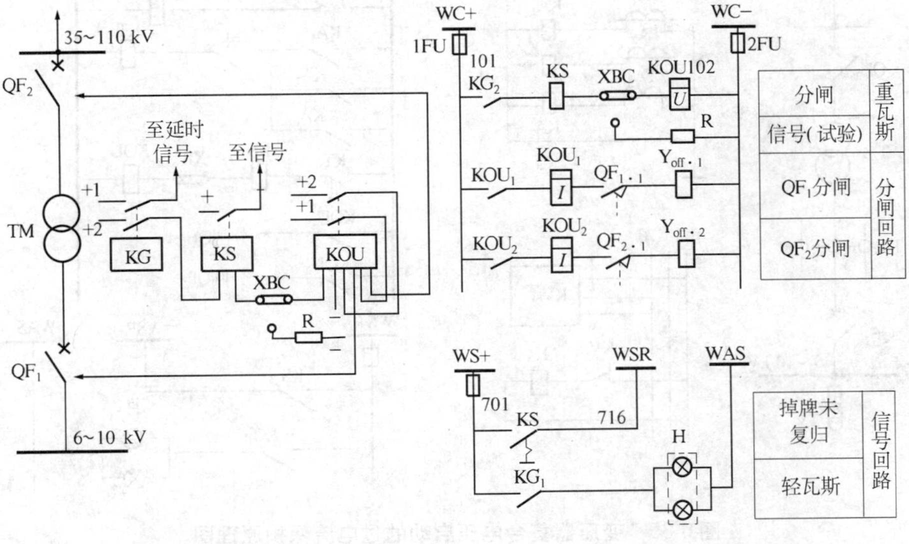

(a)集中式表示原理接线示意图　　　(b)分开式表示原理图

图 6-33　变压器瓦斯保护原理图

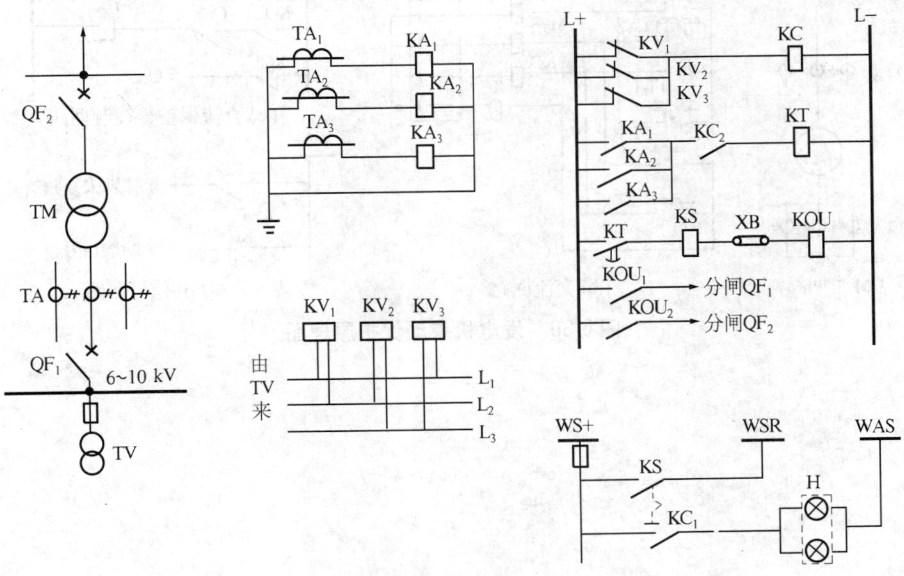

图 6-34　变压器欠电压启动的过电流保护原理图

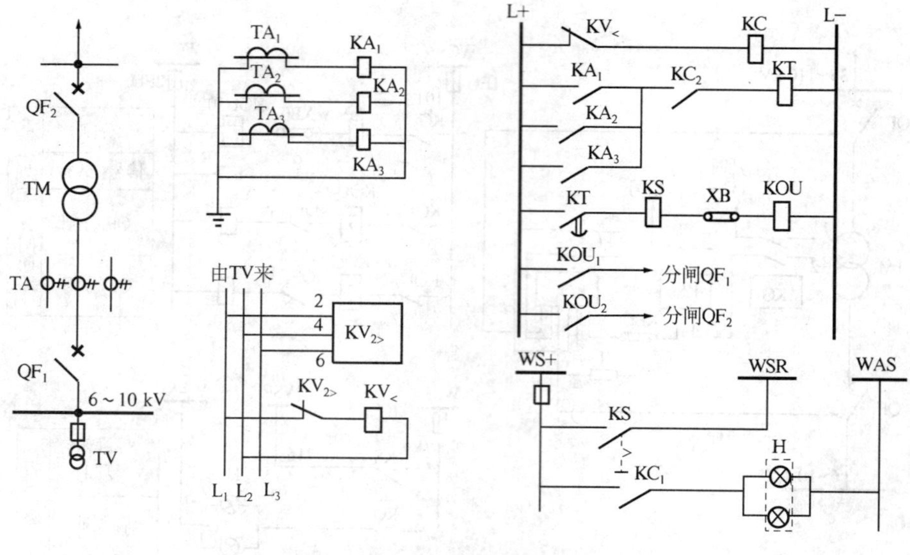

图 6-35　变压器复合电压启动的过电流保护原理图

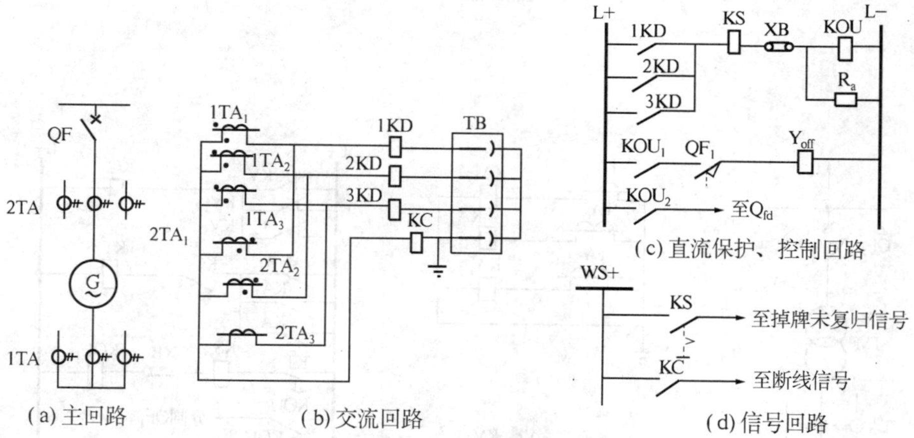

(a) 主回路　(b) 交流回路　(c) 直流保护、控制回路　(d) 信号回路

图 6-36　发电机差动保护原理图

项目7　自动装置原理图的识读

7.1　本项目工作任务单

<table>
<tr><td>任务单</td><td>自动装置原理图的识读</td></tr>
<tr><td>任务一
任务二</td><td>AAT装置原理图的识读
AAR装置原理图的识读</td></tr>
<tr><td colspan="2">任务描述</td></tr>
<tr><td colspan="2">通过本学习项目的学习，要求学员能够：
1. 识读备用电源自动投入装置（AAT装置）的原理图，分析AAT装置的组成和动作的过程；
2. 识读自动重合闸装置（AAR装置）的原理图，分析AAR装置的组成和动作的过程。</td></tr>
<tr><td colspan="2">引导文</td></tr>
<tr><td colspan="2">【基础知识的认知】
1. 什么是AAT装置？对AAT装置有哪些基本要求？
2. AAT装置由哪几个部分组成？每个部分有什么作用？
3. AAT装置的启动电路在什么条件下会启动？
4. AAT装置的自动合闸部分在AAT装置启动后，是如何动作的？
5. AAT装置的启动延时一般取多长？
6. 什么是AAR装置？对AAR装置有哪些基本要求？
7. AAR装置有哪些种类？
8. AAR装置的核心设备是什么？它由哪些元件构成？每个构成元件起什么作用？
9. AAR装置在什么情况下动作？动作时电路的逻辑过程如何？
10. 手动跳闸操作时，AAR装置会不会动作？
11. AAR装置是如何实现“防跳”的？
12. AAR装置上信号指示灯亮和不亮有什么意义？
【识图能力训练】
1. AAT装置原理图的识读。
2. AAR装置原理图的识读。
3. 填写识图分析报告。</td></tr>
</table>

7.2 备用电源自动投入装置图识读

自用电电源是确保发电厂、变电所安全可靠运行的重要环节之一。一般情况下,自用电电源不允许中断,因此自用电一般设两个或两个以上的独立电源供电,一个工作,另一个备用,或互为备用。在设有备用电源的发电厂、变电所中,当厂用工作电源因故障断开时,备用电源应能迅速自动地投入,使厂用电不至于停电。完成上述转换任务的自动装置称为备用电源自动投入装置,简称 AAT 装置。

7.2.1 对 AAT 装置的基本要求

(1)当工作母线电压消失或严重降低时,AAT 装置应该动作。

(2)只有在工作电源断路器断开,且备用电源电压足够高时,才允许 AAT 装置启动。

(3)备用电源要有一定的过负荷能力,以满足电动机的自启动。

(4)AAT 装置的动作时限应尽可能短,以保证电动机的自启动,一般取 1 ~ 1.5 s 为宜。

(5)AAT 装置只能动作一次,以免在母线上存在永久性故障时,备用电源受到多次冲击而造成故障扩大。此时应采用 AAT 装置后加速保护。

7.2.2 "暗备用"的 AAT 装置典型接线

图 7-1 所示为变电所所用电备用变压器的"暗备用"的 AAT 装置原理接线图。

7.2.2.1 AAT 装置的构成

备用电源自动投入装置方式多样,每套 AAT 装置按其工作性质可分为低电压启动和自动合闸两个部分。

1. 低电压启动部分

低电压启动部分的作用是监视工作母线是否因各种原因失压和备用电源是否正常,并使 AAT 装置启动。低压启动部分由低压继电器 1KV(或 3KV)、过电压继电器 2KV(或 4KV)、时间继电器 1KT(或 2KT)、信号继电器 1KS(或 2KS)组成,见图 7-1。低电压继电器 1KV(或 3KV),用于监视工作母线是否失压;过电压继电器 2KV(或 4KV),用于监视备用电源电压是否正常,2KV(或 4KV)各有一对动断触点串联接到另一套 AAT 装置的失压监视回路,兼作电压互感器、熔断器熔断时闭锁 AAT 装置之用;时间继电器 1KT(或 2KT),用于整定 AAT 装置的动作延时;信号继电器 1KS(或 2KS),用于发出 AAT 装置动作信号。

2. 自动合闸部分

自动合闸部分的作用是在工作电源切断后,将备用电源的断路器投入。自动合闸部分包括中间继电器 KC、自动空气开关的辅助触点 1QK 和 2QK、信号继电器 3KS、切换开关 BK,见图 7-1。

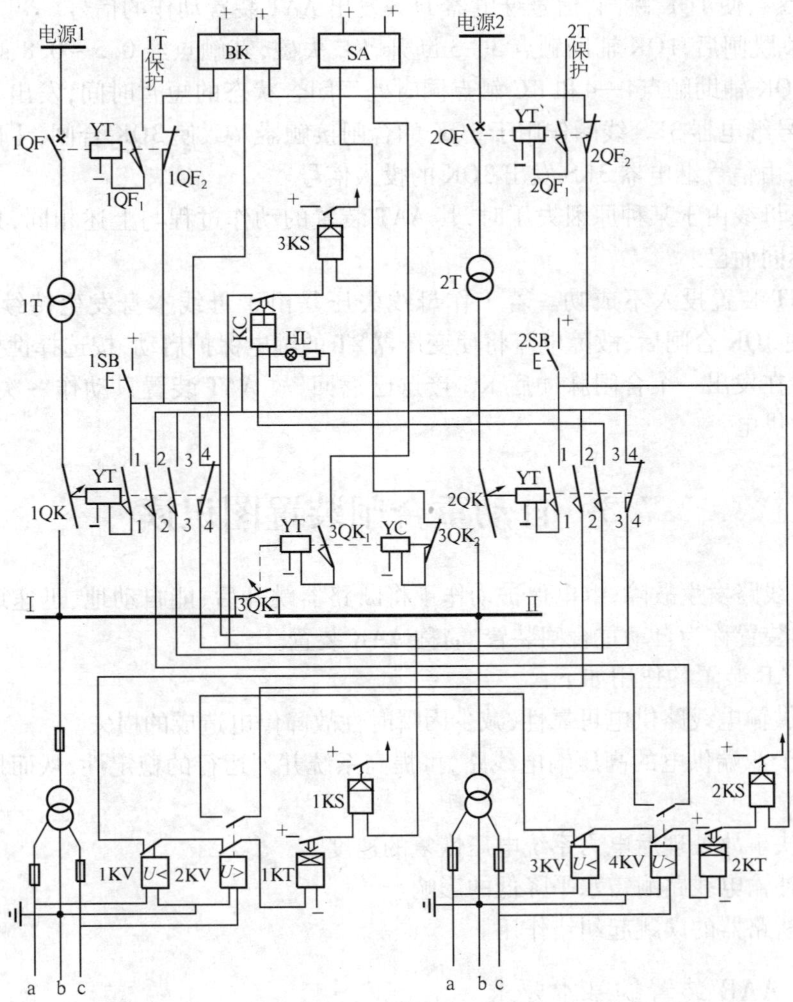

图 7-1 "暗备用"的 AAT 装置原理接线图

中间继电器 KC 具有 0.5 ~ 0.8 s 延时断开、瞬时闭合的动合触点，用于保证 AAT 装置只动作一次。自动空气开关的辅助触点 1QK 和 2QK 用于保证工作电源先切，备用电源后投。信号继电器 3KS 用于发出合闸信号。切换开关 BK 用于手动退出 AAT 装置。

7.2.2.2 AAT 装置的工作原理

(1) 当工作母线电压正常时，AAT 装置处于准备状态。切换开关 BK 投入，1QF、2QF、1QK、2QK 均在合闸后位置，3QK 在断开位置，Ⅰ、Ⅱ段母线电压正常，1KV ~ 4KV 动断触点断开，2KV 与 4KV 动合触点闭合，AAT 装置未启动，1KT、2KT 线圈不励磁，其延时动合触点断开；中间继电器 KC 线圈励磁，其动合触点闭合，但因正电源被 1QK 和 2QK 切断，故不发出合闸脉冲；监视 1QK、2QK 投入位置的指示灯 HL 亮，表示 AAT 装置处于准备状态。

(2) 当工作母线失压时，AAT 装置的动作过程（以Ⅰ段母线为例具体说明）如下：当Ⅰ段工作母线由于某种原因失压时，1KV 和 2KV 的动断触点闭合，如此时备用电源电压正常，则 4KV 动合触点闭合，满足 AAT 的启动条件，时间继电器 1KT 动作，经整定延时，一般取 1～1.5 s，使 1QK 跳闸，信号继电器 1KS 发出 AAT 装置动作的信号。

在 1QK 跳闸后，1QK 辅助触点 3—3 断开，KC 失磁，其触点经 0.5～0.8 s 延时断开，这时出现 1QK 辅助触点4—4和 KC 触点同时处于闭合状态的短暂时间，发出一个短合闸脉冲，经信号继电器 3KS 线圈作用于 3QK 的合闸接触器 YC，使 3QK 合闸，Ⅰ段母线即转由 2T 供电，由信号继电器 3KS 发出 3QK 的投入信号。

当Ⅱ段母线由于某种原因失压时，其 AAT 装置的动作过程与上述相同，只是动作的相应元件不同而已。

(3) AAT 装置投入不成功。若工作母线失压是由于母线本身发生持续性故障，则 AAT 装置使 3QK 合闸后，故障电流将使变压器 2T 的继电保护启动，按选择性要求将 3QK 跳闸。由于在发出一个合闸脉冲后 KC 接点已返回，故 AAT 装置只动作一次，不影响Ⅱ段母线正常供电。

7.3　自动重合闸装置图识读

当输电线路发生故障，继电保护动作于将断路器跳开后，能自动地、迅速地将断路器重新合闸的装置称为自动重合闸装置，简称 AAR 装置。

装设 AAR 装置的作用如下：

(1) 提供输电线路供电可靠性，减少因瞬时性故障停电造成的损失。

(2) 对于双端供电的高压输电线路，可提高系统并列运行的稳定性，从而提高线路输送的容量。

(3) 加快事故处理后电力系统电压恢复的速度。

(4) 弥补输电线路耐雷水平降低的影响。

(5) 对断路器的误跳起纠错作用。

7.3.1　对 AAR 装置的基本要求

(1) AAR 装置动作应迅速。一般 AAR 装置的动作时间整定为 0.5～1.5 s。

(2) 手动跳闸时 AAR 装置不应重合。运行人员手动操作控制开关或通过遥控使断路器跳闸，属于正常运行操作，AAR 装置不应动作。

(3) 手动合闸于故障线路时，继电保护动作使断路器跳闸后，AAR 装置不应重合。

(4) 应预先规定 AAR 装置的动作次数。

(5) AAR 装置动作后应能自动复归，准备好下次再动作。

(6) AAR 装置应与继电保护配合。

(7) AAR 装置应方便调试和监视，动作时应有信号。

7.3.2　AAR 装置的类型

AAR 装置可以按照不同特征分为如下几类：

(1) 按组成元件的动作原理，可分为机械式和电气式两种。

(2) 按动作次数，可分为一次 AAR、二次 AAR、多次 AAR 三类。

(3)按运用的线路结构,可分为单侧电源线路 AAR、双侧电源线路 AAR 两种。

(4)按作用于断路器的方式,可以分为三相 AAR、单相 AAR 和综合 AAR 三种。

限于篇幅,本书只介绍单侧电源线路的三相一次 AAR 装置原理图的识读过程。

7.3.3 单侧电源线路的三相一次 AAR 装置

图 7-2 所示为 35 kV 输电线路三相一次 AAR 及操作、保护电路图。该图由三部分组成:上面是 AAR 回路;中间是操作回路(带闪光母线及灯光监视的断路器操作回路),这

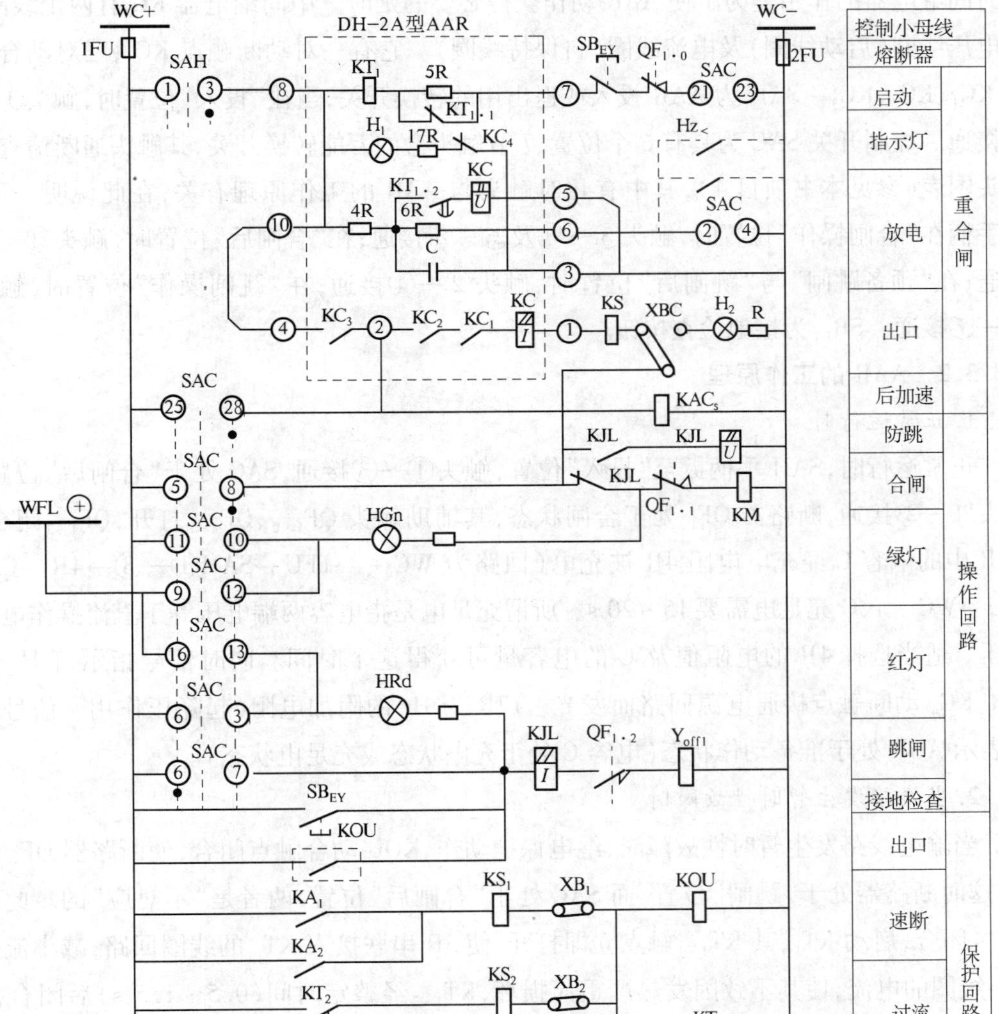

图 7-2 35 kV 输电线路三相一次 AAR 及操作、保护电路图

部分在项目4中已做了详细叙述；下面是继电保护装置部分（电流速断及过电流保护），这部分在项目6中做过详细介绍。现在主要介绍AAR的构成、动作原理、动作过程及AAR与其他两部分电路的配合。

7.3.3.1 AAR的组成

AAR核心部分DH－2A型（或DH－3型）重合闸继电器由时间继电器KT_1、中间继电器KC、充电电阻4R、放电电阻6R、降压电阻5R、17R、电容C及信号灯H_1等组合而成。时间继电器KT_1有一对瞬时断开的动断触点$KT_{1.1}$和一对延时闭合的动合触点$KT_{1.2}$，加入时间继电器的作用是为了使AAR动作获得必要的延时。中间继电器KC有两个线圈，即电压线圈（启动线圈）及电流线圈（自保持线圈）。它有一对动断触点KC_4，三对动合触点KC_1、KC_2、KC_3。SAH为AAR投入或退出用的转换开关，当在"投入"位置时，触头①—③接通。控制开关SAC为具有6个位置、7节触头盒的万能转换开关，其触头通断请查阅触头图表（参见本书项目4），其中有几对触头与AAR的工作原理有关，在此说明一下。当手柄在"合闸操作"位置时，触头⑤—⑧及㉕—㉘接通；在"合闸后"位置时，触头㉑—㉓接通；在"预备跳闸"与"跳闸后"位置时，触头②—④接通；在"跳闸操作"位置时，触头⑥—⑦接通。SB_{EY}为接地检查按钮。

7.3.3.2 AAR的工作原理

1. 正常运行时

正常运行时，SAH手柄扳至"投入"位置，触头①—③接通，SAC处于"合闸后"位置，触头㉑—㉓接通，断路器QF_1处于合闸状态，其辅助触头$QF_{1.0}$、$QF_{1.1}$打开，$QF_{1.2}$闭合。AAR中的电容C经充电电阻4R被充电（回路为WC＋→1FU→SAH①—③→4R→C→2FU→WC－），C充足电需要15～20 s。所谓充足电是指电容两端电压等于直流操作电源电压。适当选择4R的电阻值及C的电容量可获得这个时间。同时信号指示灯H_1经17R、KC_4动断触点接通电源回路而发光。17R为H_1的附加电阻，起降压作用。信号灯亮表示AAR处于准备动作状态（电容C处于充电状态或充足电状态）。

2. 当线路发生暂时性故障时

当输电线路发生暂时性故障时，继电保护动作、KOU动合触点闭合，使断路器QF_1跳闸，这时断路器处于"跳闸"位置，而SAC处于"合闸后"位置，两者是"不对应"的。此时$QF_{1.0}$闭合，启动KT_1，其$KT_{1.1}$触点立即打开，使5R串联接入KT_1的线圈回路，减小流过KT_1线圈的电流，使其不致因发热严重而损坏，$KT_{1.2}$经整定时间（0.5～1.5 s）后闭合，C中储能向KC电压线圈放电，KC启动，其动合触点闭合，操作电源经已经闭合的KC_3、KC_2、KC_1触点及KC电流自保持线圈、信号继电器KS、切换片XBC（处于实线连接位置）、KJL动断触点、$QF_{1.1}$向合闸接触器KM发出合闸脉冲，断路器QF_1重新合闸。

断路器合上后，$QF_{1.0}$、$QF_{1.1}$打开，KT_1及KC均返回，C又重新充电，经15～20 s充好电，准备好下次再动作，整个装置自动复归原状。

3. 当线路发生永久性(或称持续性)故障时

当线路发生永久性故障时,在断路器跳闸又重合后,保护再次动作,又将断路器跳闸,KT_1 再次启动,$KT_{1.2}$触点延时0.5~1.5 s闭合,C中储能对KC电压线圈放电,但由于C充电时间不够,其两端电压不高,不足以使KC启动,故断路器不会重合,这就保证了AAR只动作一次。

4. 当值班人员操作SAC进行手动跳闸时

当值班人员操作SAC进行手动跳闸时,若先将SAH扳到“断开”位置,将AAR退出运行,就不会使断路器重合。由于这时控制开关位置与断路器位置是“对应”的,SAC的㉑—㉓触头打开,断开了AAR的启动回路,故断路器不会重合。同时,SAC的②—④触头闭合,电容C的储能经放电电阻6R放电,这就进一步确保AAR失去重合闸条件。

5. 防跳继电器KJL及加速继电器KAC_s的作用

装设防跳继电器KJL及加速继电器KAC_s的作用有两个:

(1)操作SAC手动合闸时,防止断路器出现“跳跃”现象。其动作过程在本书项目4中有详细介绍,此处不再重复。

(2)当AAR动作后,若KC的动合触点被粘住不能返回,而线路又发生的是永久性故障,也可防止断路器发生“跳跃”现象。其原理是在重合闸的同时,加速继电器KAC_s动作,保护立即动作使断路器跳闸,同时KJL启动,其动合触点闭合接通KJL自保持回路,动断触点断开QF_1的合闸接触器KM回路,QF_1不会合闸,这样断路器也就不会发生“跳跃”了。

为了防止KC动合触点被粘住,故采用KC_1、KC_2两副动合触点串联使用。

6. 接地检查按钮作用

图7-2中,SB_{EY}为接地检查按钮。装设接地检查按钮的目的为:因为35 kV及其以下电网为中性点非有效接地电网,在这样的网络中一般是在母线上装设绝缘监察装置来监视单相接地故障的,它在本电压级电网发生单相接地时都会发出信号。为了查找接地故障线路,可按下SB_{EY},其动合触头闭合,使断路器跳闸,其动断触头断开AAR启动回路。值班人员在看清绝缘监察装置的表计指示后,松开SB_{EY}后自动重合闸就会启动,恢复供电。

AAR动作时,因为KC_4动断触点打开,信号指示灯H_1暂时熄灭。H_1不亮,首先应检查AAR是否有动作,若AAR未动作过,则可能是灯泡坏了或H_1回路断线、接线松动、操作电源熔断器熔断、KC_4未闭合等,应予检查处理。而AAR的动作是由信号继电器KS动作掉牌来记录的。

7.4 读图分析报告(工作评价表)

读图分析报告如表7-1所示。

表 7-1　自动装置原理图读图分析报告

图名			
	识图内容(评价标准)		评价得分
基本项目识读(50%)	电气图形符号的识别(30%)	能识别所读自动装置原理图中所有图形符号所表示的设备名称,并能说出该设备在电路中的作用	
	电路的组成(20%)	能分析所读自动装置是由哪些二次设备构成的	
电路功能的分析(50%)	电路所能实现的功能(20%)	能分析所读自动装置在什么情况下能实现什么功能	
	电路逻辑过程的分析(30%)	对 AAT 装置,能够: 1. 分析装置启动的逻辑过程; 2. 分析装置自动合闸的逻辑过程。 对 AAR 装置,能够: 1. 分析重合闸成功时电路的逻辑过程; 2. 分析装置实现"防跳"功能的逻辑过程; 3. 分析手动合闸操作时装置不动的保障; 4. 处理装置信号灯灭的现象	

7.5　读图练习

(1)识读图 7-3 所示 AAT 装置低压启动部分(QF_1 控制电路)原理图。

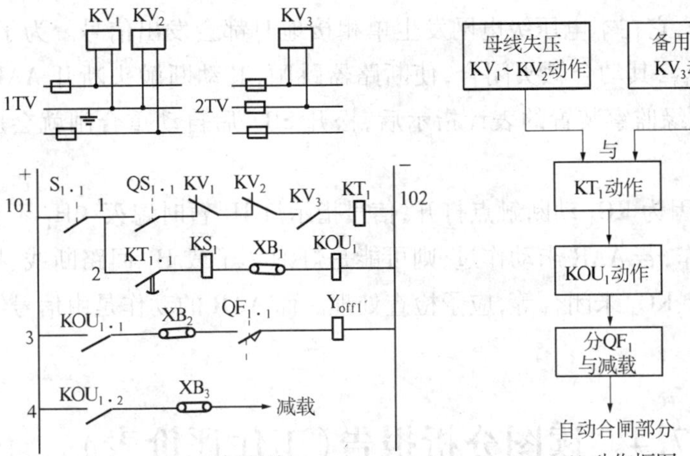

(a) 电路图　　(b) 动作框图

图 7-3　AAT 装置的低压启动部分(QF_1 控制电路)原理图

(2)识读图 7-4 所示单侧电源三相一次 AAR 装置原理图。

(3)识读图 7-5 所示 AAT 装置自动合闸与后加速保护部分(QF_2 控制电路)原理图。

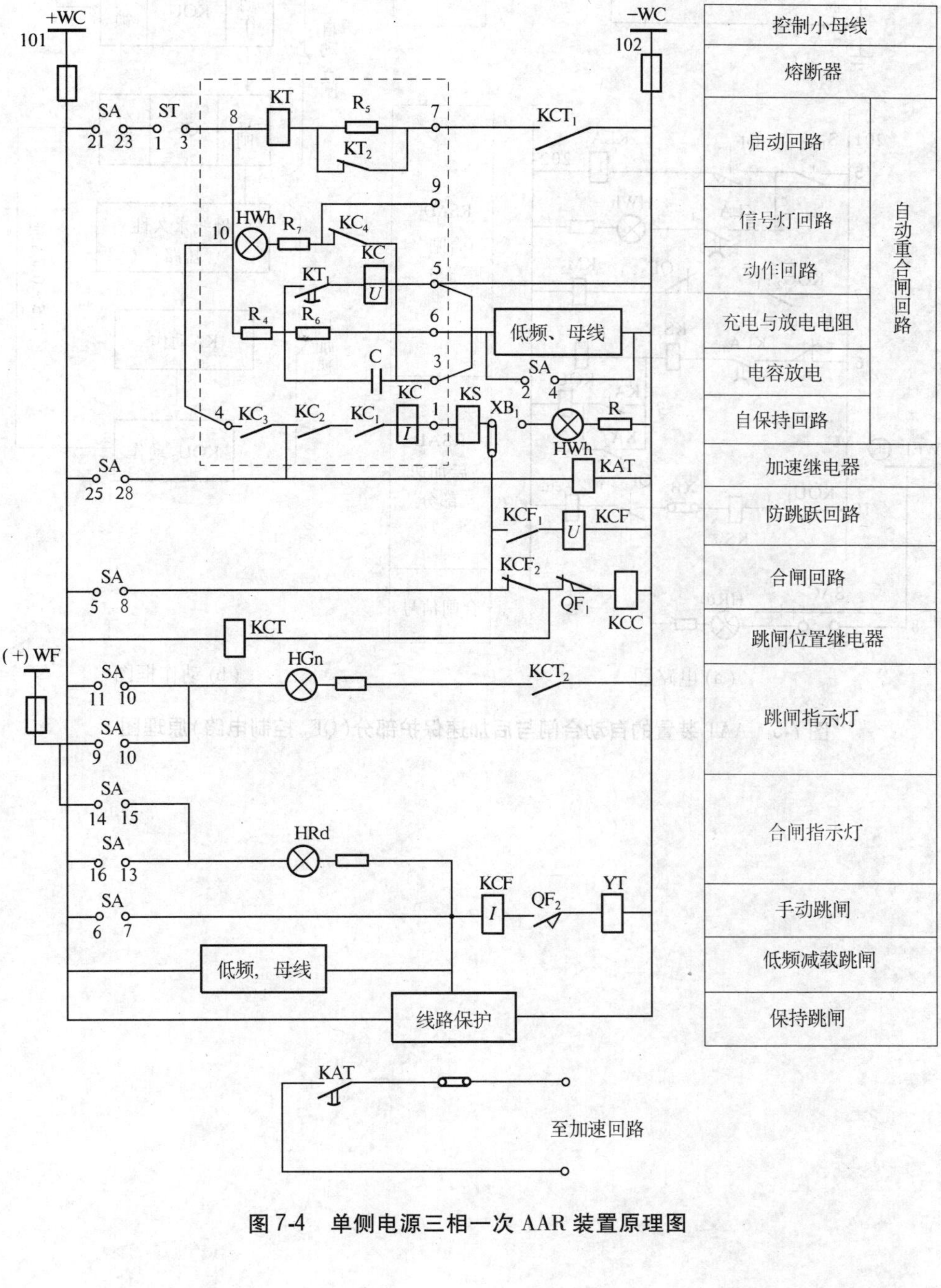

图 7-4　单侧电源三相一次 AAR 装置原理图

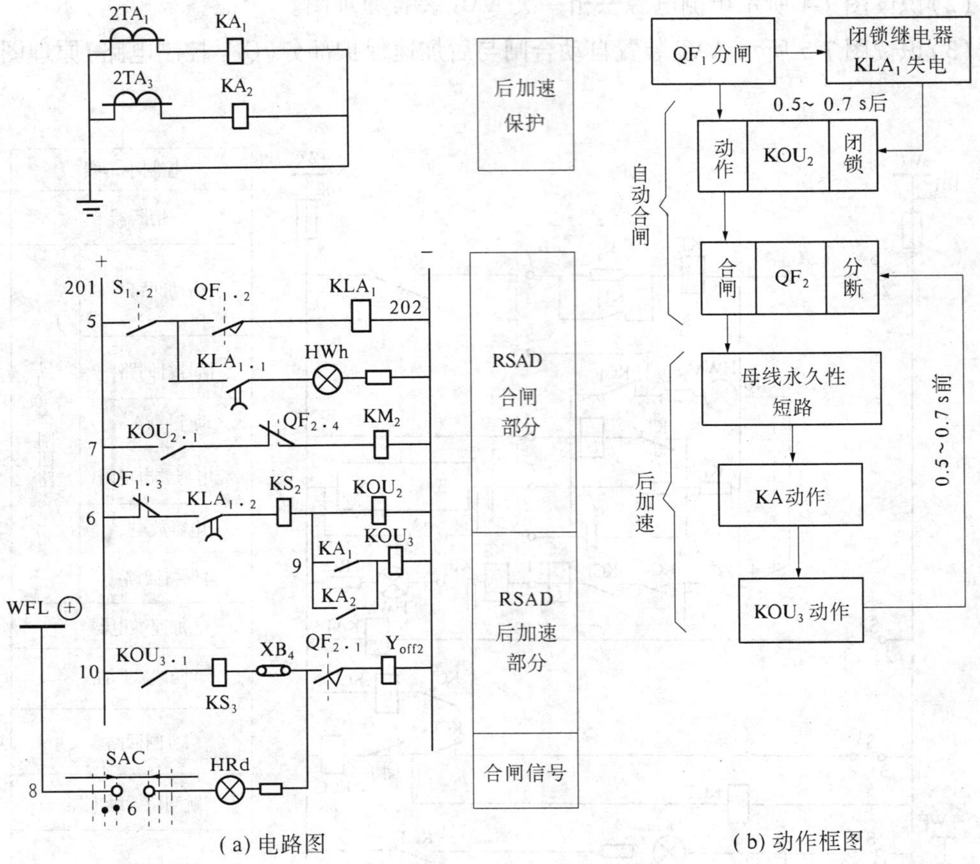

图 7-5　AAT 装置的自动合闸与后加速保护部分(QF_2 控制电路)原理图

项目8　安装接线原理图的识读

8.1　本项目工作任务单

任务单	安装接线原理图的识读
任务一 任务二 任务三	位置图的识读 接线图(表)的识读 端子图(表)的识读
任务描述	
通过本学习项目的学习,要求学员能够: 1. 根据位置图、接线图在相应屏、柜上找到所有二次设备; 2. 根据接线图(表)和端子图(表)进行配线; 3. 根据接线图(表)和端子图(表)进行查线。	
引导文	
【基础知识的认知】 1. 什么是位置图?什么是接线图? 2. 什么是设备标号法? 3. 什么是相对编号法?采用相对编号法有什么好处? 4. 什么是接线端子?接线端子有哪些种类? 5. 什么是端子排? 6. 端子排排列顺序有什么规定? 【识图能力训练】 1. 位置图的识读。 2. 接线图(表)的识读。 3. 端子图(表)的识读。 4. 填写识图分析报告。	

8.2　位置图的识读

位置图是表示成套装置、设备或装置中各个项目的实际位置的图式，此图应按实际尺寸，并以一定比例，用简易外形图画出。在开关柜或保护屏上的位置图又称屏面位置图，旧标准称之为屏面布置图。

例如配电室内3号开关柜为GC5－10(F)型小车式高压开关柜，其屏面位置图如图8-1所示。现将仪表门1打开，可见保护继电器放置在继电器室2中，端子板3位于继电器室的左侧。仪表门1上放置有指示仪表，红、绿信号灯，控制开关等二次设备。继电器室的上面(屏顶)为直流小母线室9。

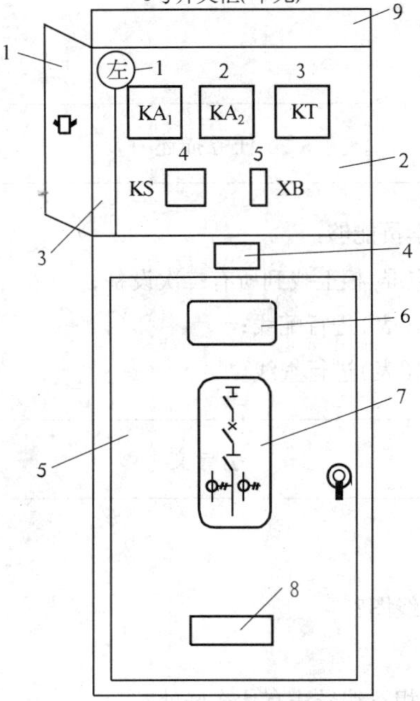

1—仪表门；2—继电器室；3—继电器室左侧端子板；4—出厂标牌；

5—小车室；6—视察窗；7—模拟接线；8—厂铭牌；9—直流小母线室

图8-1　GC5－10(F)型开关柜屏面位置图(屏面尺寸未标出)

又如发电机控制屏和保护屏的屏面位置图分别如图8-2、图8-3所示。控制屏自上而下分别布置有指示仪表、光字牌、同期开关、绝缘检查按钮、模拟线、红绿信号灯、控制开关、磁场变阻器等。保护屏布置自上而下为：检修、调试较少的继电器放在上部，如电流、电压、时间继电器等；方向、差动、重合闸继电器等放在中部；下部放信号继电器、试验盒、切换片等。

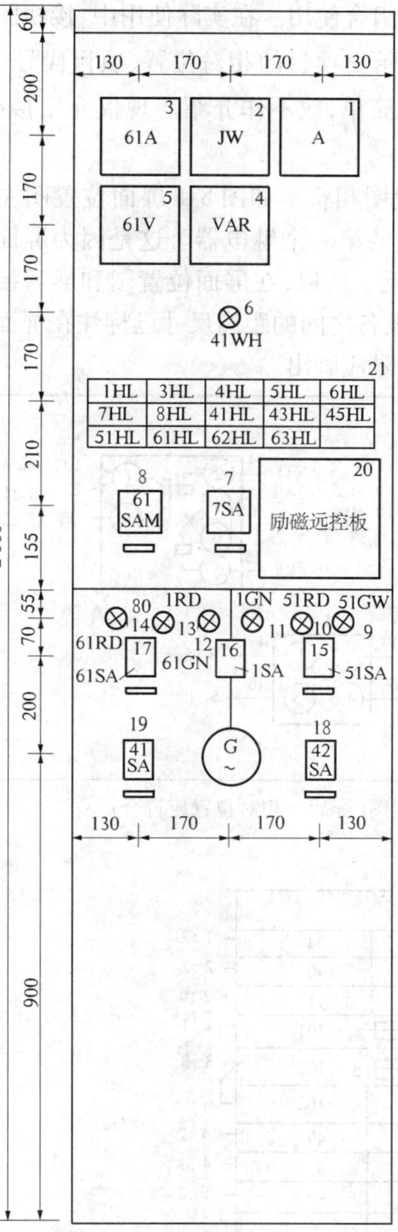

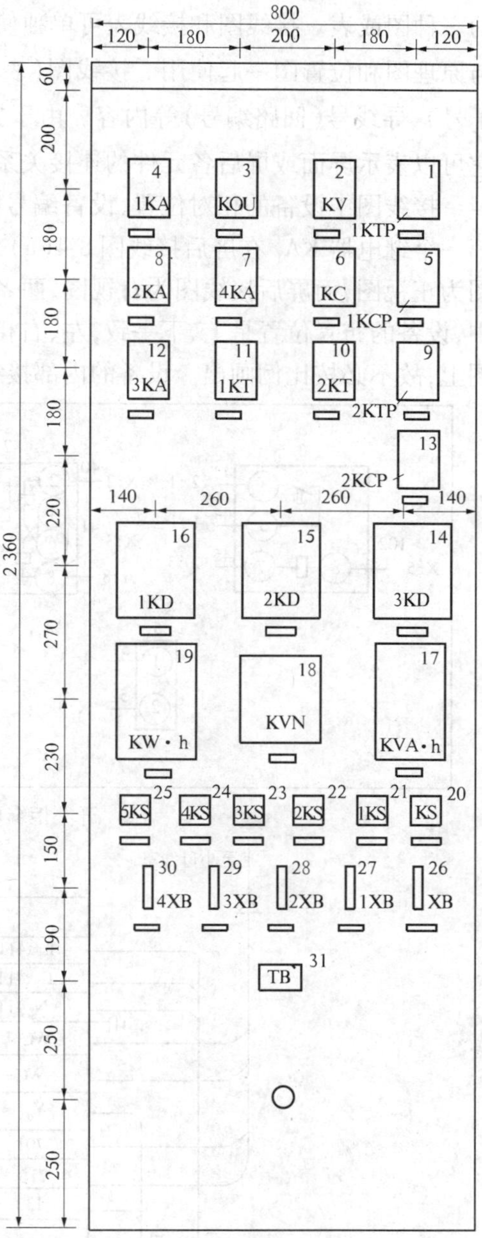

图 8-2　发电机控制屏屏面位置图　（单位：mm）　　**图 8-3　发电机保护屏屏面位置图**　（单位：mm）

8.3　接线图（表）与端子图（表）的识读

8.3.1　接线图（表）的识读

接线图或接线表是表示成套装置、设备或装置的连接关系，用于进行安装接线和检查的一种图或表。接线图和接线表可单独使用,也可组合使用。在实际使用中,接线图常需与原理图和位置图一起使用。接线图(表)一般表示出项目的相对位置、项目代号(含端子号)、导线号(回路编号)等内容。由于接线表较简单,故不作介绍。现仅介绍接线图,它可以表示屏面或屏后各元件的连接关系。

接线图中设备的相对位置、设备编号应与位置图相符。如图 8-1 屏面位置图左边的第一个继电器 KA_1 在屏后接线图 8-4(a)上为右边的第一个继电器。这是因为屏面位置图为正视图,而屏后接线图为背视图,两者正好相反。所以,在屏面位置图和屏后接线图中,设备的布置位置是上、下一致,左、右相反的。设备之间的距离尺寸已标注在屏面位置图上,故不必按比例画出。设备的内部接线和端子号应画出。

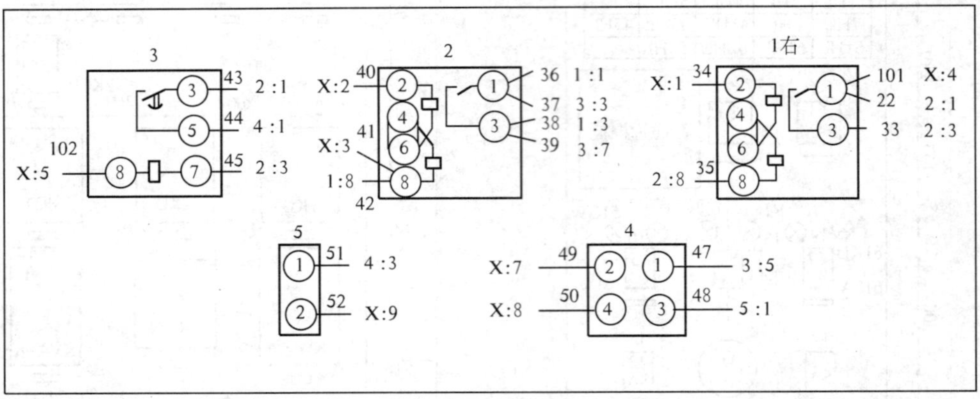

(a) 开关柜继电器室接线图(屏后、相对位置应符合)

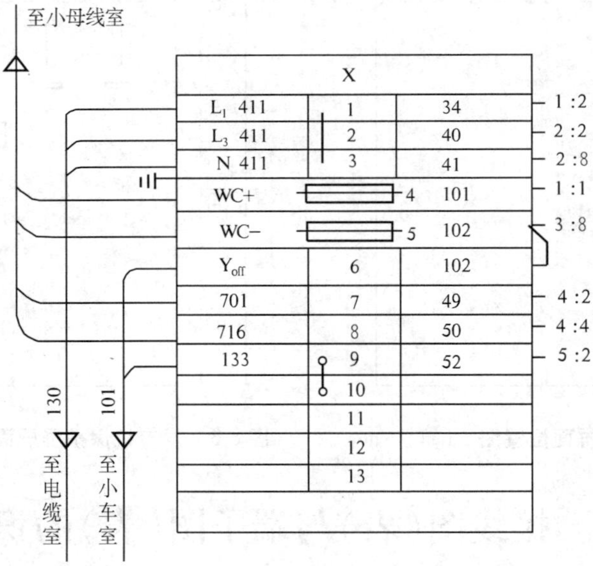

(b) 端子板接线图(屏左侧)

图 8-4 10 kV 线路过电流保护接线图

8. 3. 1. 1 设备标号法

设备标号采用在设备图形符号(或设备内部接线图)正上方画一圆,将其分成上、下半圆,并分别用阿拉伯数字和设备文字符号表示。例如 2 号设备为第 2 只电流继电器 KA_2(或 2KA),可用图 8-5 所示设备标号法表示,也可采用在设备图形符号(或设备内部接线图)正上方标号的简单方法,如图 8-4(a)所示。

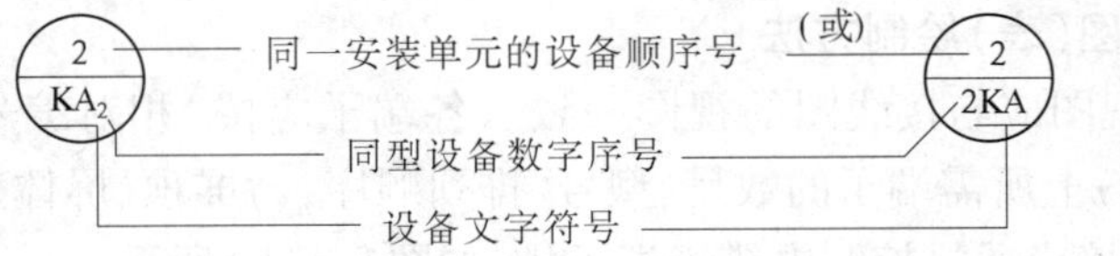

图 8-5 设备标号法

8.3.1.2 **端子代号**

二次回路中,在屏内设备与屏外和屏顶设备连接、同一屏内 2 个单元之间的设备相互连接时,都应经过接线端子(简称端子)。若干个端子组合在一起称为端子排或端子板。

端子代号是完整项目代号的一部分。当项目(设备)的端子有标记时,端子代号必须与项目上端子的标记相一致;当端子无标记时,应在图上编制端子代号。一般端子板的代号用"X",以区别于设备端子代号。如图 8-4(a)所示 2 号设备继电器 KA_2 的 2 号端子代号为 $=S_2W_1+322-A_2K_2:2$,可简化为 2:2 。如图 8-4(b)所示端子板的 1 号端子的端子代号为 $=S_2W_1+33-A_2X:1$,简化为 33:1 或 X:1。

8.3.1.3 **相对编号法**

接线图中两设备之间的导线连接的表示方法有两种:连续线和中断线。当接线较复杂时,一般用中断线表示较清晰。中断线两端的标记通常采用相对编号法,如图 8-4(a)所示,如继电器 KA_1 与 KA_2 的端子①相互连接,应在 KA_1 的端子①上标出 KA_2 的端子①的编号 2:1,同时又在 KA_2 的端子①上标出 KA_1 的端子①的编号 1:1。因为标号是相互对应或对面标记的,故称为"相对编号法"。

应当注意,在一个端子上规定最多只能连接 2 根导线。导线截面面积不得超过 6 mm^2。

8.3.2 端子图(表)的识读

8.3.2.1 **接线端子及端子排**

接线端子主要由绝缘座和导电片组成。绝缘座一般是由胶木粉压制而成的,其作用是隔绝导电片与接线端子的固定槽板,另外也可避免端子接线时误碰到邻近端子上的导电部分。在绝缘座的下部有一锁扣弹簧,是供接线端子固定在槽板内用的。

接线端子按用途分为如下几种:

(1)一般端子(B_1-1 型或 D_1-10 型),供一般连接用;

(2)连接端子(B_1-4 型或 D_1-10L_1、D_1-10L_2 型),供相邻端子间连接用;

(3)试验端子(B_1-2 型或 D_1-10S 型),供试验电流回路用;

(4)连接型试验端子(B_1-3 型或 D_1-10SL 型),供试验电流回路用;

(5)终端端子(B_1-5 型或 D_1-B 型),供固定端子或分隔不同安装单元的端子排用;

(6)标准端子(B_1-6 型),供直接连接屏内、外导线用;

(7)特殊端子(B_1-7 型),供需要方便断开的回路中用。

端子排通常按以下顺序自上而下排列：①交流电流、电压回路；②直流控制回路；③信号及其他回路；④最后留出 2～5 个备用端子。端子板的两端用终端端子固定。终端端子还可用于隔开不同安装单元的端子排。

8.3.2.2　**端子排图（表）绘制方法**

端子排图的视图应与接线图的视图一致。各端子应按“相对编号法”标示。端子排图能表示出屏（柜）上所需端子的数目、型号、排列顺序，与屏顶、屏体、屏外设备的连接情况，与屏外设备连接应通过控制电缆级端子排，如图 8-4（b）所示。

端子排图（表）中各部分的意义及画法分别如图 8-6、图 8-7 和表 8-1 所示。

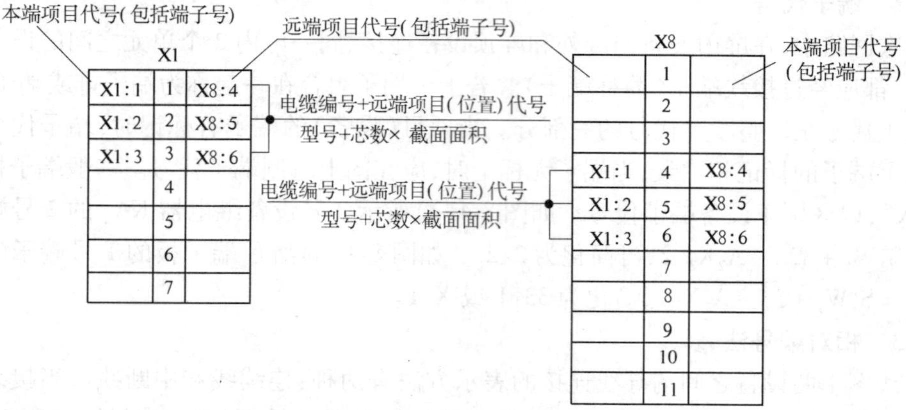

图 8-6　带有远端标记的端子排图（画法示例）

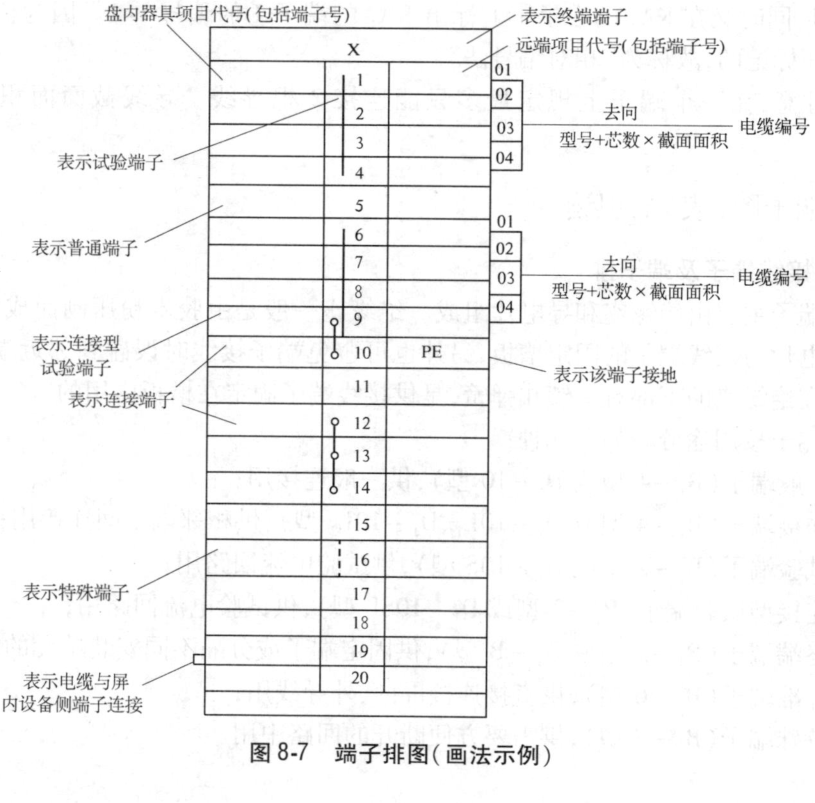

图 8-7　端子排图（画法示例）

表 8-1　端子排网格表(画法示例)

电缆序号	电缆编号	型号	芯数×截面面积	电缆远端项目代号	电缆序号 05	04	03	02	01	远端端子号	端子排	盘内器具项目代号
01										高层代号及端子排种类代号		
									1		1	
02									2		2	
									3		3	
03									4		4	
											5	
04								1			6	
								2			7	
05								3			8	
								4			9	
06											10 PE	
											11	
07											12	
											13	
08											14	
											15	
09											16	
											17	

8.4　读图分析报告(工作评价表)

读图分析报告如表 8-2 所示。

表 8-2　安装接线原理图读图分析报告

图名		
识图内容	评价标准	评价得分
设备位置的识别(20%)	能说出所读位置图、接线图上的所有二次设备名称,并能对照实物找到设备	
接线图的识读(50%)	1. 能根据所读接线图在实物上进行配线。 2. 能根据所读接线图在实物上检查配线是否正确完整	
端子图的识读(30%)	1. 能根据所读端子图(表)在实物上进行配线。 2. 能根据所读端子图(表)在实物上检查配线是否正确完整	

8.5 读图练习

(1)识读图 8-8 所示某高压线路配电柜的接线图和端子排图。

(2)图 8-9 所示为发电机控制屏的端子排图。图 8-10 所示为图 8-9 中断路器控制回路部分的屏背面接线图，请加以识读。

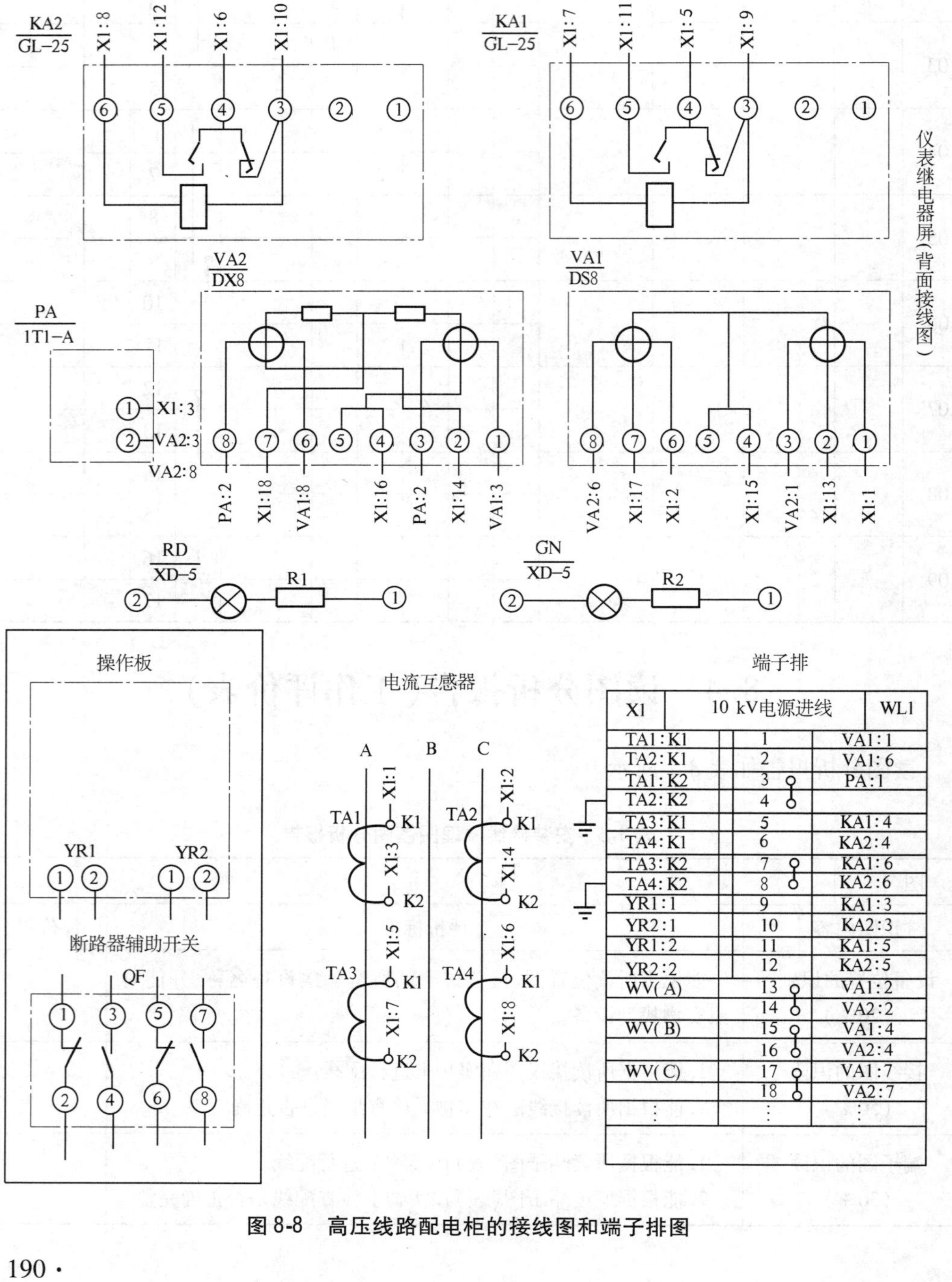

图 8-8 高压线路配电柜的接线图和端子排图

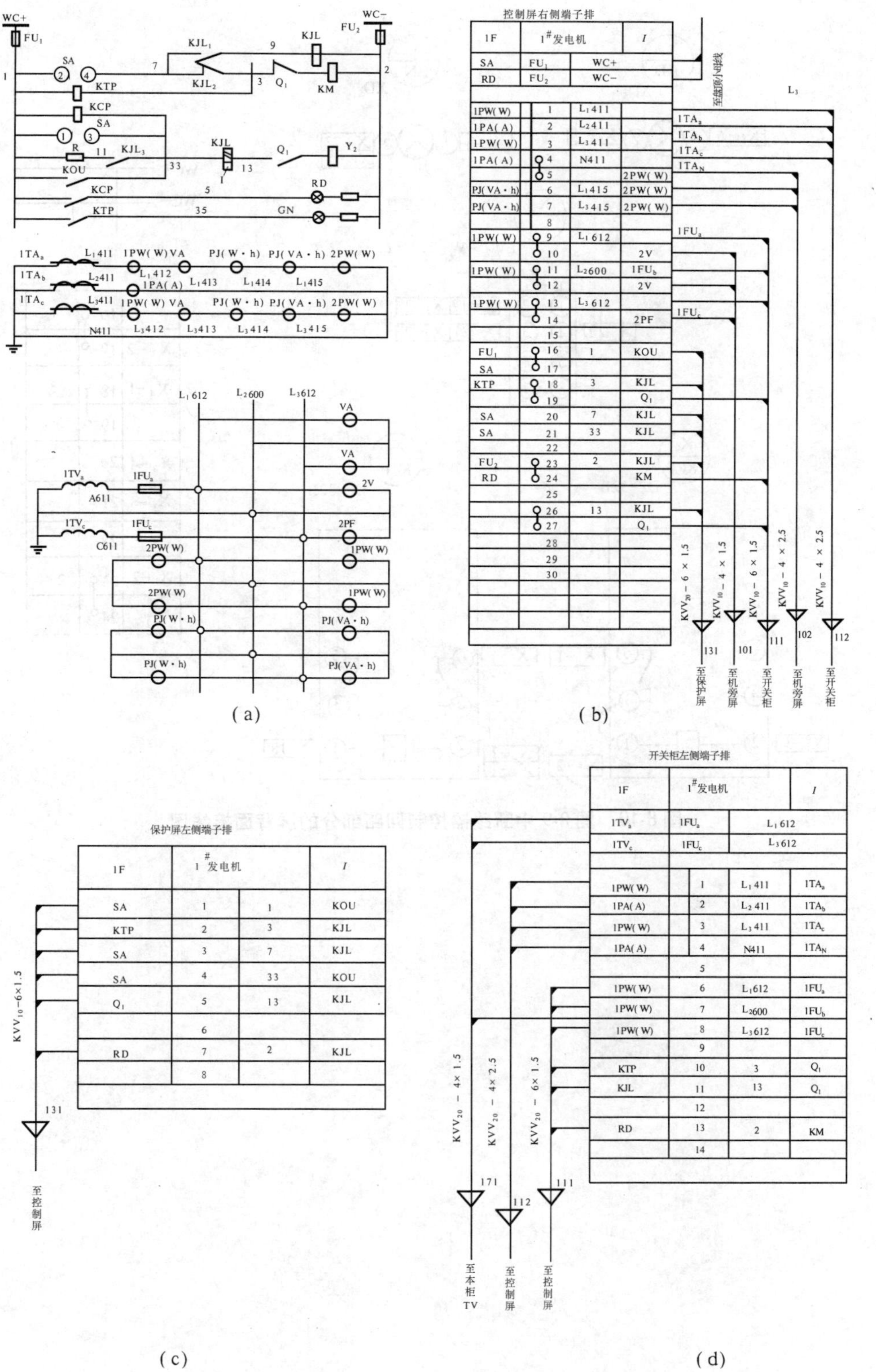

图 8-9　发电机控制屏端子排图

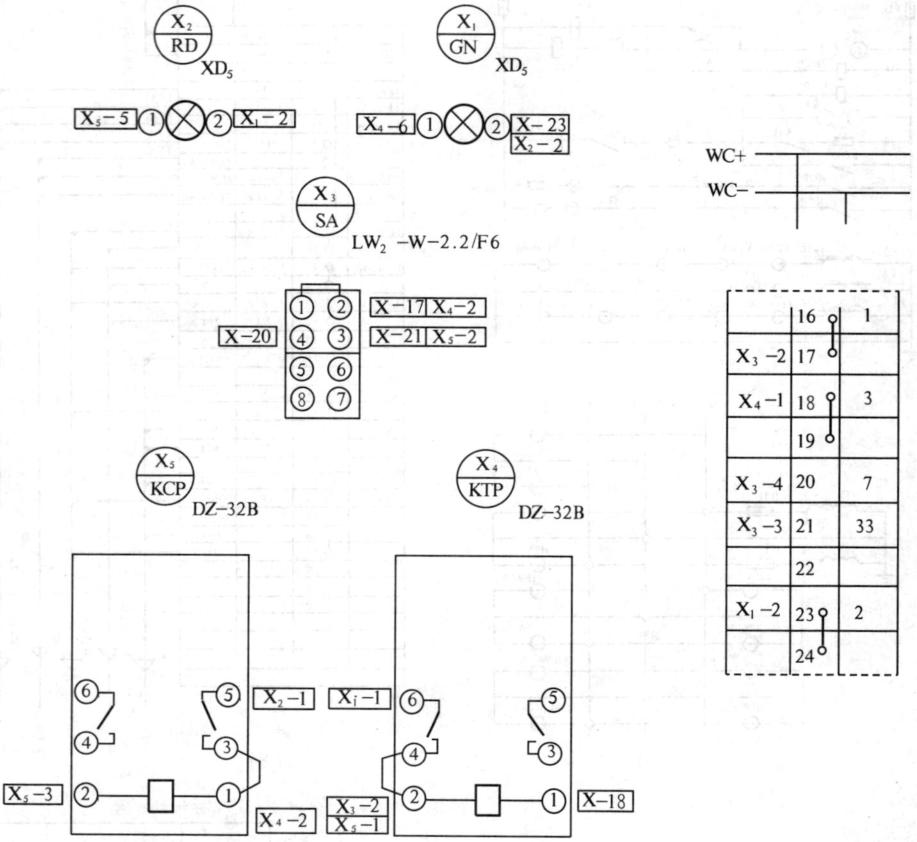

图 8-10　图 8-9 中断路器控制回路部分的屏背面接线图

附　录

附录1　常用的开关、控制和保护装置新旧图形符号对照

附表1

类别		新图形符号	符号说明	旧图形符号（GB 312）
触点符号	触点		动合（常开）触点 （注：本符号也可以用做开关一般符号）	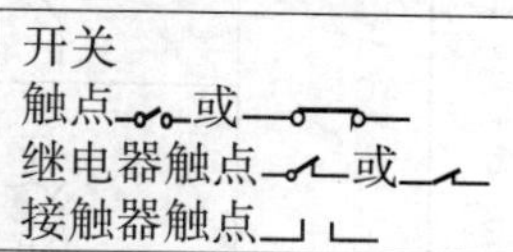
		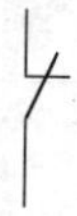	动断（常闭）触点	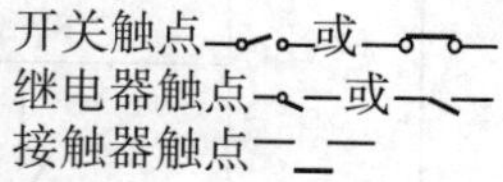
		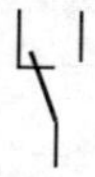	先断后合的转换触点	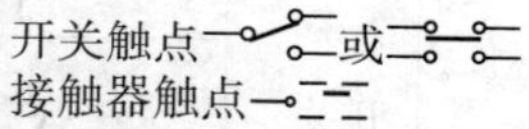
			中间断开的双向触点	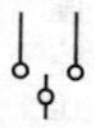
	延时触点	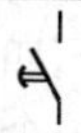	当操作器件被吸合时延时闭合的动合触点	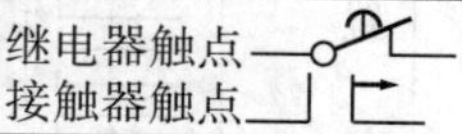
			当操作器件被释放时延时闭合的动断触点	
		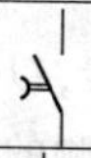	当操作器件被释放时延时断开的动合触点	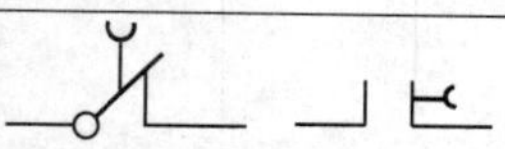
			当操作器件被吸合时延时断开的动断触点	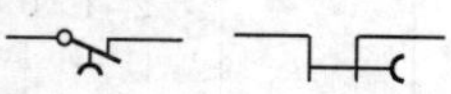
开关、开关装置和启动器符号	单极开关、位置和限制开关	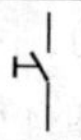	手动开关的一般符号	
		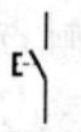	按钮开关（不闭锁）	
		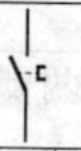	拉拔开关（不闭锁）	
		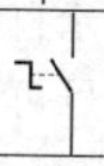	旋钮开关、 旋钮开关（闭锁）	
			位置开关，动合触点（触头） 限制开关，动合触点（触头）	
		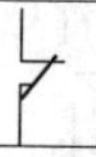	位置开关，动断触点（触头） 限制开关，动断触点（触头）	

续附表 1

类别		新图形符号	符号说明	旧图形符号(GB 312)
开关、开关装置和启动器符号	开关装置和控制装置		开关(机械式)	
		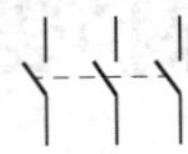	多极开关(多线表示)	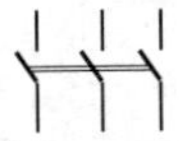
			接触器(在非动作位置触点断开)	
			接触器(在非动作位置触点闭合)	
			断路器	二极自动空气断路器 三极高压断路器 
			隔离开关	
			负荷开关(负荷隔离开关)	
		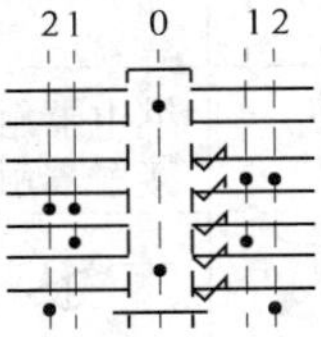	动力控制器:示出无灭弧装置的动断(常闭)触点和动合(常开)触点各一个,四个有灭弧装置的动合(常开)触点和一个有灭弧装置的动断(常闭)触点	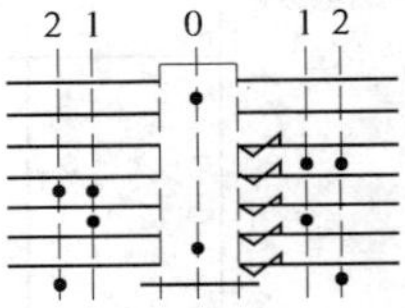
		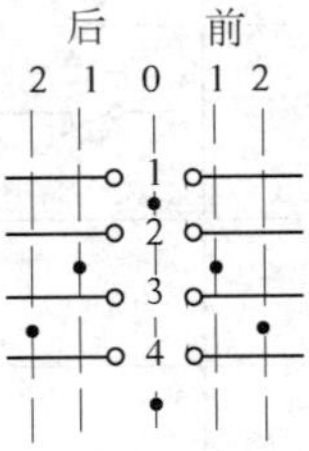	控制器或操作开关:示出五个位置,以"0"代表操作器手柄在中间位置,两侧的数字表示操作器位置数,此数字处也可写手柄转动的角度。在该数字上方可注文字符号表示操作(如向前、向后、自动、手动等)。虚线表示手柄操作触点开闭的位置线,有黑点表示手柄转向此位置时触点接通,无黑点则表示触点不接通	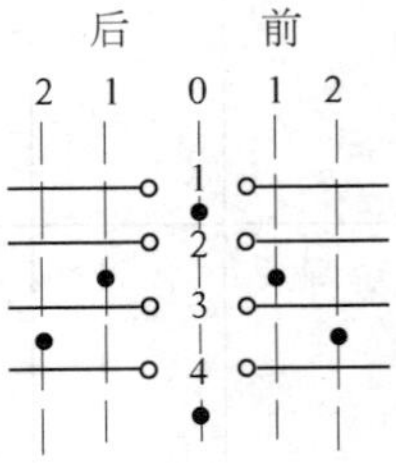
		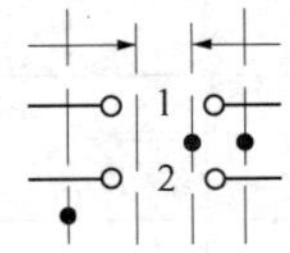	自动复归控制器或操作开关:示出两侧自动复归到中央两个位置,黑箭头表示自动复归的符号。操作位置数及线路号可增减	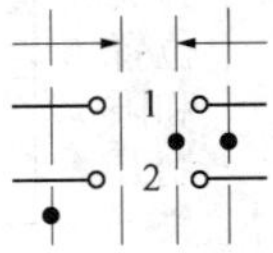
	启动器		电动机启动器的一般方框符号(注:特殊类型的启动器可以在一般符号内加限定符号,如星—三角启动器)	

续附表 1

类别		新图形符号	符号说明	旧图形符号(GB 312)
机电式有或无继电器符号	线圈符号	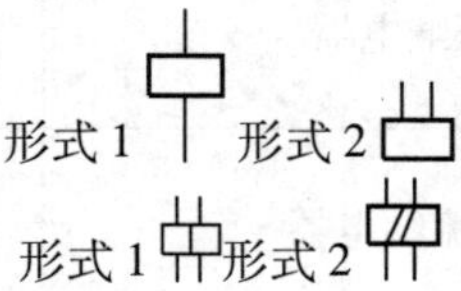	操作器件一般符号 (注:具有几个绕组的操作器件,可以由适当数值的斜线或重复符号来表示;引线的方位是任意的) 示例:具有两个绕组的操作器件组合表示法	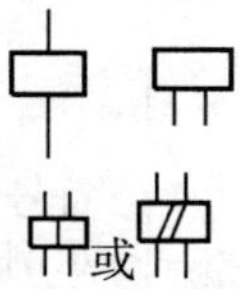
		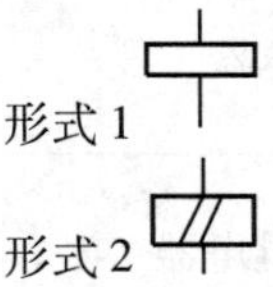	具有两个绕组的操作器件分离表示法	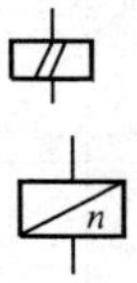
		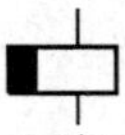	缓慢释放(缓放)继电器的线圈	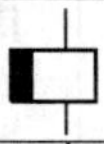
		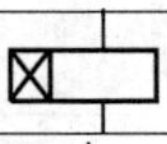	缓慢吸合(缓吸)继电器的线圈	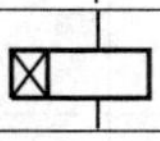
		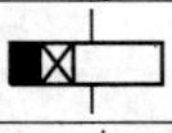	缓吸和缓放继电器的线圈	
		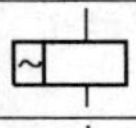	交流继电器的线圈	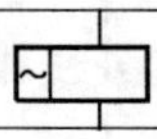
		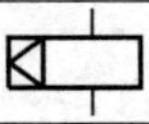	机械保持继电器的线圈	
		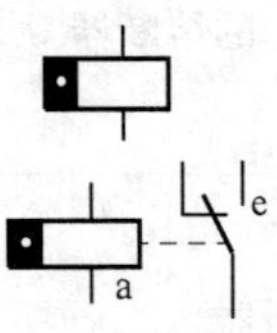	极化继电器的线圈 (注:圆点用以表示通过极化继电器绕组的电流方向和动触点的运动方向之间的关系) 示例:在绕组中只有一个方向的电流起作用,并能自复的极化继电器	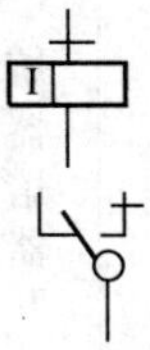
		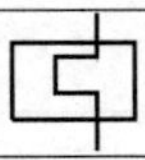	热继电器	
测量继电器和有关器件符号	方框符号和限定符号		测量继电器或有关器件 (注:星号"*"必须由表示这个器件参数的一个或多个字母或限定符号代替)	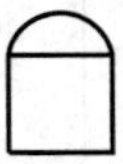
		U_{rgd}	剩余电压 (注:U 可用 V 代替)	
		$I \leftarrow$	反向电流	
		I_d	差动电流	
		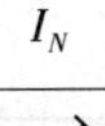	对地故障电流	
		I_N	中性线电流	
		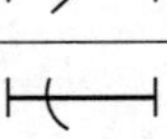	可调延时特性	
		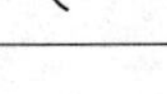	反延时特性	

续附表 1

类别		新图形符号	符号说明	旧图形符号(GB 312)
测量继电器和有关器件符号	符号示例	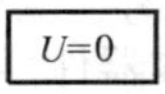	零电压继电器	
		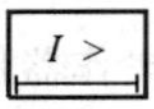	延时过流继电器	
			欠电压继电器	
	其他器件	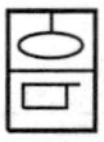	气体(瓦斯)继电器	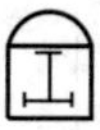
			自动重闭合器件	
保护器件	熔断器和熔断器式开关		熔断器一般符号	
			供电端由粗线表示的熔断器	
			跌开式熔断器	
			熔断器式开关	
	火花间隙		火花间隙	
	避雷器		避雷器	

附录2　常用的测量仪表、灯和信号器件的新旧图形符号对照

附表2

类别		新图形符号	符号说明	旧图形符号(GB 312)
指示、记录和积算仪表	一般符号		指示仪表（星号“＊”必须按有关规定予以代替）	
			记录仪表（星号“＊”必须按有关规定予以代替）	
		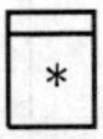	积算仪表、电能表（星号“＊”必须按有关规定予以代替）	
	指示仪表		电压表	
			无功电流表	
			功率表	
			无功功率表	
			功率因数表	
			相位表	
			频率表	
			同步表（同步指示器）	
			检流计	
			转速表	
灯和信号器件符号	记录仪表	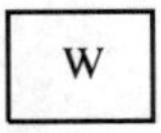	记录式功率表	
		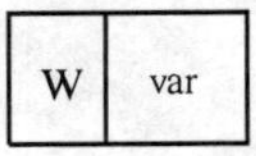	组合式记录功率表和无功功率表	

续附表 2

类别		新图形符号	符号说明	旧图形符号（GB 312）
灯和信号器件符号	积算仪表	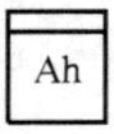	安培小时计	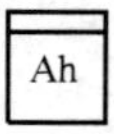
			电能表（瓦特小时计）	
			无功电能表	
	灯和信号器件		灯一般符号、信号灯一般符号（颜色字母：RD 红、BU 蓝、YE 黄、WH 白、GN 绿）	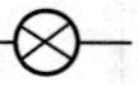
		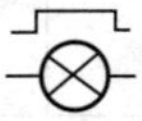	闪光型信号灯	
			机械型指示器、信号元件	
			带有一个去激（励）位置（示出）和两个工作位置的机械型位置指示器	
		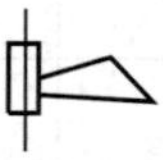	电喇叭	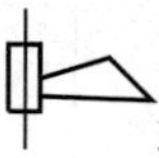 或 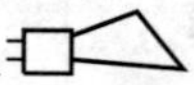
		优选型  其他型 	电铃	
			电警笛	
		优选型  其他型 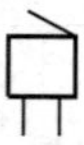	蜂鸣器	

附录 3　电气二次回路中常用的文字符号

附表 3

名称	新文字符号	旧文字符号	名称	新文字符号	旧文字符号
单相短路	$SC^{(1)}$	$D_{(1)}$	游丝反作用力矩	M_{sp}	M_y
二相短路	$SC^{(2)}$	$D_{(2)}$	摩擦阻力矩	M_{fr}	M_m
二相接地短路	$SC^{(1,1)}$	$D_{(1,1)}$	跳闸线圈	Y_{off};LTR	TQ
三相短路	$SC^{(3)}$	$D_{(3)}$	最大负载(负载)电流	$I_{L\cdot max}$	$I_{fz\cdot z}$d
短路故障点	f	d	最小	min	zx
短路电流	I_{sc};I_f	I_d	自启动系数	K_{st}	K_{zq}
灵敏系数	K_{sen}	K_{lm};K_l	电流互感器变比	K_{TA}	n_{LH}
动作电流	I_{op}	I_{dz}	或门	OG	HM
动作电压	U_{op}	U_{dz}	或非门	ONG	HFM
残余(剩余)电压	U_{rsd}	U_{cy}	与门	AG	YM
电磁力	F_{em}	F_{dc}	与非门	ANG	YFM
电磁力矩	M_{em}	M_{dc}	延时	PT	YS
磁阻	R_m	R_c	工作电压	U_W	U_g
电源控制开关	SA	K	额定电压	U_n	U_e;U_{ed}
返回电流	I_{re}	I_{fh};I_h	电压互感器变比	K_{TV}	n_{YH}
返回系数	K_{re}	K_{fh};K_h	极化继电器	KPZ	JJ
合闸线圈	Y_{on};LCL	HQ	正误差时间	t_F	t_z
直流正、负母线	W+,W-	+,-	负误差时间	t_n	t_F
附加电阻	R_a;RAU	R_{fj};R_f	时间裕度	t_{as}	T_{yd}
电抗变压器	TC_L	DKB	合闸位置继电器	KCP	HWJ
电流变换器	TC_A	LB	跳闸继电器	KTR	TJ
电压变换器	TC_V	YB	跳闸位置继电器	KTP	TWJ
动作时间	T_{op}	t_{dz}	机组启动(开机)继电器	KST	JQJ
可靠系数	K_{rel}	K_K	机组停机继电器	KSP	TQJ
连接片	XB	LP	同步检查继电器	KSY	TJJ
切换片	XBC	QP	跳跃闭锁继电器	KJL	TBJ
相序(特定)导线标记	L_1、L_2、L_3	A、B、C	闭锁继电器	KLA;KL_a	BSJ
	N、Z(E)	N、L	备用电源自动投入装置	AATS;RSAD	BZT
相序电气接线	U、V、W	A、B、C	击穿保险器	FD	JB
端子标记	N、Z(E)	N、L	报警熔断器	FUA	
控制电源小母线	WC+、WC-	±KM	合闸接触器	KMC	HC
	(L+、L-)		控制开关	SAC;SA	KK
信号电源小母线	WS+、WS-	±XM	选择(切换)开关	SAH	ZK
功率继电器	KP	CJ	测量切换开关	SAM	CK
功率方向继电器	KPD	GFJ	信号切换开关	SACS	XK
接线系数	K_{con}	K_{jx}	同期开关	SAS	TK
配合系数	K_{ma}	K_{ph}	闭锁开关	SAL	BK
零序电流继电器	KZC	LLJ	复归按钮	SBR;SB_{RE}	FA

续附表3

名称	新文字符号	旧文字符号	名称	新文字符号	旧文字符号
零序电压继电器	KZV	LYJ	紧急停机按钮	SB_{ES}	JTA
零序电流互感器	TA_0;TAZ	LLH	停止按钮	SB_{SS}	TA
零序功率方向继电器	KZP	LGJ	启动按钮	SB_{ST}	QA;QAN
加速继电器	KAC	JSJ	试验按钮	SB_{TE}	SA;SAN
自动重合闸装置	ARE;AAR	ZCH	刀开关	SKN	K
不平衡电压	U_{unb}	U_{bph}	行程开关	SP	XK;SWK
阻抗继电器	KI	ZKJ	电磁锁	YET;YEL	DS
事故音响信号小母线	WFA	SYM	位置指示器	PP	—
掉牌未复归小母线	WSR	PM	公共的 L_2 相电压小母线	WVB_{L2}	YM_b
预告音响信号小母线	WAS;WPA	YBM	合闸小母线	WON ±;WCL	±HM
负序电压继电器	$KV_{2>}$;KNV	FYJ	闪光信号小母线	WFL⊕	(+)XM
励磁电流	I_{fi};I_E	I_L	运行系统同期小母线	WQS_{L1}	TQM_a
励磁涌流	$I_{fi \cdot m}$	I_{LY}	待并系统同期小母线	$WST_{L1(L3)}$	$TQM_{a(c)}$
速饱和变流器	TQS	SLB;BLH	准同期合闸闭锁小母线	$\frac{1}{2}$WSC	$\frac{1}{2}$TBM
试验盒	TB	SH	同期母线的电压小母线	$WVB_{L1(L2、L3)}$	$YM_{a(b,c)}$
自动调节励磁装置	AVR;AAVR	ZTL	转角变压器辅助小母线	$WTA_{L1(L3)}$	$ZM_{a(c)}$
	AAER		制动器	BRK	Z
发电机励磁线圈	L_{GE};LGE	FLQ	失压脱扣器	TD	TD
励磁机励磁线圈	L_{EE};LEE	LLQ	监视继电器	KK	JJ
灭磁开关	Q_{fd};QFB	MK	辅助小母线	WMS	FM
灭磁电阻	R_{fd};RFS	R_{m0}	试灯开关	SAT	—
继电器整定电流	$I_{se \cdot k}$	$I_{zd \cdot j}$	复归继电器	KRE	FJ
电源变压器	TC	YB	冲击电流	I_{imp}	I_{cj}
接地继电器	KE	JDJ	同期表计切换开关	SASC	QK
差动回路断线监视继电器	KC;KDL	CJJ	接地检查按钮	SB_{EY}	JJA
分流器	RW	R_{fL}	自同期重合闸装置	AA_{RE}	ZZCH
信号脉冲继电器	KAI	XMJ	发电机无功电流	$I_{g \cdot w}$	$I_{f \cdot w}$
合闸继电器	KCL	HJ	脉冲变压器	Timp	MB
转角变压器	TTA	ZB	波段开关	BS	K
差周率继电器	KDF	CLJ	风机开关	SAF	FK
频率(转速)继电器	KF;KRC	ZSJ	快速熔断器	FU_{hs}	RDS
直流接触器	KM_{DC}	ZC	电流继电器	KA	LJ
系统	S	xt	电压继电器	KV	YJ
红灯	HRd	HD	控制(中间继电器)	KC	ZJ
绿灯	HGn	LD	信号继电器	KS	XJ
白灯	HWh	BD	时间继电器	KT	SJ
跳闸按钮	SBT	TA	出口中间继电器	KOU;KCO	BCJ
音响信号解除按钮	SB_{AR}	YJA	接触器	KM	C

附录4　常用电工仪表图形符号和文字符号

附表4-1　常用电工仪表图形符号

序号	名称	图形符号	说明
1	指示仪及示例 （电压表）		图中的“＊”可由被测量单位的文字符号、化学分子式、图形符号之一代替
2	记录仪表及示例 （记录式功率）		
3	积算仪表及示例 （电能表）	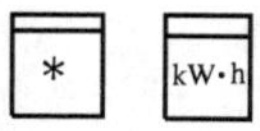	

附表4-2　常用电工仪表文字符号

序号	名称	文字符号	说明	序号	名称	文字符号	说明
1	测量仪表	P	电工仪表及各种测量设备、试验设备通用符号	6	频率表	PF,Hz	
2	电流表	PA,A		7	操作时间表	PT,T	
3	电压表	PV,V		8	记录器	PS,S	
4	功率表	PW,W		9	计数器	PC,C	
5	电能表	PJ,kW · h					

参考文献

[1] 全国电气文件编制和图形符号标准化技术委员会. 电气制图及相关标准汇编(电气文件编制及相关标准汇编)[M]. 北京:中国电力出版社,2001.

[2] 虞放. 怎样读新标准水电站电气接线图[M]. 北京:中国水利水电出版社,2002.

[3] 丁德劭. 怎样读新标准电气一次接线图[M]. 北京:中国水利水电出版社,2001.

[4] 何永华. 发电厂及变电站的二次回路[M]. 北京:中国电力出版社,1997.

[5] 祝敏. 电气二次部分[M]. 北京:中国水利水电出版社,2004.

[6] 王士政,冯金光. 发电厂电气部分[M]. 北京:中国水利水电出版社,2002.

[7] 李付亮,周宏伟. 水电站继电保护[M]. 郑州:黄河水利出版社,2008.